キットではじめる

3Dプリンタ自作入門

吹田 智章 著

mako（西東京メイカーラボ）：協力

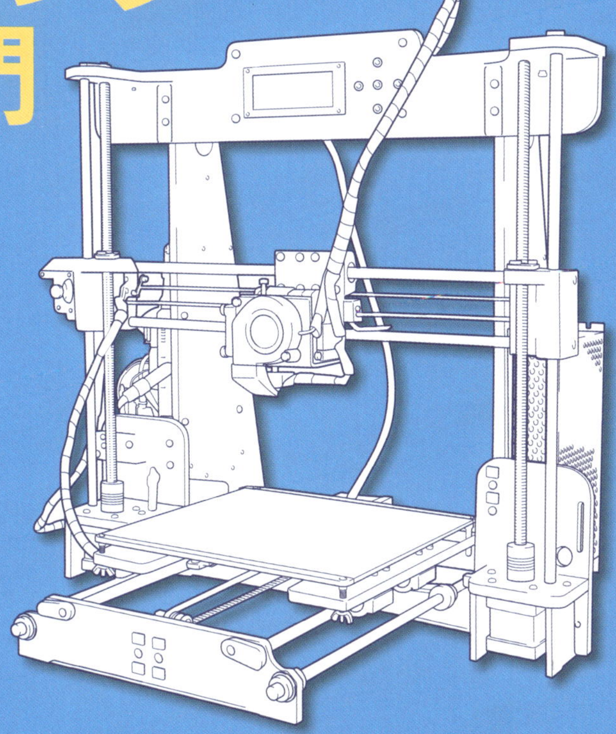

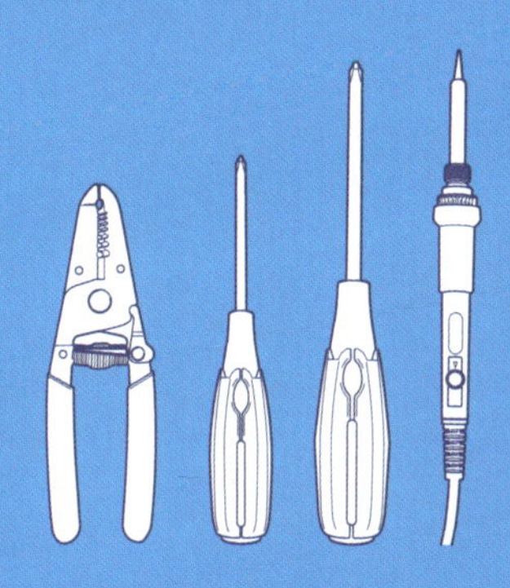

本書『Part10　資料編』は PDF での提供になります。
下記 URL よりダウンロードをしてください。

http://www.rutles.net/download/491/index.html

はじめに

私が初めてホビー向け3Dプリンタを目の前で見たのは，ものづくりの祭典，Maker Faireの前身にあたるMake：Tokyo Meeting 06（2010年11月）が東工大キャンパスで開かれた時に遡ります．

当時は印刷素材であるフィラメントも高価で，CADや関連ソフトも限られており，何かモデルを作りたいといったことも無かったため，暫くスルー状態でした．

2年後の日本未来館で開催されたMaker Faire Tokyo 2012ではたくさん出展されていた3Dプリンタとクワッドコプター（ドローン）は注目の的になっており，一緒に出掛けた友人とその可能性を語り合ったものです．

初見から9年も過ぎ，今や数多くのホビー用3Dプリンタが市場に出回っています．中国製のキットなら2万円台から入手が可能となり，多くのパーツを安価に入手することも容易となったことから，キットのみならず自作や修理，改造などを楽しむことも可能になりました．

1台の3Dプリンタを組み立てれば，フィギュアやジオラマの部品の作成，電子工作の試作などで完成度をより高める部品を作成できます．また，そこで得た知識と新しい部品を製作することで，更に2台目のプリンタを生み出すことも，また新しい機能を追加することも可能です．これらの知識はレーザーカッターやCNCなどを使うときにも役立つでしょう．

本書は，3Dプリンタの仕組みを知りたい，3Dプリンタを自分で組み立ててみたい，自分で修理できる知識が欲しい，そんな「モノ作りが大好き」，「機械いじりが大好き」な人たちの手助けとなることを目的に執筆しました．

熱で溶かした樹脂を積層して3Dモデルを作成する3Dプリンタの多くは，オープンプロジェクト『RepRap』から派生し，それをベースとしたモデルが販売されてきました．中でも「Prusa i3」はスタンダードなモデルです．

Prusa i3（RepRap.orgから）

このオープン*1なプロジェクトとは誰もが無償で自由にコピーまたは改造して使用できるハードウエア，ソフトウエアのことです．

メーカー製のように本体が専用部品でブラックボックス化され，専用ソフトに縛られ，壊れた時には修理に高額の費用が掛かるといったことはありません．

オープンプロジェクトでは情報が公開されていますから故障をしたら自分で安価に修理をすることが可能です．（それには多少の英語力であったり，情報を理解する基礎となる専門用語や技術力が必要です．本書で覚えてください．）

このRepRapプロジェクトでは，動作制御を行うワンボードマイコンに『Arduino（アルデュイーノ） Mega 2560』*2を採用．そのファームウエア*3に『Marlin（マーリン）』を搭載し，ワンボードマイコンの拡張コネクタには3Dプリンタ用シールド*4『RAMPS 1.4』を合体．操作ボタン付きのLCDボードを接続して3Dプリンタの制御部が構成されています．これらについては改めて詳しく解説します．

機構部分はいくつかの構造がありますが，実際に手にしてみれば理解できるでしょう．

まだ耳慣れない言葉も多いかもしれませんが，本書ではこの『RepRap』から誕生した3DプリンタのDIYキットでの製作例からモデルの出力まで必要となる情報やノウハウなどをまとめました．是非，あなたの3Dプリンタライフ，電子工作の足がかりにしてください．

---

*1 オープン：オープンソース，オープンハードウェア．情報は公開され，自由に利用することが可能ですが，元の著作権は保護されています．オープンといっても基本的なルールは存在します．

*2 Arduino Mega 2560：イタリアのArduinoプロジェクトから生まれた，現在のデファクトスタンダードArduino Uno R.3.0のI/O（アイオー：入出力）を拡張したモデルです．

*3 ファームウェア：制御用組込みプログラムのこと．

*4 シールド：Arduino UnoやMegaの基板上には機能拡張用のコネクタが設けられ，そこに2段重ねにして利用する拡張基板のことをシールドと呼びます．RAMPSはArduino Mega 2560用のRepRap3Dプリンタ用拡張基板で，市販モデルではこれらの機能を一枚の基板にまとめた専用制御基板が使用され販売されています．

CONTENTS

Chapter 7. RepRapステッピングモータードライバモジュール基板 (Stepper Motor Driver Carrier) ……133

Part 10　資料編 (PDF)

本書『Part10　資料編』は PDF での提供になります。
下記 URL よりダウンロードをしてください。

http://www.rutles.net/download/491/index.html

Part 1

予備知識編

3Dプリンタの誕生からRepRapプロジェクト，主な印刷方式について簡単に解説します．

Chapter 1 3Dプリンタの誕生

3Dプリンタの誕生からその普及の原動力になった出来事，一般ユーザーへの普及に大きな力となったRepRapプロジェクトを紹介します．

1-1. 3Dプリンタの誕生

1980年　光硬化樹脂[*1]による版下作成技術をヒントに，積層造形法による立体造形の一つの手法である光造形法が名古屋市工業研究所の小玉秀男氏によって考案され特許出願されました．しかし，国内では技術の重要性が十分認識されなかったこと[*2]などから出願審査請求[*3]は行われませんでした．

その審査請求期限の切れた翌年1984年にはアメリカの企業が光造形に関する特許をアメリカと日本で出願し，1986年には3D Systems Corpの世界初の3Dプリンタ『SLA 1』が登場します．

1990年　現在，広く普及している方式の元となった熱溶解積層法（FDM）[*4]による3Dプリンタが誕生します．

2005年　2009年に迫った熱溶解積層法(FDM)の基本特許切れを見据え，英国バース大学の機械工学講師で数学者でもあったAdrian Bowyer博士によりRepRapプロジェクト[*5]が開始されます．オープンデザイン[*6]によるこの成果は，それまで高価であった3Dプリンタから一気に一般向けの安価な製品を生

*1 光硬化樹脂：光，主に紫外線により数秒で硬化する樹脂を紫外線硬化樹脂やUV樹脂とも呼ばれます．印刷用版下の他，歯科治療用からネイルジェルなど様々な応用が行われていますが，3Dプリンタの印刷方式として光硬化樹脂で印刷を行うプリンタが商品化されています．

*2『3Dプリンターの発明経緯とその後の苦戦』小玉秀男　ESD21 オープンフォーラム 2014/05/28

*3 出願審査請求：日本では特許申請から3年以内に出願審査を請求し審査を通過して初めて正式な特許の取得となります．

*4 熱溶解積層法（FDM）：1990年，Stratasys社により"fused deposition modeling (FDM)"（熱溶解積層法）が登場します．

み出すことになり，現在私たちはその恩恵に与ることができるようになったのです．

2012年　米国の技術雑誌『Wired』の編集長であったクリス・アンダーソンは彼の著書『MAKERS』の中の「パーソナルファブリケーション」に関して「3Dプリンタ」の大きな可能性について言及しました．

2013年　米国のオバマ大統領による一般教書演説（年頭教書）により「3D印刷は我々の殆どすべての物作りに革命をもたらす可能性がある．」と発表されたことをきっかけに3Dプリンタへの注目度が一気に高まったことから，この年が「3Dプリンタ元年」と呼ばれることになります．

その後，技術系の展示会で3Dプリンタ関連のブースは多くの人で溢れかえる様子がニュースで頻繁に報道されました．

1-2. 広がる活用分野

従来，金型により作られていた樹脂製の製品はFDMの登場により短時間で試作モデルを製作し，製品に近いイメージでの確認や製品へのフィードバック作業を行えるようになりました．このことは開発の時間を短縮して開発コストを下げることを可能にしました．

樹脂を印刷用マテリアルとして用いる事で始まった3Dプリンタは，現在その印刷法や印刷マテリアルの範囲を広げ，対応することで多様な可能性を広げています．

工業分野では従来では金型を作成して作るような物も，金属粉末を使用しての金属製モデル作りが短時間で行うことができるようになりました．

まだ，製造コストが高いのでそのまま製品化という訳には行きませんが，将来的には少量生産，カスタムメイドの製品化が3Dプリンタで可能になる時代が近いのかもしれません．

建築関係ではまだ実証実験の段階なのでしょうが3Dプリンタによる建材が建物の建造に使われています．

災害地での仮設住宅建造などを少ないスタッフで実現する，など様々な応用が可能かもしれません．

医療現場では患者の臓器モデル～肝臓の血管位置を確認するためのモデル～作成やエストラマー素材による心臓のモデルを作成して手術の計画や確認に利用されています．

---

*5 RepRapプロジェクト：RepRap - The Replicating Rapid Prototyper Project（複製迅速プロトタイプ製作者プロジェクトとでも訳せば良いのか）

*6 オープンデザイン：オープンプロジェクトは公開されたハードウェア，ソフトウェアの技術情報を誰もが無償で自由に使用しても良いというプロジェクトです．
同様のプロジェクトには「Arduino（アルデュイーノ）」があり，低価格のハードウエア，使い易い統合開発環境（IDE-Integrated Development Environment））などが相まって電子工作ファンに広く使われています．
オープン化されたプログラムのみの開発の場合にはオープンソースとも呼ばれます．ただし，オープンソースにも様々な形態があり，部分的な制約がある場合もあるので，商用利用や改造してそれを公開する場合など，そのライセンス形態を確認して使用する必要があります．

再生医療では人工皮膚や人工血管が作られ，歯科分野では生体適合性3Dプリント樹脂による入れ歯の製作など，その応用が広がっています．

食品分野での試行もされており，今後どのような分野で活躍するのか興味深いところです．

1-3. RepRapプロジェクト

「はじめに」「3Dプリンタの誕生」でも簡単に紹介しましたが，英国バース大学のAdrian Bowyer博士により始められたプロジェクト『RepRap』（replicating rapid prototyperの略）はオープン(*1)な3Dプリンタとして，自らを複製（self-replicates）することで，多くの人に安価に使って貰おうというプロジェクトです．

RepRapプロジェクトではそのためのコミュニティが作られ，情報が公開されています．そして，ここでは新しいアイデアを採用したプリンタやソフトウェアが発表されて来ました．

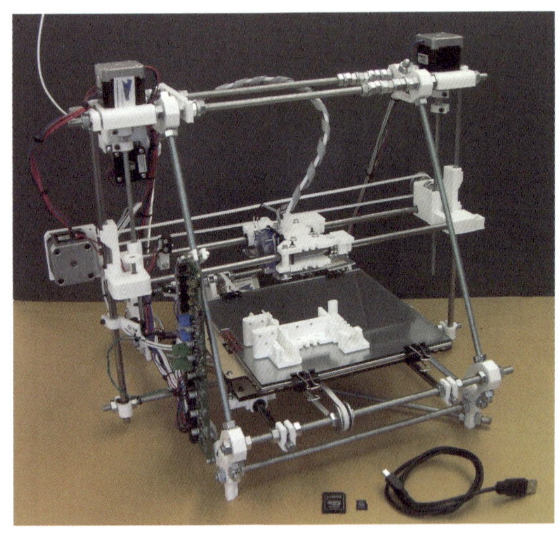

初期の 3D プリンタ RepRap Mendel
（出典：RepRap.org）

開発当時，CNC制御用に採用されていた"Arduino Duemilanove（unoの前のモデル）"とその制御向けファームウエア"grbl"と"Sprinter"をベースに3Dプリンタ向けファームウエア"Marlin"が開発されました．

Arduinoはイタリア生まれのオープン・プロジェクトで，デザイナーやアーティストでもマイクロコントローラを簡単に利用できるようにすることを目標に，使い勝手の良い開発ツール"Arduino IDE"が無償で公開され，ハードウェアデザインも公開されています．

このような背景があってか，RepRapプロジェクトでもハードウェアの制御にはArduinoが採用されるに至っています．

ファームウェアは"Marlin"が現在も広く利用されています．

現在，3Dプリンタ用の既成品の制御基板に頼らずハードウェアを構成すると以下のようになります．

制御基板（MPUボード）：Arduino Mega 2560
ファームウェア：Marlin
シールド（拡張基板）：RAMPS1.4 ～ 1.6
モータードライバモジュール：モータードライバモジュール基板×4
表示，操作：LDCコントローラ（RepRap準拠）

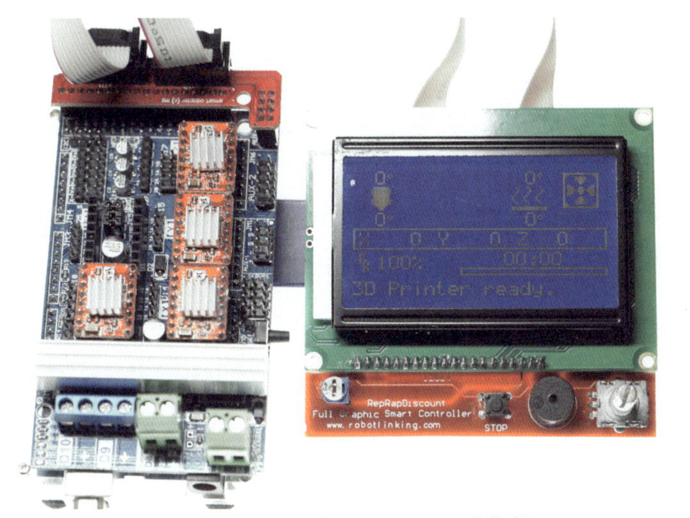

MEGA2560 ＋ RAMPS1.6 に Marlin をインストールして動作確認

既成品の制御基板（一般にメインボードと表記されている）はこれらを1枚の基盤として作り上げたものです．

「Part 4 電気部品編 Chapter 6-3」（P-121）では32bitARMコアプラットフォームの制御基板も紹介します．

*1 オープン：オープン・デザイン，フリー及びオープンソースソフトウェア（FOSS）とオープンソースハードウェアの両方が含まれ，GNU General Public License，GNU Free Documentation License で配布されています．
RepRap プロジェクト　https://RepRap.org/wiki/RepRap/ja

Chapter 2

主な印刷方式

主な印刷方法と印刷素材（マテリアル）を簡単に解説します．マテリアルの詳細については「Part 8 印刷編　Chapter3 印刷マテリアル」（P-341）をお読みください．

2-1. 光造形法（Photofabrication / Digital Light Prosessing）

マテリアル：光硬化樹脂（液体）

光硬化樹脂に浸したビルドプレート[*1]の表面に紫外線照射を行うことで硬化した樹脂を積層して行く方法で，3Dプリンタとして一番最初に考案された方式がここで紹介するステレオリソグラフィ方式です．

光の照射方法により以下の方式があります．

●ステレオリソグラフィ（StereoLithography，SLA，SL）

光硬化樹脂で満たした容器に浸されたビルドプレートを表面近くに配置し，紫外線レーザーや紫外線LEDなどの光源による照射により樹脂を硬化させ，ビルドプレートを徐々に沈めながら積層して行きます．

大きなものを作成するためには大きな容器に大量の光硬化樹脂を満たすことが必要になってしまいます．

そこで，発想の転換．容器の下から紫外線レーザーを照射する方法が考えられました．

底近くまで沈めたビルドプレートの下面に樹脂層を形成，徐々に引き上げて積層して行きます．この方式であれば容器の深さはそれ程深くなくても背の高い物の印刷が可能となります．

*1 ビルドプレート：3D 造形物を作成する台のこと．ビルドプラットホームとも呼ばれる．

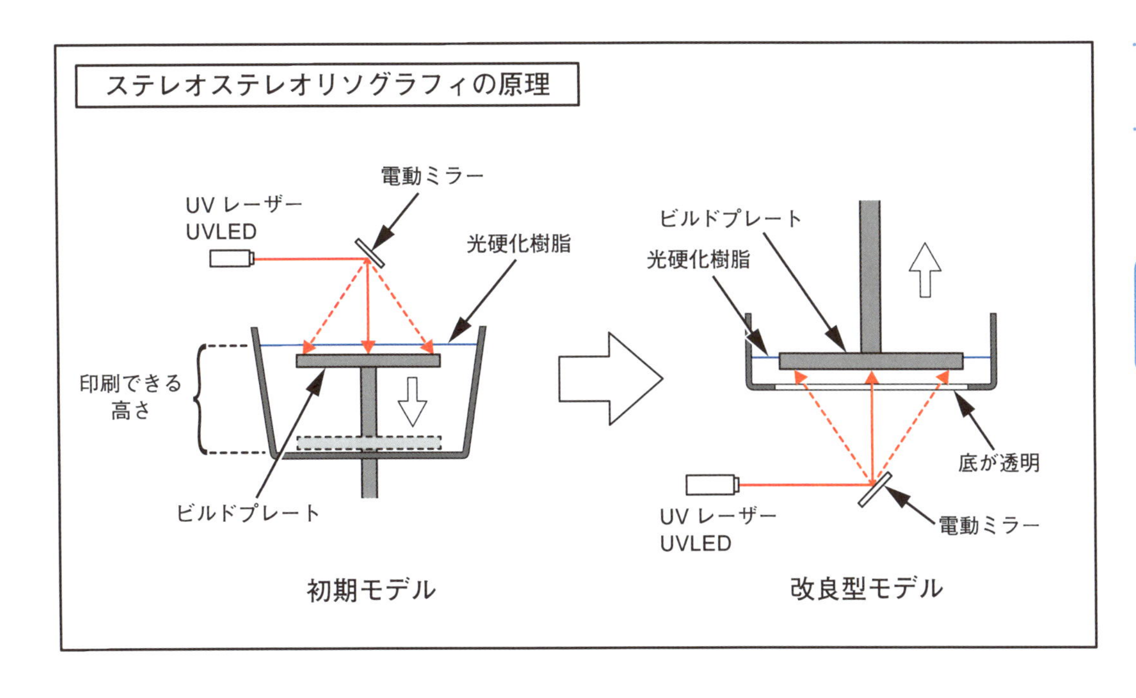

●デジタルライトプロセッシング（Digital Light Processing，DLP）

デジタルライトプロセッシングは光源をデジタルミラーデバイス（Digital Mirror Device，DMD：微小鏡面素子）による反射を用いたプロジェクター方式で，光硬化樹脂で満たした容器の下から紫外線を照射する方法です．DMDはデジタルシネマプロジェクターにも採用されています．

光造形法は透明な光硬化樹脂を使用していたため，でき上がりも透明なものでしたが，透明で着色可能なレジンにカラーペースト（色素）を混ぜることで，カラー印刷が可能になっています．

また，Sparkmakerからビルドサイズは98×55×125mmと小さなものの，2万円台で販売されています．しかし，光硬化樹脂は1,000ml，1万円台とまだ高価です．また，印刷後にはエタノールで洗浄を行います．

低価格化が進んだ SLA 方式の 3D プリンタ（SparkMaker FHD）

2-2. 粉末焼結積層造形法（Powder Bed Fusion）

マテリアル：金属粉末，エラストマー樹脂

製造業での3Dプリンタは金属で出力できる粉末焼結積層造形法が中心になっています．

直接金属レーザー焼結（Direct metal laser sintering/DMLS）
電子ビーム溶融（Electron beam melting/EBM）
選択的熱焼結（Selective heat sintering/SHS）
選択的レーザー溶融（Selective laser melting/SLM）
選択的レーザー焼結（Selective laser sintering/SLS）

粉末を薄く敷き詰め，高出力レーザーや電子ビームにより粉末を焼結し層を形成します．
さらに粉末をその上に敷き詰め，次の層をレーザー光で溶かし，形成することを繰り返して行きます．
でき上がりは粉末の中から掘り出します．また，マテリアルが高価でランニングコストも高めです．

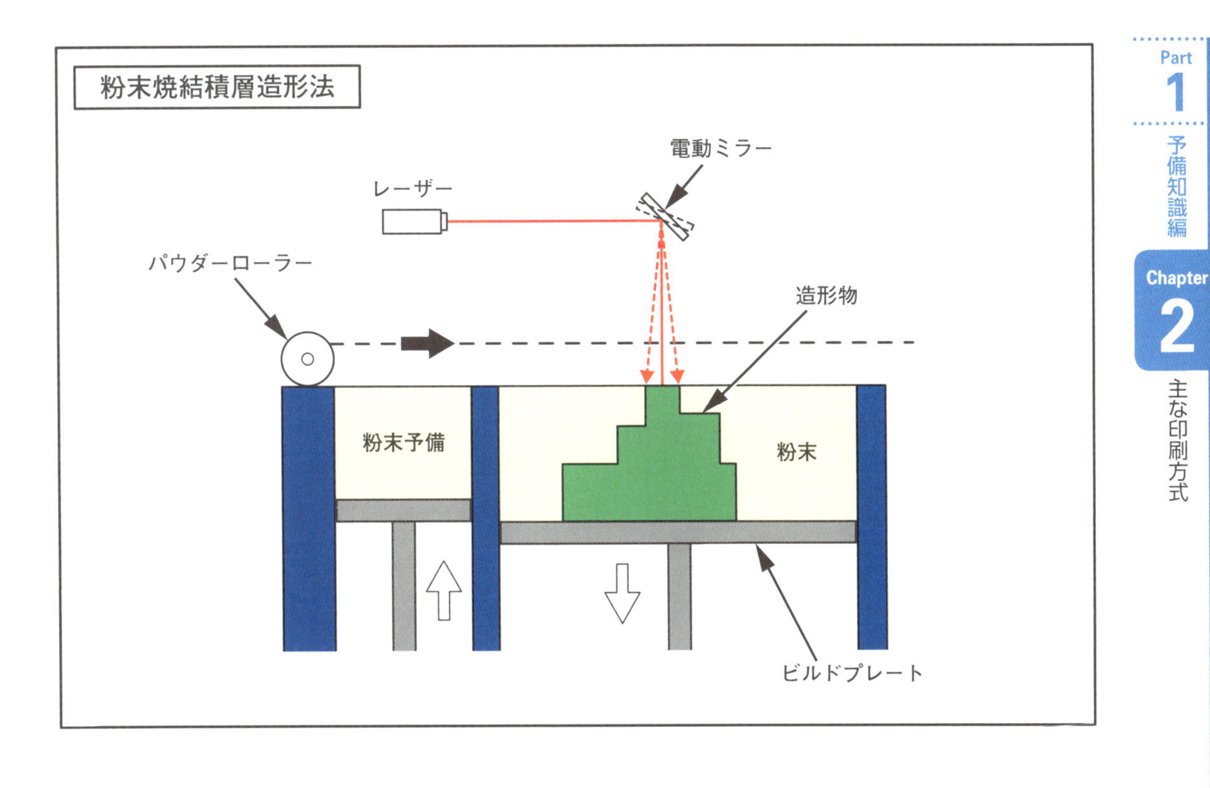

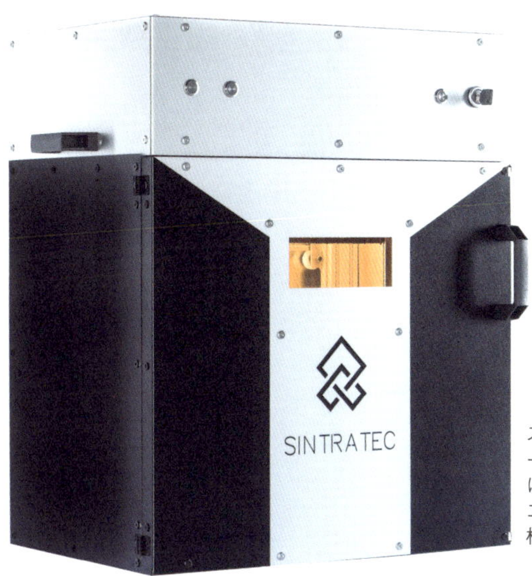

スイスのチューリッヒ工科大学発のベンチャー企業 Sintratec 社のレーザー焼結方式（SLS 方式）のキットです．使用可能なマテリアルはレーザー出力の関係からカーボンを混入したナイロン 12（PA12），エストラマー樹脂（TPE）用となっています．（日本での販売代理店：株式会社 3D プリンタ総研）

2-3. インクジェット方式 (Inkjet Printing)

マテリアル：熱可塑性インク，ワックスなど

インクジェットプリンタで印刷するように熱可塑性[*1]のマテリアルを10数μm精度で印刷して硬化させ積み重ねて行きます．カラー印刷も可能になっています．

水溶性のサポート材と一緒に印刷することで，単独の素材では作りにくい形状のものも作成することが可能です．

また，ワックスで鋳造型を作ることが可能な機種も存在します．

インクジェット印刷は優れた精度および表面仕上げが得られますが，ビルド速度が遅い，材料のオプションが少ない，さらに壊れやすい部品が含まれるといった解決しなければならない課題が残っています．

このプロセスは熱相変化インクジェット印刷（thermal phase change inkjet printing）とも呼ばれます．

2-4. シート積層法 (Powder Lamination Method / Sheet Lamination)

マテリアル：金属シート，金属リボン，紙，接着剤

金属シートやリボンをビルドプレートの上に移動し，金属では超音波用溶接，紙では接着を行い，必要な部分をレーザーにより切り出します．その他の部分にはクロスハッチを設け，余分な部分の除去を容易にします．

紙や接着剤を素材としたものは，美的モデルや視覚的モデルに使用され，構造的な使用には適していません．

---

*1 熱可塑性：熱により軟化する物質

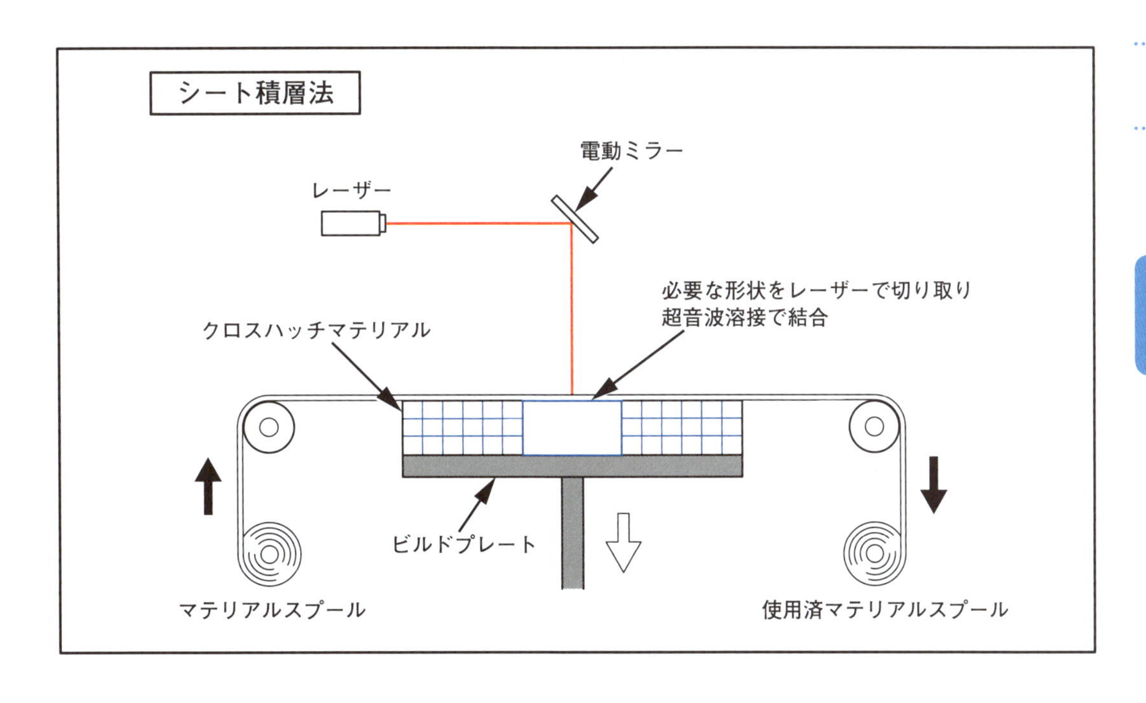

2-5. 熱溶解積層方式（Fused Deposition Modeling：FDM）/ 熱溶融フィラメント製造法（Fused Filament Fabrication：FFF）

マテリアル：熱可塑性樹脂フィラメント　PLA樹脂（ポリ乳酸樹脂），ABS樹脂など

ひも状に加工した熱可塑性樹脂[*2]を加熱した印刷ノズルでフィラメントを溶かしながら押し出すことで積層して行くおなじみの3D印刷方式です．

この仕組みについては3Dプリンタの製作の中で詳しく解説します．

方式の名称となっているFDMは開発を行ったStratasys社の商標となっており，RepRapでは商標の問題を避けるためにFFF（Fused Filament Fabrication：溶融フィラメント製造法）と呼んでいます．

日本語の名称を付けるなら両方の良いとこ取りで「熱溶融フィラメント積層製造法」といったところでしょうか．

*2 熱可塑性樹脂：チョコレートのように加熱して融点に達すると液体化し，冷やすとまた固まる樹脂（プラスチック）です．

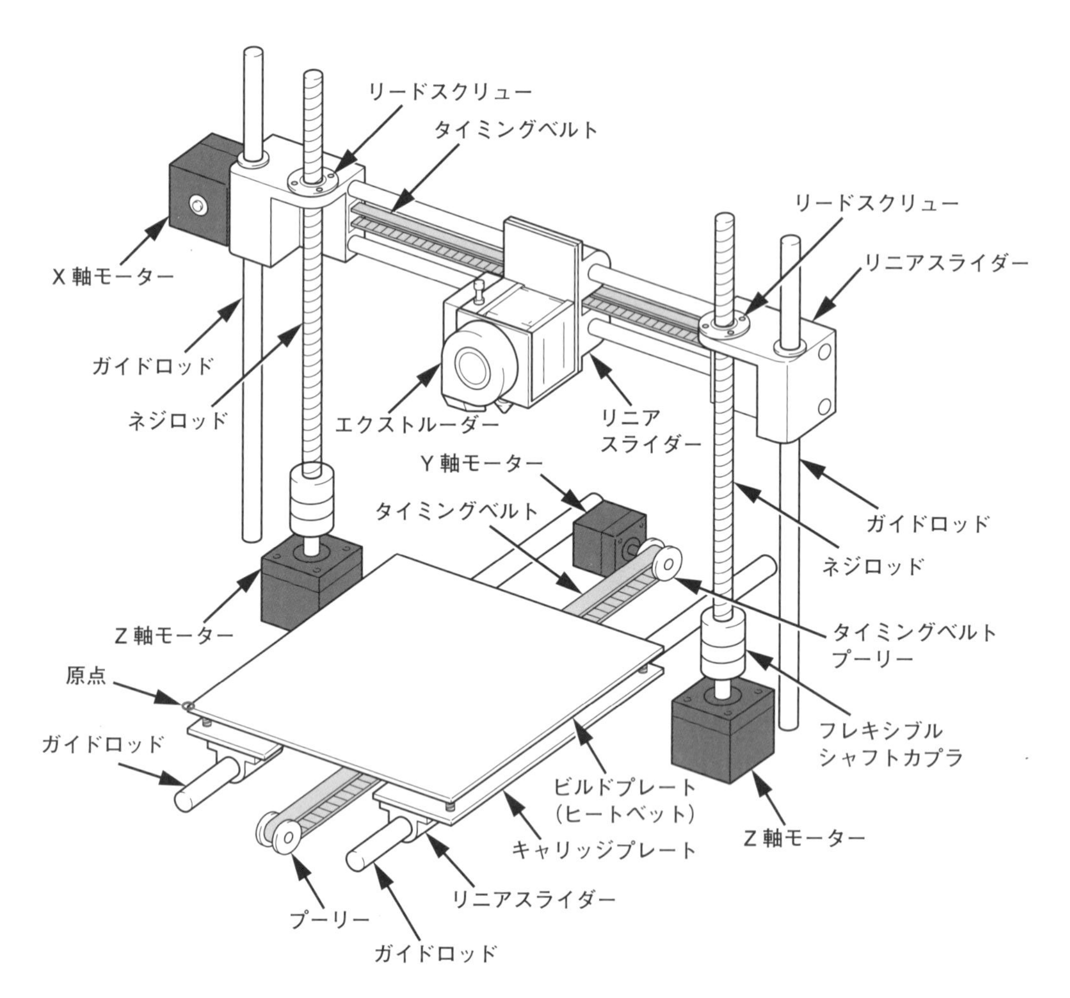

本書で製作する 3D プリンタの各部名称

Part 2

工作ツール編

3Dプリンタ製作に必要な，またあると便利な工具類について解説します．

Chapter 1

必要工具と使い方

電子工作を本格的に行うためには各種工具が必要となります．メカトロニクスの組み立てには更に様々な工具が必要となってきます．必要な物から揃えて行きましょう．物によっては 100円ショップで入手でき，それで十分なものもあります．

1-1. ドライバー

プラスドライバー 2 種類は必須の工具です．
(VESSEL 700 P.1 × 75 (左)，700 P.2 × 100)

ものづくりの必須工具ナンバーワンを争うのは何と言ってもドライバー（ネジ回し）でしょう．

既にドライバーを持っている方は多いかもしれませんが，ビット交換式では作業性を落とします．

手にしっくりと馴染む太さのグリップ（ジャンクグリップ）と程々の重量で軸（シャンク）長100mm程度のドライバーを用意してください．グリップが細く軽いものはお勧めできません．

ISO 規格のなべ小ネジ用のプラスドライバーを以下の２種類用意しましょう．

規　格	対応ネジ	解　説
#1	M2 ～ M2.6	2mm，2,6mmのプラス穴付きなべ小ネジに対応　軸長75mm程度のもの
#2	M3 ～ M5	3mm ～ 5mmのプラ穴付きなべ小ネジに対応　軸長100mm程度のもの

プラスドライバー #2　短いドライバーもあると便利

#2 M3用にはシャンク全長40mm程度の柄の短いドライバーも用意しておくと狭い場所の作業に便利です．

マイナスドライバーは電子工作でも出番が無くなりつつあり，3Dプリンタでも基本的に必要ありません．

●使い方

どのドライバーがネジ頭の溝に合うかわからない時には，大き目な物から使用してみます．M3のなべ小ネジには#2（2番）M2.6には#1のドライバーを使ってください．

ネジ頭のプラスにドライバーの先端を垂直に差し込み軽く左右に回した時にガタのないことを確認します．

ピッタリなドライバーなら，ドライバーの先端を上に向け，そこにネジ頭の溝を合わせて，少しずつ傾けてみます．ネジ山が合っていない場合にはすぐに落ちてしまいますが，ピッタリなネジならすぐに落ちてしまうことはありません．

ネジの軸に垂直にしっかり差し込み，ドライバーが浮き上がらないように押さえながら回します．基本は押す力7に対し，回す力3の割合で，軽く回る場合は押す力を少し弱めても大丈夫です．片手はドライバーの軸に添えて軸が振れないようにします．

ドライバーの先端をネジ頭に当て，軽く動かしてガタのある場合にはドライバーが合っていないので使用を避けてください．ネジ頭を舐めてしまう（潰れてしまう）原因となります．

舐めてしまったネジ（ネジ頭を指先でなでて引っ掛かりのあるもの）は使用せずに捨ててください

スイッチング電源，ホットベッド関連の配線には大きな電流が流れます．端子台のネジが緩むと加熱して発煙，発火の原因となり，制御CPU基盤を損傷することもありますので，しっかりとネジ止めをする必要があります．

1-2. ラジオペンチ

ラジオペンチ（Fujiya MP6-150）

リード線の折り曲げ加工やハンダ付け時などに使用します．また，3Dプリンタで印刷後のサポート材の除去にも利用できます．

「ラジオペンチ」は「ペンチ」の中でも小型の物の総称で，かつてはJIS規格によって大きさなどが定まった製品ばかりでしたが，現在では先端の形状や大きさ，材質など様々な製品が各メーカーから販売されています．

まずは軽くてハンドル部分が握りやすい大きさの，ストレートタイプを１本用意しておくと良いでしょう．

国内メーカー品であれば個人が普通に使用している限り一生モノとなるかもしれません．それ程長持ちします．

100円ショップの物で十分ですが，噛み合わせや歯の切れ味，使い心地などにこだわるのであれば国産メーカー品という選択になるでしょう．

1-3. ニッパー

電子工作，電気工作ではニッパーも必須です．リード線や電線，針金など切断する素材に適したニッパーを用意することで，スムーズに作業を行えます．

(1) ニッパー

プリント基板のハンダ付け後のリード線切断，結束バンドの切断の他，サポート材の除去作業などにも利用できます．

電子工作ならミニチュアニッパーやマイクロニッパーと呼ばれ，ハンドル部分が手にすっぽり収まり，刃の部分が薄めな物で十分でしょう．

電気工事で使用するVVFケーブルなど太い芯線や針金などの切断には少し大きめなサイズのニッパーやペンチのカッター部分を使用します．

ニッパーは消耗品ですが，刃物はやはり国内メーカー品を選びたいところです．切断する素材に気を付け，使い分けて使用すれば長く使用できます．

(2) ミニチュアニッパー

ミニチュアニッパー（N-35 ホーザン株式会社）

ミニチュアニッパーは針金など硬い材料の切断には不向きです．銅線の撚り線では1.25～2mmスクエア以下で使用するのが目安になります．切断する素材（銅線，硬線）によりニッパーの種類を使い分けましょう．

ハンドルにはバネ付きが作業し易く便利です．

線の切り屑が飛び散らないように気を付けてください．細い撚り線の切り屑は手足に刺さったりします．切り屑がスイッチング電源や制御CPU基盤に付くとショートなど故障の原因になります．専用の屑入れを用意して切り屑はまとめるようにしましょう．

リードストッパー付きの製品を使用すると切り屑が飛散せず安心です．

(3) リードストッパー付きミニチュアニッパー

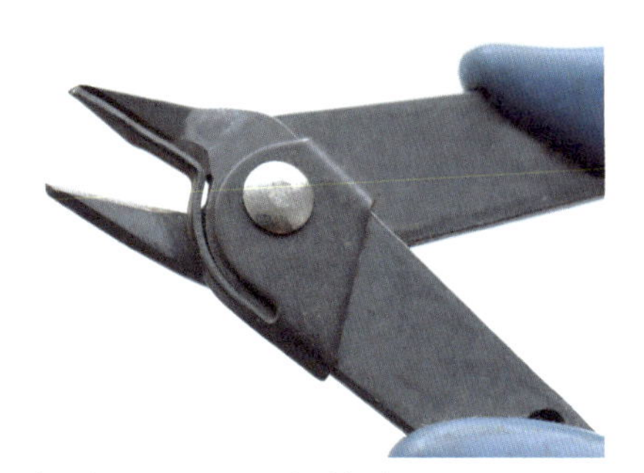

ミニチュアニッパーのリードストッパー

プリント基盤のハンダ付け後のリード線型抵抗器や積層セラミックコンデンサ，電解コンデンサのリード線などの切断処理に，切断物が飛散しないストッパー付きの小型ニッパーがあると便利です．

ミニチュアニッパーは細い線材の切断専用に使用し，太い単線や硬い材質類には不向きなので通常のニッパーやペンチなどと使い分けてください．

1-4. ワイヤーストリッパー

ワイヤーストリッパー
（ベッセル　ワイヤーストリッパー　3500E-1）

線材の被覆を剥くツールです．

カッターナイフなどではどうしても芯線を傷つけてしまい，細い撚り線などでは数本，切れてしまうことがあります．

機器製造によっては，カッターの傷が入ったら使用不可というケースもあります．また，単芯の被覆ケーブルでは被覆を剥くのもカッターでは大変面倒な作業になってしまいます．

ワイヤーストリッパーなら芯線の太さに合った径を選択することで芯線を傷つける心配が無く，効率よく被覆を剥くことができます．

最近はAWG規格[*1]の電線が出回るようになっているので，mmとAVGの寸法が付いた製品が便利です．

私は細いワイヤー用と太めのワイヤー用の２種類を使っています．

昔はハンダ鏝にカミソリの刃を付けて，熱で被覆を剥くといったことをやっていたものですが，最近のセラミックヒーターのハンダ鏝ではそのようなことはできなくなってしまいました．

1-5. ピンセット

電子工作では細かいものを摘まむ事が多く，ピンセットは必需品です．ここでは電子工作で使う代表的なものを紹介します．

(1) ピンセット

ピンセット

抵抗などのリード線の折り曲げやチップ部品を摘まむ時など，電子工作での用途は多いと思います．

種類も多く，用途別に揃えておくと良いでしょう．

(2) 逆動作ピンセット

手放しにした時につまんでいてくれるので楽チン

摘まむと開き，放すと閉じる，文字通りの逆動作するピンセットです．

ピンセットで挟んだまま行う作業に便利です．

放熱クリップ代わりや基板上にチップ部品を押さえるといったことにも使えます．

100円ショップで見つけてついつい買ってしまった一品です．

(3) ピックアップツール

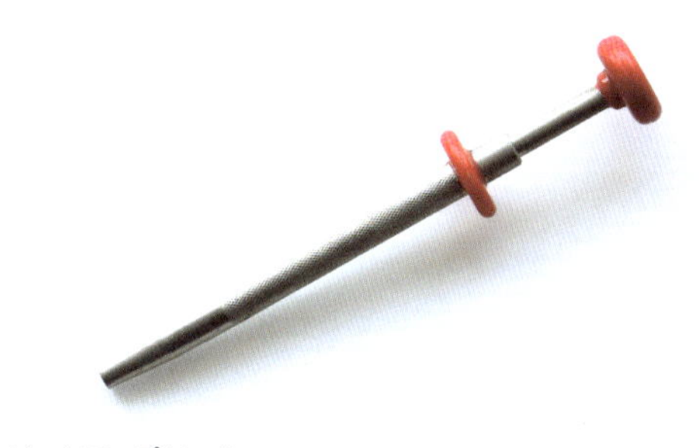
ピックアップツール

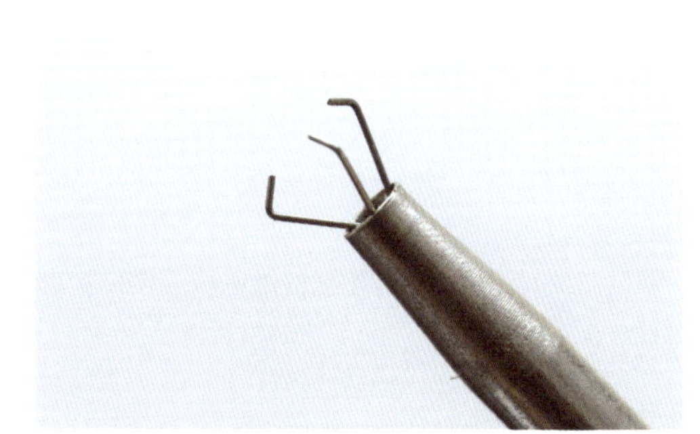
ピックアップツールの先端

ノブを押すことで，先端に3本の爪が飛び出し，ネジの頭を簡単に摘まむことができ，狭い部分のネジの差し込みや取り出し，部品拾いなどに使用できます．持っているとイザという時に便利なツールです．

これも100円ショップで見つけてつい買ってしまいました．

---

*1 AWG規格：American wire gauge／米国電線規格　米国で使用されている電線の規格で，現在，中国製の米国向け製品が国内に入っています．国内の製品では断面積SQ（スクエア）が使われて来ました．

1-6. ハンダ付け関連

セラミックヒーターで温度調節付きのもの

1-6-1. ハンダ鏝　30W～40W，60～70W

ハンダ鏝にはセラミック・ヒーターを使い，鏝先が交換できるものを用意しましょう．高絶縁で半導体のハンダ付けにも安心して使用できます．

100円ショップでも入手可能ですが（400円程度），繊細な作業には不向きです．

温度コントロール付きの物は最適な温度に設定でき，鏝先が加熱し過ぎて酸化してしまうのを防ぐことができます．

表面実装部品の乗った基板などを扱う場合には30～40W程度までのものを用意し，太い端子部分に線材を付ける時など熱量を必要とする場合には60～70Wクラスのものと使い分ける必要があります．また，鏝先の形状も目的によって使い分けるのが理想的です．

私はハンダの鏝先に基板用には先端がテーパー状（先細り）になったものと，先端が斜めにカットされたものを使い分けています．この辺りは慣れと経験などで好みは異なるかもしれません．

ハンダを付ける時にはハンダを付けたい部分を鏝先で温め，そこに糸ハンダの先を当ててハンダを溶かして流し込みます．ハンダをしたい部分（特に熱を奪いやすい部分）を十分温めておかないと，溶けたハンダがなじまず，いわゆる「イモハンダ」と呼ばれる状態になります．

また，ハンダ面やケーブルの先端などを温めて先にハンダを少し流し込んだ後（予備ハンダ），再びハンダ面を温めハンダ付けを行う場合もあります．

ハンダを必要量流し込んだら，すぐに加熱を終了します．ハンダの加熱し過ぎは酸化の原因になり，ハンダ面はくすんでしまいます.

ハンダの乗りにくい材質の場所には事前にフラックスを塗っておくと良いでしょう.

ハンダ部分が錆びていたり，油が付いている，酸化したハンダが乗っているといった状態ではうまく付かないので事前に汚れなどを落とし，フラックスを塗るなどしておくことが必要です.

ハンダ付けが済んだら，湿らせたスポンジで鏝先を拭き取り，酸化したハンダを取り除きます.

筆者の主観による使い分けはこのようになっています.（目安です）

30Wクラス，40W程度の温度制御付き	表面実装部品
40Wクラス	一般的な基板用部品，DIPタイプのICなど（線材0.18～0.3sq）
60Wクラス	基板の大きめなランド．一般的な配線（線材0.3～0.5sq）
60W～	AC周りの配線，部品（線材0.75sq～）

セラミックヒーターのハンダ鏝はヒーターカバー部分がグリップ寄りの所でネジになっており，グリップ側に固定していますが，このネジが緩んだまま使用するとヒーターを折ったり，先端チップごと外れてしまい，火傷などの事故になる危険があります．ハンダ鏝使用前にはネジが緩んでいないことを確認してから電源を入れるようにしてください.

1-6-2. ハンダ

ハンダはもともと鉛と錫の合金ですが，鉛が有害なことから鉛フリーハンダ（無鉛ハンダ）へと移行が進み，鉛の代替に銀，亜鉛，錫，ビスマスなどで様々な合金が作られています．ハンダの融点は183℃ですが，ハンダ合金の配合によっては220℃（銀と錫）と融点が高くなっているものもあります.

糸ハンダ

糸状に加工したハンダです．太さは直径3.0～0.1mmと幅があります.

基板の表面実装など，小さな部品のハンダ付けには直径0.5mm前後（ハンダ鏝は30～40Wクラス，40W程度の温度制御付き）のものを，
基板用コネクタ（ピン間隔が1インチ（2.5cm）以上）や一般的な配線（0.3sq前後の線材）のハンダ付けには直径0.8～1mm程度，と使い分けると良いでしょう.

1.25sqなど太めな線材，ヒューズホルダやACインレットなど幅や厚みのある部分には直径1.2mm以上（ハンダ鏝も60W以上）のものを用意すると良いでしょう.

ヤニ入り糸ハンダ

ヤニとは松ヤニ（松脂）のことで，成分であるロジンを融剤（ゆうざい / フラックス）としてハンダ

付けに使用していました.
そのフラックスを糸ハンダの芯に入れたものが今でもヤニ入りハンダと呼ばれています.

クリームハンダ（ソルダーペースト）

ハンダの粉末にフラックスを加えて粘度を調整したペースト状のハンダで表面実装部品のハンダ付けに用いられます.

表面実装では基板にステンシルでクリームハンダを塗り，チップ部品を乗せてリフロー炉で加熱してハンダを溶かし部品を固定します.
クリームハンダは使い切ることが原則ですが，残った場合には冷暗所に保存が必要で保存期間が6ヶ月程度と短かかったりするので，購入時には保存条件や使用期間をよく確認してください.
品質保証期間を過ぎたクリームハンダはフラックスが揮発して固くなってしまうためうまくリフローできなくなります.
このような時には液体のフラックスを混ぜることで復活させることができます.（自己責任で）

1-6-3. フラックス

メッキ線やハンダ溶解の促進，酸化防止にフラックスを用います．錫メッキ線など，ハンダの乗りにくい部分のハンダ付けに用います.
ペースト状のものと液体のものが販売されています.
現在フラックスは塩化亜鉛，塩化ナトリウム，アルコールなど化学合成により作られています.

フラックス

1-6-4. ハンダ鏝台と鏝先クリーナー

ハンダ鏝台は重心が低くて倒れにくく，ハンダ鏝の出し入れが容易で，間違えて鏝台に触れても火傷のしにくい構造の物が良いでしょう．

ハンダが鏝先で酸化してしまった状態ではハンダの仕上がりが綺麗にできません．酸化したハンダはクリーナーで除去して新しいハンダを乗せて作業を行います．

そこで，ハンダ鏝台にはスポンジが付属しているものが多くあります．スポンジは水を含ませ，ハンダ鏝の先に残って酸化したハンダを拭き取るのに使用します．また，金属の切削屑のようなものを使った鏝先クリーナーもあります．

鏝先クリーナ付きハンダ鏝台

1-7. モンキーレンチ

モンキーレンチ　200mm（下 JIS 規格品）と 150mm（上）100 円ショップで購入．電子工作用ならこれで充分でしょう

小型のモンキーレンチは必須です．キットにも付属しますが肉厚は薄く，柄は短く使い勝手が悪いので是非用意してください．バイクや車の整備にも使用するといった場合でなければ高級品は不要です．100 円ショップでも販売されています．

1-8. 六角棒レンチ

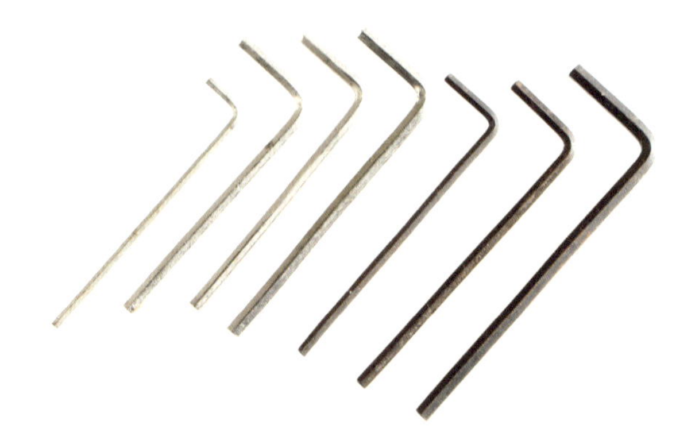

六角穴付きネジに使用します．穴のサイズにピッタリと合ったレンチを使用してください．レンチの軸をしっかりと奥まで差し込んでください．また，回す時には軸が大きく振れないように回します．

3Dプリンタでは以下の場所で使用します．

- X軸モーター，Y軸モーター軸のタイミングベルト用ギアの固定箇所
- Z軸モーターとリードスクリューロッドを接続するフレキシブル・カプリングの両軸の固定に2箇所ずつ
- エクストルーダーのファン固定部及びモーター軸フィラメント送り用ギア

1-9. 電気ドリル＆ドリルビット（刃）

電気ドリル．AC専用なら安価な製品もあります

六角軸ドリルビット（刃）

ドリル刃での穴あけの他，電動ドライバーとしても使える電気ドリル（ドリルドライバー）が安価になっているので1台用意しておくと便利です．無段変速ドリルも1万円以下で入手できます．

ドリルビットは6角軸のビット付きのものがビットの交換も楽でお勧めです．材質は鉄工用であればアルミや3Dプリンタで印刷した物にも使用できます．

ドリル刃の直径はネジを通す，ネジの径より大きめな穴（通称，馬鹿穴）であればネジの径＋2mm程度のドリル刃を選ぶと良いでしょう．

3Dプリンタ作りには直径8.2mmを用意して役立ちました．

ドリルの穴あけでは細いビットは高速であけ，太いドリルは低速であけるのが基本となります．太い穴は細いビットで下穴をあけてから太いビットに交換して穴あけを行うと加工し易くなります．

1-10. ヒートガン（ホットエアガン）

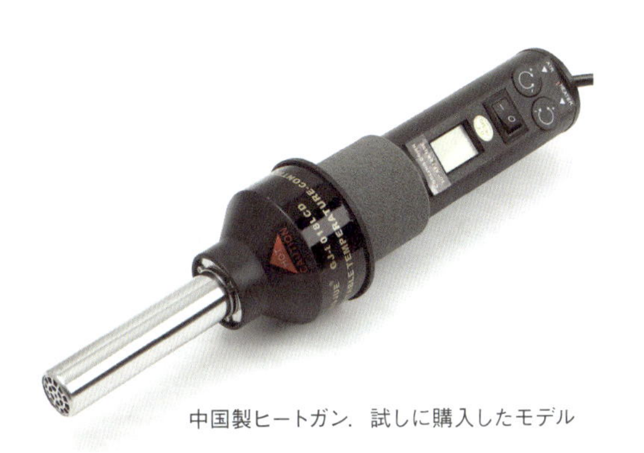
中国製ヒートガン．試しに購入したモデル

工業用ドライアーやホットガンなどとも呼ばれる，高温を出せる強力なヘアドライアーといったところです．（髪の乾燥には使用しないでください．）

国内メーカー品は流通量も少ないことからかそれなりの価格ですが，中国製の安価な製品も出回るようになりました．

熱収縮チューブの加熱や表面実装部品の取り外しなどに使用できます．

1-11. 圧着器

端子台用のR端子（丸形端子），
Y端子スリーブ付き1.25，2，5.5sq圧着器

小型のピンコンタクト用圧着器

絶縁電線の芯線と端子を圧着することで物理的，電気的な接続を行う治具です．圧着箇所は合金化されるため信頼性の高い接続が実現できます．

端子台はR端子（リングターミナル），Y端子，ピンコンタクト，ソケットコンタクトなど種類が豊富で，それぞれの規格に合った専用の圧着機が必要になります．

価格も高価なものが多いですが，専用外の圧着器で行われた場合には線が抜けたり，切断，経年変化で接触不良が発生するなどトラブルの危険性があります．

比較的利用機会が多いのが，端子台の配線に利用される丸型端子（R端子，リングターミナル）やY端子です．

対応する線材の太さにより，1.25sq，2sq，5.5sq用の圧着器は安価なものもあります．使用する機会が多いのであれば用意しておきたい治具です．

簡易型の圧着器では期待した結果が得られないので，ハンダを流し込むなどの処理をしておいたほうが安全でしょう．（あくまでもアマチュア用途です．）

ナイロン絶縁付き丸型端子（端子径と色分け）

端子径	色分け
1.25sq	赤色
2sq	青色
5.5sq	黄色

因みに，フラットケーブルにコネクタを取り付ける治具は「圧着器」ではなく，「圧接器」と呼びます．

圧接器は大変高価なので，個人的にはコネクタ幅の万力を使い加工していますがこれにはコツが必要です．

やる場合には自己責任で．

Chapter 2 その他のツール

印刷の後の仕上げ，メンテナンスにあると便利なツールを集めてみました．

2-1. ミニルーター

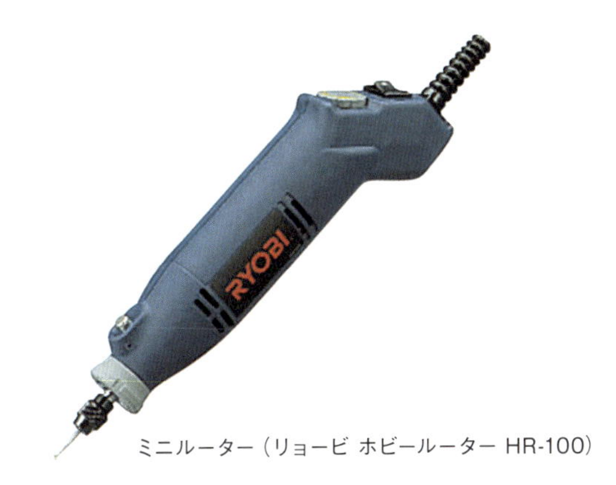

ミニルーター（リョービ ホビールーター HR-100）

ハンドルーターの小型，軽量の製品で電池やバッテリーで動作するもの，AC/DCアダプタ，AC電源専用の物があり，先端に取り付けるビットには研磨や切削，切断などさまざまな目的のものが用意されています．

電池式の物は力が弱く用途が限られてしまいます．実用的にはバッテリー式かAC電源式のいずれかでしょう．

バッテリー式は重くなる傾向にあるので，通販で購入する場合には重量もチェックしましょう．やはり軽い方が使い勝手は良いようです．

他のチェックポイントはサイズ，電源スイッチの位置，スピードコントロールの有無と場所なども確認しておきましょう．

国内の有名メーカーにはマキタ（ミニグラインダとして販売），リョービ，海外メーカーではプロクソン（PROXXON），BOSCH（ボッシュ）傘下のDremel（ドレメル），その他ビットをセットした中国製の安価な製品が数多く出回っています．

ミニルーターがあれば，印刷後のバリ取りなどの仕上げに便利です．
モノ作りをする人には用意しておきたい電動ツールのひとつです．

2-2. タップハンドル ＆ ネジ切りタップ

ネジ穴を加工するツールで，タップハンドルはネジタップを取り付けるハンドルです．

まずはM2.6，M3，M4を揃えておけば良いでしょう．

タップの下穴（ネジ切りの溝を切る前の穴径）は一般的な並目ピッチと全長が短いイモネジなどの細めピッチがあります．タップに最適な下穴寸法は以下の通りです．

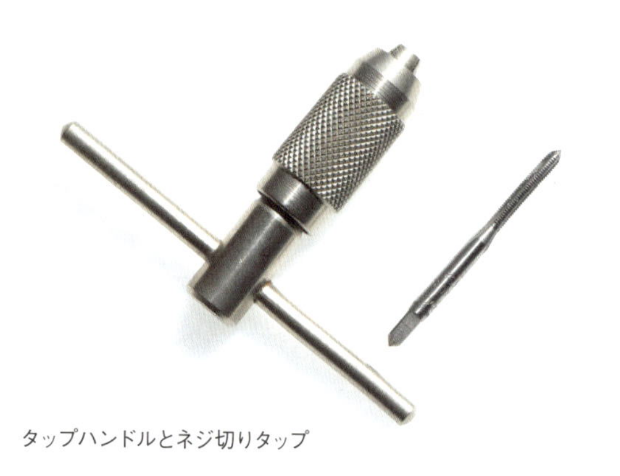

タップハンドルとネジ切りタップ

ネジ種	M2	M2.5	M2.6	M3	M4
並目ネジ	1.6	–	2.2	2.5	3.3
細めネジ	1.75	2.2	–	2.7	3.5

2-3. ソフトワイヤーブラシ

毛先が真鍮やステンレス製の細いワイヤーが使われたブラシで，印刷直後に印刷ノズル（Extruder Nozzle）周りに残った樹脂の掃除に使用します．

100円ショップでも購入できます．

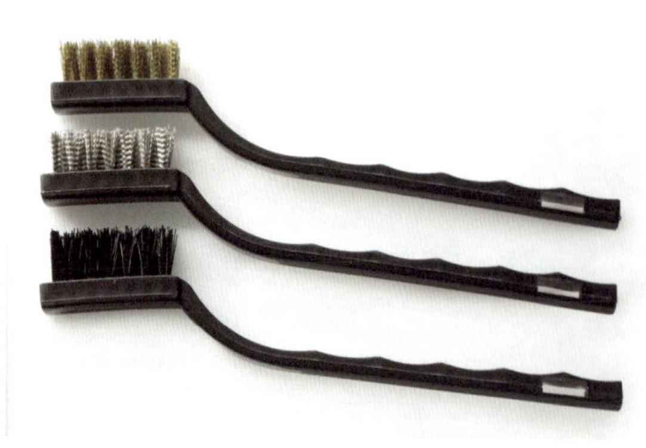

ソフトワイヤーブラシ

2-4. スクレーパー

スクレーパー

　ビルドプレートから印刷したモデルを剥がす時や，ビルドプレートにビルドステッカーを貼っていたり，ガラス板を使用している場合に印刷後の表面の清掃用にあると便利です．

　100円ショップで販売している「パレットナイフ」「木柄パレット」といった商品も使用できます．

COLUMN どう訳すか．専門用語

　この本を書き始めて最初に「あれっ？」と思ったのが構造や部品に関する英語表記と日本語表記です．

「エクストルーダー」の本来の意味は「押出機」と訳され，3Dプリンタではモーターでフィラメントを押し出す機構部分を指しますが，印刷ノズルまで一体構造の物もある事から，ステッピングモーター部から印刷ノズルまでを含めた全体を呼ぶケースもあり，気を付けないと表現が曖昧になってしまいます．

　古くから使われている用語の場合には問題も無いのですが，3Dプリンタ独特の構造に関しては英語でも複数の用語で表記されていたりするものですから，日本語でも表現が様々です．

　明治の偉人たちは文明開化と共に多くの新しい概念や物に対する名前を生み出しましたが，現代の情報流通の速さがそのような事を困難にしていると感じると共に，近年の英語をそのままカタカナにした用語には残念に思ってしまう事もしばしばです．

Chapter 3

計測器ほか

スケールやデジタルマルチメータなどの計測器も3Dプリンタの制作に揃えておきたいツールです．

3-1. スケール（直尺：ちょくじゃく）

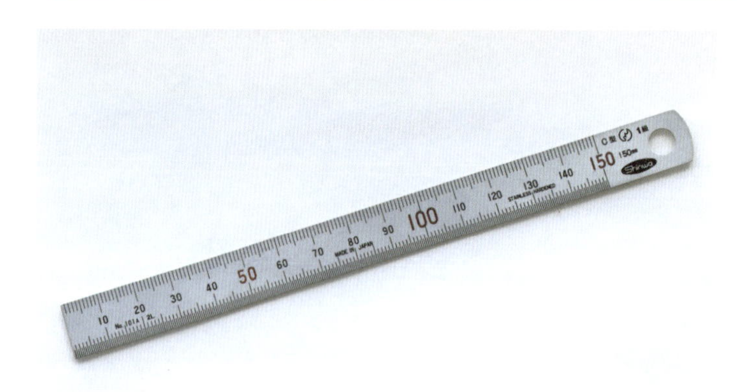

愛用の150mm金属製スケール

スケールの目盛位置が素材の端から刻まれている150mm程度と300〜400mm程度の金属製直尺を用意しておくと良いでしょう．

定規でも代用できなくはありませんが，そもそも定規は線を引くための道具で，長さの目盛りはおまけで付けられているものです．そのため精度は保障されていません．一般的な定規では両端に目盛りのない隙間が存在しており高さ調整などには使い難いものです．

Z軸の左右のバランスのチェックなどに使用します．

3-2. すきまゲージ

すき間ゲージ

すきまゲージ（feeler gauge）は薄い金属板を隙間に挿入して厚みを測る道具です．シクネスゲージ（thickness gauge）とも呼ばれますが，この名前は金属板式より，アナログメーター式やデジタル式の挟んで測るタイプを指しています．

印刷ノズルと印刷ベッド間の隙間調整に使用します．

鉄製やステンレス製などがありますが，安価な鉄製は油でサビ防止が行われているため，油が切れるとすぐに表面にサビが出てしまうという欠点があります．

私も試しに購入してみましたが，A4用紙でも良いかなぁ…というのが実感です．

3-3. デジタルノギス

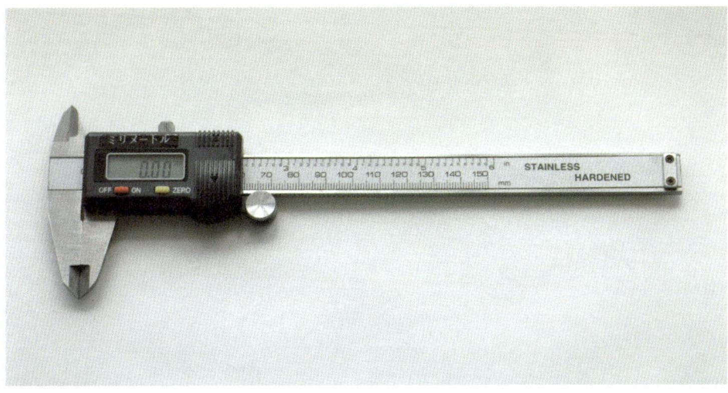

秋葉原で見つけた安価だったデジタルノギス

デジタルノギスが安価に入手できるようなっています.
フィラメントの外径確認，モデルの出力サイズ確認など是非用意しておきたい道具のひとつです.

3-4. デジタルマルチメータ（テスター）

デジタルマルチメータでスイッチング電源の電圧を確認

AC周りの配線が正しいか．スイッチング電源の電圧が正常か，リミットスイッチが機能しているかなど，事前のチェックを行うためにはテスターが必要です.

テスターの基本機能である電圧，電流，抵抗値を測定できるポケットテスターは安価に入手できるので，電子工作を行うのであれば用意しておきたい計測器のひとつです.

更に精度が高いテスターとしての基本機能の他にトランジスタのhfeやコンデンサの容量など様々な機能が追加されたデジタルマルチメータの低価格化も進んでいるので，使用頻度や用途に合わせて選択をすれば良いでしょう.

3-5. パソコン

印刷モデルデータの作成，3Gコード化などにWindowsまたはMacOSのパソコンが必要です.

Part 3

3Dプリンタメカ編

ここではFFF方式の構造，メカニズム，そこに使用されているメカニカルパーツについて解説します．

Chapter

1 基本構造

3D プリンタの印刷方式は印刷に関わるエクストルーダーの駆動方法により，デカルト座標型とデルタ型の 2 通りの方法が存在します．

デカルト座標型はエクストルーダーを X 軸と Y 軸の制御で平面を，Z 軸でレイヤーを制御しながら立体物を印刷します．

一方のデルタ型では三角柱の柱（辺）に沿って 3 本のアームの上下移動を 3 個のモーターを制御することで目的の座標へ移動する方式で，ビルドプレートは円形になっています．

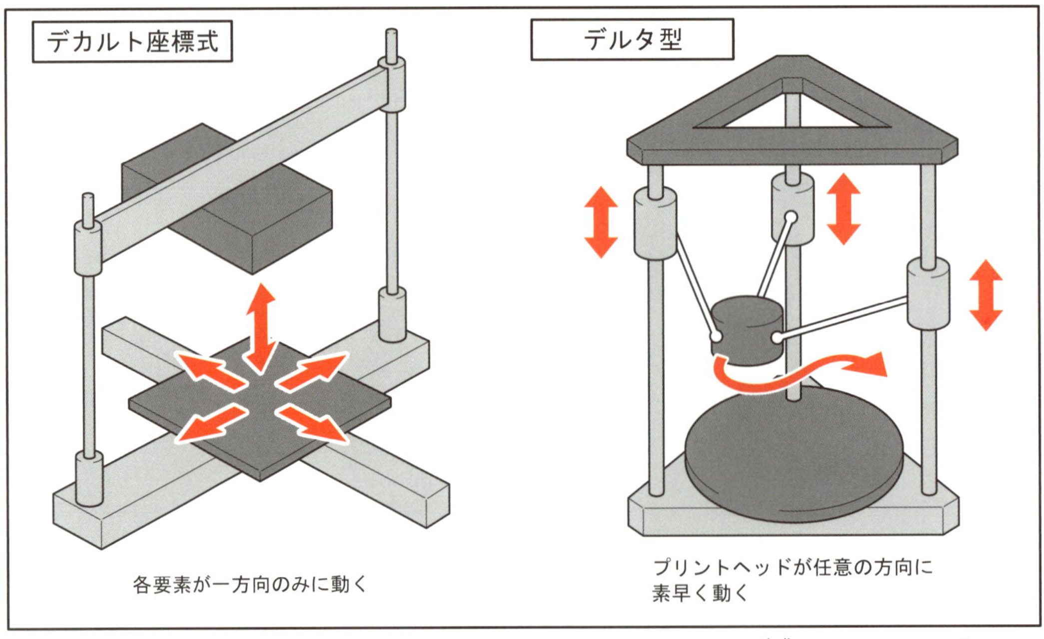

デカルト座標型（左）とデルタ型（右）　　出典：PwC Technology Forecast

1-1. デカルト座標型（XY 直行座標式）

デカルト座標型はエクストルーダーをX軸，Y軸，Z軸で制御を行っていると紹介しましたが，その駆動方法はさまざまです．

この方式にはビルドプレートをZ軸方向に駆動する方式と，Prusa i3に代表されるビルドプレートをY軸方向に駆動する方式に分けることができます．

X軸，Y軸の駆動方法は単純にX軸方向の駆動．Y軸方向の駆動にそれぞれタイミングベルトとモーターを使用したシンプルな方式のほか，ベルト駆動を工夫したH-bot方式やCoreXY方式が登場しています．

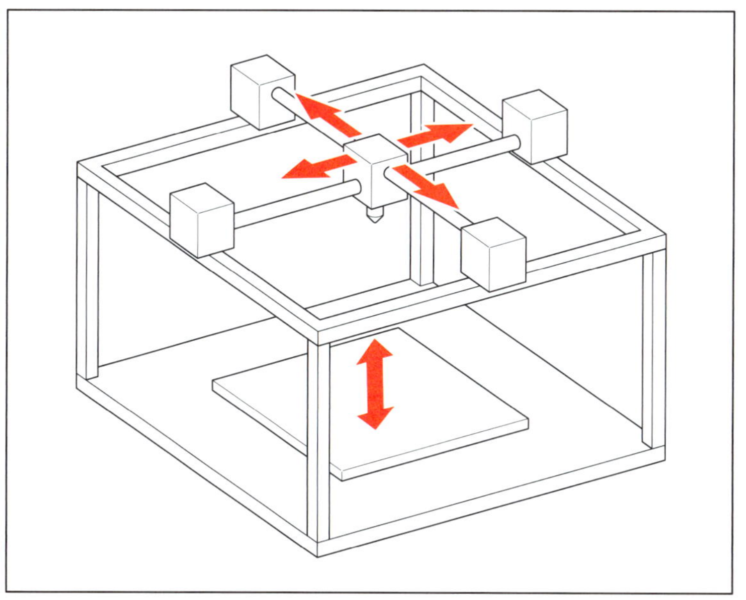

デカルト座標式

1-1-1. ビルドプレートZ軸移動式（Dawin - ダーウィン方式）

現在，市販品でメカが長方体のケースに収まった製品の多くが，ビルドプレートを上下に移動する方式を採用しています．

RepRapプロジェクトの1号機がダーウィン（Darwin）と呼ばれるエクストルーダーをタイミングベルトによりX軸，Y軸方向に駆動する方式で，ビルドプレートはリードスクリューの回転によってZ軸を上から下に移動する方式でした．

ダーウィンでは，ビルドプレートの上下移動の構造に苦心した様子が伺えますが，現在ではガイドロッドとネジロッドの組み合わせによるシンプルな構造が実現されています.

このような構造をアルミフレームにより立方体を構成したパネルの無い低価格のキットや製品も販売されておりキューブ（Cube）型と呼ばれます.

キット製品を除いた自作の主流はこのアルミフレームによるキューブ型が主流となっています.

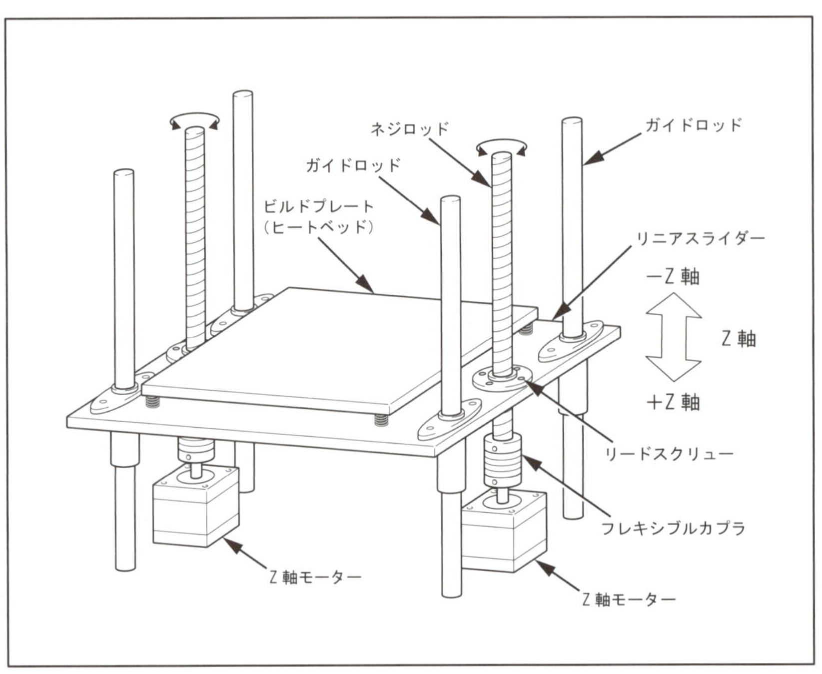

代表的な Z 軸駆動方法. この図では左右にモーターが取付けられていますが, 片側のみで駆動するものもあります

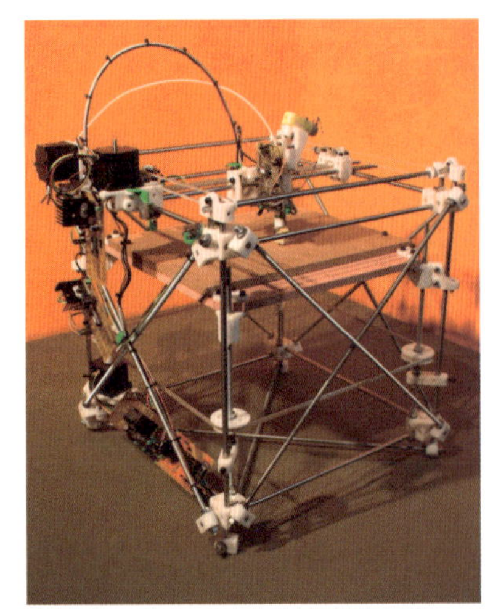

RepRap 1.0 "Darwin"（出典：RepRap.org）
ダーウィンではビルドプレートを四隅に取付けられたネジロッドを 1 個のモーターでベルト駆動しています

X軸Y軸駆動方式

もっとも一般的なX軸，Y軸を個別に駆動する方式です．

X軸，Y軸それぞれ専用のタイミングベルトで動かす駆動機構を持ち，エクストルーダー上部にX軸，Y軸の交差したリニアベアリング機構を持つことで，X軸とY軸の交点に移動する方法（初期のモデルに多く見られます）と，X軸駆動機構自体をY軸の駆動によって前後に移動できる構造を持った方式があります．

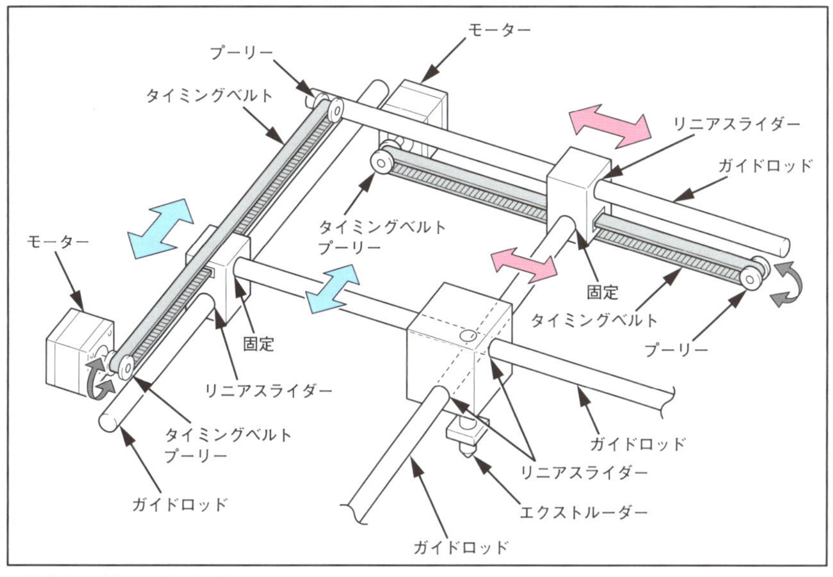

一般的なX軸，Y軸の駆動

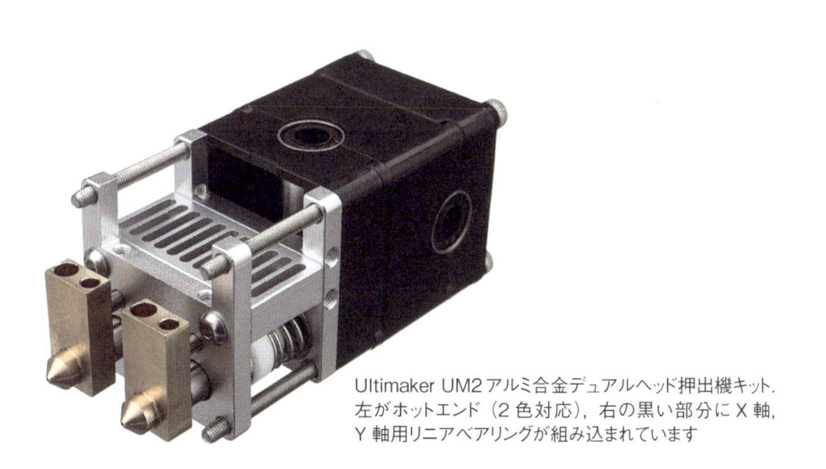

Ultimaker UM2 アルミ合金デュアルヘッド押出機キット．
左がホットエンド（2色対応），右の黒い部分にX軸，Y軸用リニアベアリングが組み込まれています

Hベルト駆動式（H-bot）

X軸，Y軸モーターの駆動をH文字状に取り付けたタイミングベルト1本でエクストルーダーを駆動します．

ベルトの経路がシンプルですが，X軸，Y軸で駆動する力が均等にならないという問題があります．またベルトのループが長いため，弛まないようにする対策が必要です．

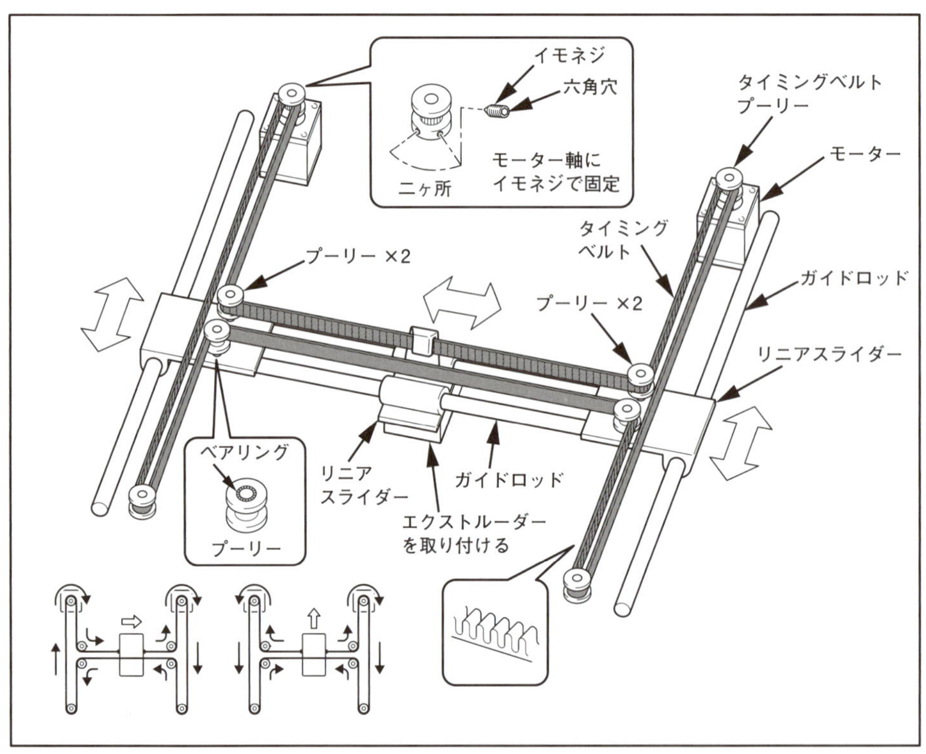

Hベルト駆動式．1本のタイミングベルトを2個のモーターで駆動します

CoreXY駆動式（CoreXY,C-bot）

X軸，Y軸モーターの駆動をC文字状（90度回転して見た時）に取り付けたタイミングベルト2本でエクストルーダーを駆動する方式です．

MIT Media LabsによってHベルト駆動式固有のトルク問題を解決した手法で，ベルトには均等に力が加わります．

現在，自作のキューブ型プリンタではCoreXYを採用したものを良く見かけます．

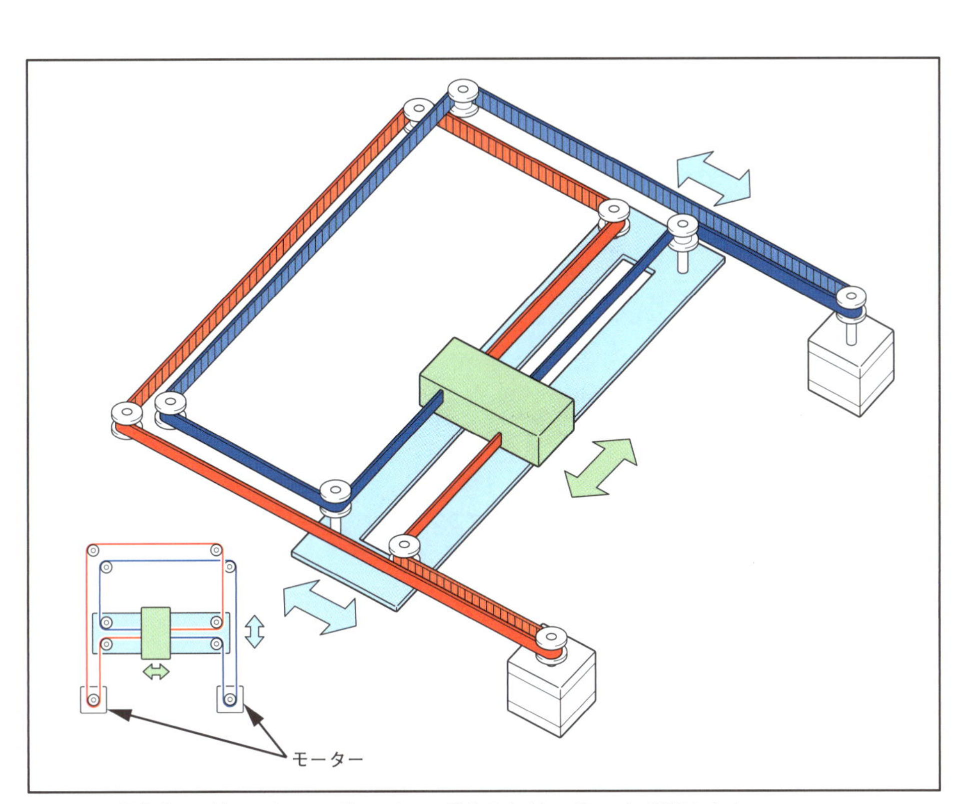

CoreXY駆動方式．X軸モーター，Y軸モーター2系統のタイミングベルトで駆動します

1-1-2. ビルドプレートY軸移動式（Mendel - メンデル方式）

RepRapプロジェクト1号機のダーウィンに代わり開発された2号機がビルドプレートを前後（Y軸）に移動する方式のメンデル（Mendel）でした．

RepRap プロジェクト 2 号機 Mendel

このメンデルをベースに開発されたのがPrusa Mendel，そして改良版のPrusa i3です．

エクストルーダーを取り付けたX軸をZ軸のリードスクリューに固定し，左右2本のリードスクリューの回転によって上下に移動します．この方式ではZ軸に2個のモーターが使用されますが，コストダウンのために1個のモーターとタイミングベルト，タイミングプーリーによってもう一方のリードスクリューに回転を伝える方式や，リードスクリューは使わずタイミングベルトとプーリー，ローラーによりX軸を上下に移動する方式も登場しています．

ビルドプレートを固定するキャリッジプレート（運搬板）の下には4個のリニアベアリングが取付けられ，Y軸方向の取付けられた2本のガイドロッドを通して前後に動きます．

駆動方法にはタイミングベルトをフロントプレートに取付けたプーリーとリア側に横向きに付けたモーターのタイミングベルトプーリーにタイミングベルトを掛け，タイミングベルトをビルドプレートの下に固定します．

駆動時のリニアベアリングからの音は意外に大きいように感じます．

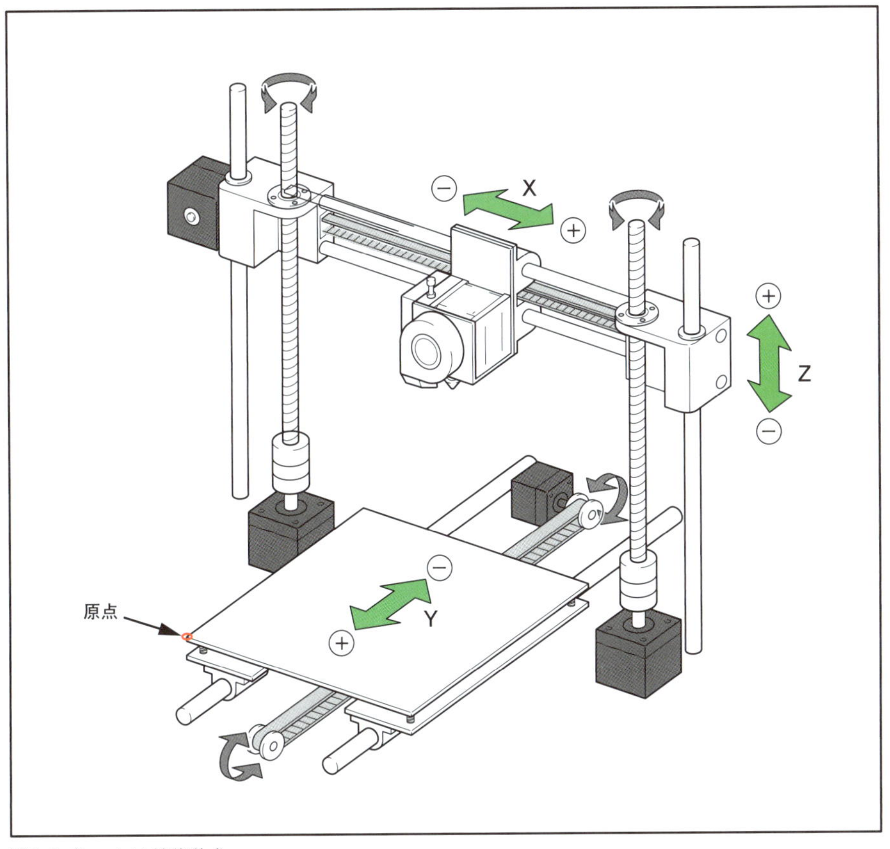

ビルドプレートY軸移動式

1-2. デルタ型（Delta Bot / Delta Robot）

円形のビルドプレート，3本の支柱，3組のロッドで支えられたエクストルーダーを，ロッドの上下移動で制御する風変わりな構造のモデルです．

この元となっているデルタロボット（パラレルアームロボット）は小型の作業用ロボットで1980年代初頭，スイスの研究チームによって開発され，俊敏な動作が可能になっています．

デルタ型3DプリンタではKossel，Rostock，Delta-Pi，ProStockなどさまざまなバリエーションが登場し，小型で格安な完成モデルも販売されるようになりました．

ただし，低価格モデルではヒートベッドを搭載していない場合があります．

高速性を活かすことや，カラータッチ液晶を搭載するなど，商品の高付加価値化のために，制御基板に32bit ARMコアプロセッサの採用も始まっています．

デルタ型の例（BIQU Magician 社製）

1-3. 5軸制御3Dプリンタ

従来のFFF方式の印刷方式はX軸，Y軸，Z軸の3軸制御でした．

工作機械では3軸制御の他に5軸制御の製品が存在します．5軸にすることで従来であればできなかった加工を可能にしています．

5軸制御の機構を3Dプリンタに応用したもので，構造としては多関節アームロボットの先端にエクストルーダーが取付けられていると想像すると解りやすいかもしれません．

FFF方式の3Dプリンタでは印刷ノズルは常にZ軸の下方向に向いていますが，5軸制御3Dプリンタでは印刷ノズルの軸方向を更に2個の回転軸を追加することで，斜めや横向きなど自由に向けることができます．

このことにより，従来であれば積層順に形成しなければならないモデル作りから開放され，でき上がった曲面を他の色で追加加工するといったことが可能になりますが，どのような使い方が有効かといったことはこれからの開発によるでしょう．

ただし，ビルドスペース以上の周囲のスペースが必要になる．機械が大きくなるといった課題もあり，2軸分増やしただけのメリットが得られなければ一般への普及は難しいでしょう．

Chapter 2 主要メカニカルパーツ

3Dプリンタの部分名称については複数の名称が存在します．そのため複数の名称を併記する場合があります．

また，紹介する部品については特に断りが無い場合はPrusa i3，ビルドサイズ（X，Y）200×200mm程度用の部品に関して説明します．

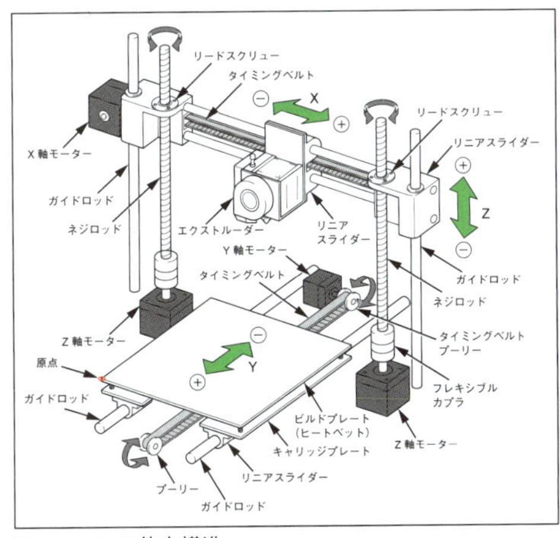

Purusa i3の基本構造

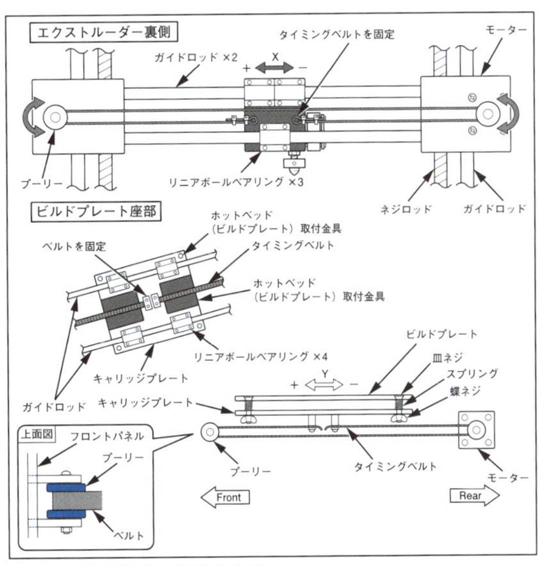

Prusa i3 基本構造 _ 個別拡大図

2-1. フレキシブルシャフトカプラ（シャフトカプラ / フレキシブルカプラ）

フレキシブルシャフトカプラ．
上下で穴径が異なります

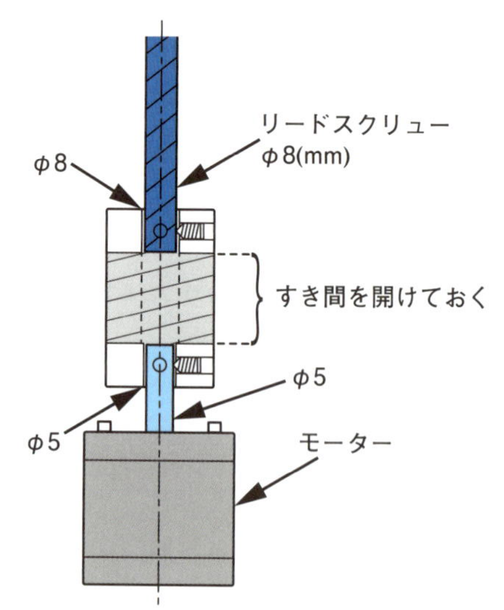

フレキシブルシャフトカプラの使い方

パルスモーターの軸とリードスクリューの接続に使用します．

3Dプリンタの標準パルスモーター NEMA17の軸は直径5mm．Z軸に使用されるリードスクリューは直径8mmの物を使用するため，これを回転するためには異径接続が可能なシャフトカプラが必要になります．

シャフトの中央部がスプリング状の構造（フレキシブル構造）でカップリングに柔軟性・たわみ性を持たせることで両軸間の偏芯，偏角，振れを許容し，装置の振動などを低減します．

モーター軸，リードスクリューを固定するために，それぞれ2個の六角穴付止めネジ（通称イモネジ）が使用されます．納品時に既にカプラがモーター軸に取り付けられている場合でも，イモネジの締め付けに緩みが無いか確認してください．（既に取り付けられているからと安心するのはトラブルの元です）

シャフトカプラのモーター軸，ネジロッドの間には10mm程度の隙間を作り，ネジロッドが自由に傾くようにします．

2-2. タイミングベルト

繊維で強化したゴム製（Rubber）のベルトの片側に滑り止めの歯が付いており，モーターに付けたタイミングプーリーで回転を伝えます．スチールワイヤーの入った製品（with Steel Core）は丈夫でトルクの掛かった時の伸びを減らすことができます．

歯がプーリーの歯に密着する円弧歯型タイプはバックラッシュ（正逆回転を繰り返し行った場合に方向によるズレの発生）が少なく印刷精度を向上できます．

タイミングベルトはモーターに使用するタイミングプーリーの規格に合ったものを使用します．

RepRapではGT2タイミングベルトが用いられています．

GT2のタイミングベルトは歯の間隔が2mmピッチでベルト幅は3～9mmまで複数の製品が販売されていますが，主に6mm幅のものが多く用いられています．

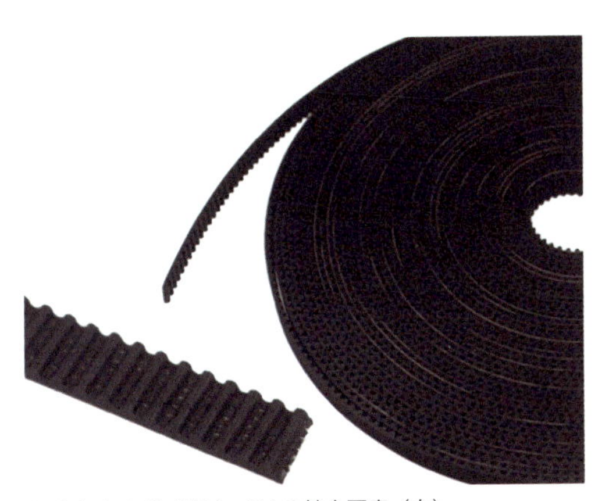

GT2 タイニングベルトとベルトの拡大写真（左）

GT2タイミングベルト（製品規格例）

ベルト幅	6mm
厚さ	1.35mm
歯高	0.75mm
歯ピッチ	2mm

2-3. タイミングプーリー

モーター軸に取り付け，タイミングベルトの駆動に使用します．プーリーの溝とタイミングベルトの歯の噛み合わせにより，ベルトがモーターの回転時に滑るのを防止します．

ステッピングモーターは1回転200ステップ（これは360÷200＝1.8度ずつ回転するということ）ですが，モータードライバのマイクロステップという機能により，更に回転角を小さく制御し，スムーズな回転や微小移動距離を得ることができます．

RepRapでは軸穴経5mmのGT2プーリー 16歯（16T）が採用されています．

このベルト駆動によるステップあたりの移動距離は

$$最小ベルト駆動距離（mm/step）= \frac{ベルトピッチ \times 歯数}{モーターのステップ数 \times マイクロス}$$

モーターのステップ数	200
マイクロステップ数	16倍
ベルトピッチ	2
歯数（16T）	16

以上から

（2×16）÷（200×16）＝0.01 mm/step

つまり0.01mmステップでの制御を行うことが可能ということがわかります．

20歯（20T）のプーリーでは

（2×20）÷（200×16）＝0.0111… mm/step

マイクロステップ数を8とした時には0.025となり，インチ単位での扱いには都合良くなりそうな気がします．

●GT2タイミングプーリー（16T）

RepRapに使用されているアルミ製の標準的なプーリーです．

歯数	16
ピッチ	2mm
溝幅	6～7mm
軸穴（ボア経）	5mm（モーターの軸経に合ったものを使用してください）

●GT2タイミングプーリー（20T）

歯数	20
ピッチ	2mm
溝幅	6～7mm
軸穴（ボア経）	5mm（モーターの軸経に合ったものを使用してください）

GT2 タイミングプーリー

Z軸にはモーターを2個使ってリードスクリューを回転していますが，コストダウンした製品ではZ軸モーターを1個にして，もう1本のリードスクリューにタイミングベルトとタイミングプーリーで回転を伝えるといった手法も用いられています．

2-4. アイドラープーリー

アイドラープーリー（歯付きと歯なし）

アイドラーは自由回転するプーリーのことで軸受けにベアリングが使用されています．

歯付きのプーリーはモーターに取り付けられたプーリーと対になってタイミングベルトのループを構成します．安価な3Dプリンタ製品ではベアリング2個を合わせ，歯無しプーリーの代用にしている場合があります．

樹脂性のタイヤのような構造のアイドラープーリーがＶホイール，Ｖスロット（V-slot）などといった品名で販売されています．

ガイドロッドの代わりにアルミフレームを使用したものではこのＶスロットを使用した機構が採用されています．

2-5. キャリッジプレート（Carriage Plate）

ビルドプレートを固定するためのプレートです．

Ｙ軸用ではリニアベアリングブッシュやタイミングベルトを固定するための穴が設けられています．また，キャリッジプレートの四隅にはビルドプレートを固定するためのネジ穴が開けられています．

四角いプレートの切り欠きはＹ軸モーターとの干渉を避けるために設けられており，取付ける時には後ろ向きに取付けます．

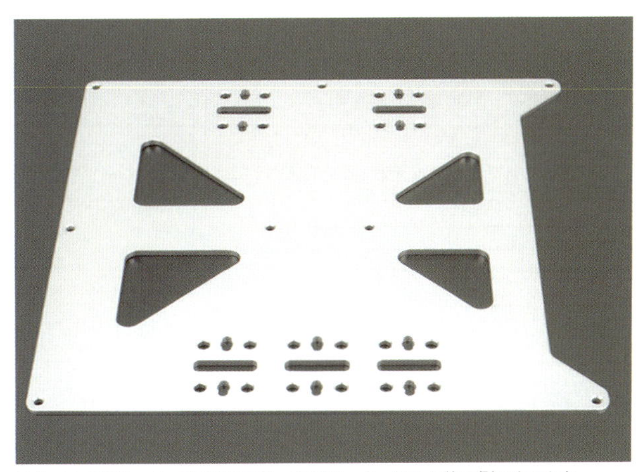
Ｙキャリッジプレート．左が正面側，右がモーターのある後ろ側になります

2-6. ビルドプレート (build plate / build platform)

印刷を行うための土台で，四隅の皿穴にパネル面から皿ネジを差し込みパネルの下側にはスプリングを入れてキャリッジプレートにネジ止めします．

印刷マテリアルの種類により，ビルドプレートを加熱する必要があり，安価な製品を除いてアルミのプレートにヒーターを貼り付けたホットベッド（Hot Bed）が用いられます． →ホットベッドは「電気部品編ホットベッド」(P-085) を参照

プレート面は歪みの少ないことが求められます．このような目的からビルドプレートの上にガラス板を乗せて印刷している人も居ます．

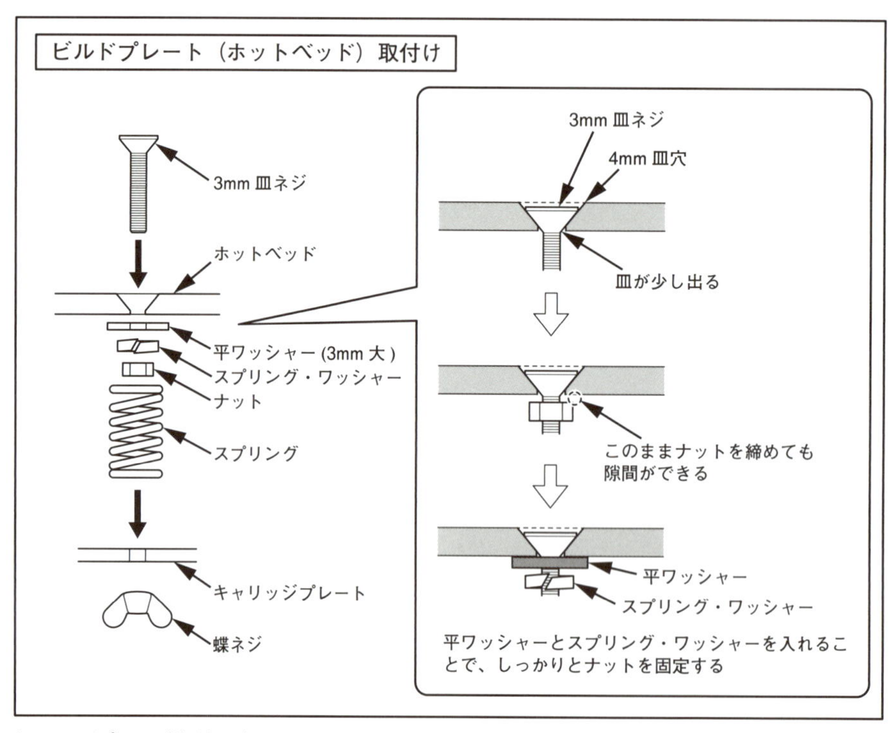

キャリッジプレート側がネジ穴となっている場合にはΦ 3.2 程度のドリルで穴を広げて下さい．
皿ネジをナットでビルドプレート（ホットベッド）側を固定しない場合には，高さの調整のためにドライバが必要になります．

2-7. エクストルーダー（Extruder）

押出機とも呼ばれます．フィラメントの押出機構とヒートブロック，印刷ノズルにより構成されます．
エクストルーダーにはこれらが一体になったダイレクト・エクストルーダーと押出機構部とヒートブロック，印刷ノズルの加熱部を分離したボーデン・エクストルーダーがあります．

2-7-1 ダイレクト・エクストルーダー（Direct Extruder）

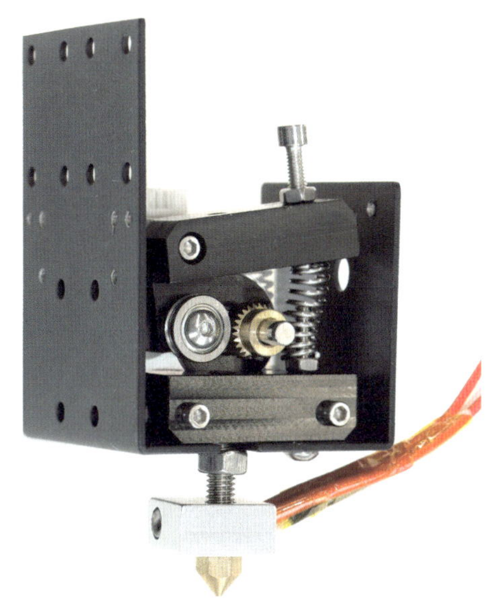

ダイレクト・エクストルーダー．放熱器やファンを取付けていないので，フィラメントフィーダーの構造を見ることができます

ダイレクト・エクストルーダーはフィラメントフィーダー（押出モーター）とヒーター，印刷ノズル部まで一体となったものです．
エクストルーダー部の重量が重くなり，押出機モーターの振動も発生しますが，ノズルのすぐ上でフィラメントの押出し，引き戻しを行っているので，フィラメントの制御精度がボーテン式と比較して高くなります．

2-7-2. ボーデン・エクストルーダー（Bowden Extruder）

ボーデン・エクストルーダーはフィラメントフィーダーとヒーター，印刷ノズル部が分離され，フィラメントガイドチューブで接続された構造のもので，分離された加熱側を「ホットエンド」と呼びます．
モーターが分離されることで印刷ノズルのある可動部が軽量化され，押出モーターの震動の影響を受けないメリットがある一方，フィラメントがガイドチューブを通して供給されることから，フィラメントの押出し，引き戻しの処理を精密に制御しにくくなります．特に柔らかなフィラメントではうまく押し出せない場合もあります．

因みに，名前のボーデン（Bowden）は自動車に使用されてきたアクセルペダルからキャブレターのスロットレバーへのワイヤー（ボーデンケーブル）による操作の方法を考案し特許を取得したフランク・ボーデンの名前に由来します．

2-7-3. フィラメント・フィーダー（押出機）

フィラメント押出機または単に押出機と呼ばれます．

樹脂フィラメントを送り出し，引き戻しを行うユニットで，ステッピングモーター，ドライブギア，ガイドローラー（Uベアリング），テンションスプリング，ブラケット，放熱器，クーリングファンといった部品により構成され，フィラメントがガイドローラーでドライブギアに押さえつけられる構造になっています．

製品によっては押し付けるスプリングが弱くなって送り出しがスムーズに行かなくなるものもあるようです．また，キットなどで組立て済みの場合でも，モーター軸に取り付けられたドライブギアのネジを増し締めしてください．

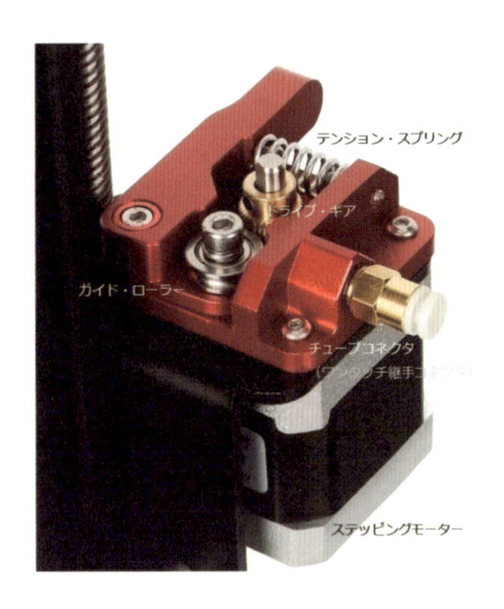

ボーデン・エクストルーダー用フィラメント・フィーダー．左からチューブコネクタ側にフィラメントが通ります．チューブコネクタとホットエンド間はフィラメントガイドチューブで接続されます

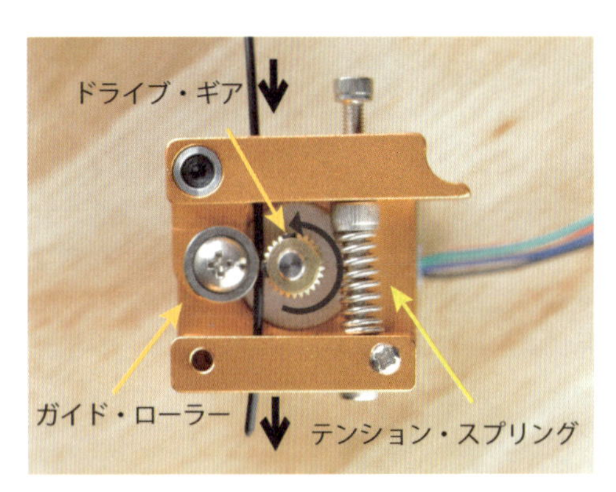

2-7-4. ホットエンド (Hot End)

ホットエンドの構造

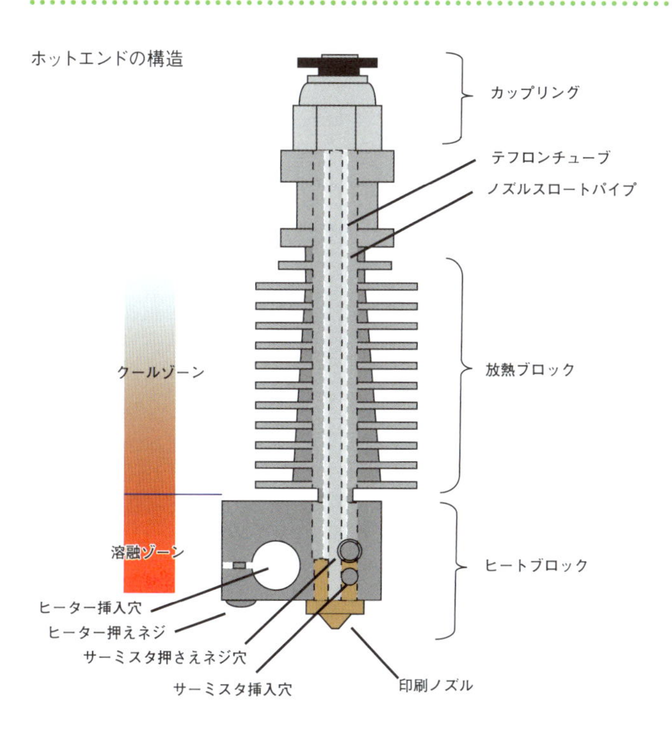

押出モーターを除いた放熱器，ヒートブロック，印刷ノズル部までをホットエンドと呼びます．

ボーデン・エクストルーダーのホットエンドでは，"E3D V6"のコピー品やさまざまなデザインの製品が販売されています．

因みに，"E3D V6"のデザインはGNUのライセンスで公開されています．

2-7-5. ノズルスロートパイプ

ノズルスロート（テフロンチューブ入り）

ヒートブロックと上部のヒートシンクとを接続するネジ棒で，軸部分はフィラメントを通す穴が空いています．

材質は主にステンレス製でネジ外径は6mm，全長は構造によりさまざまで穴にはテフロンなどのフィラメントガイドチューブの入ったもの，入らないものが販売されています．

2-7-6. ヒートブロック

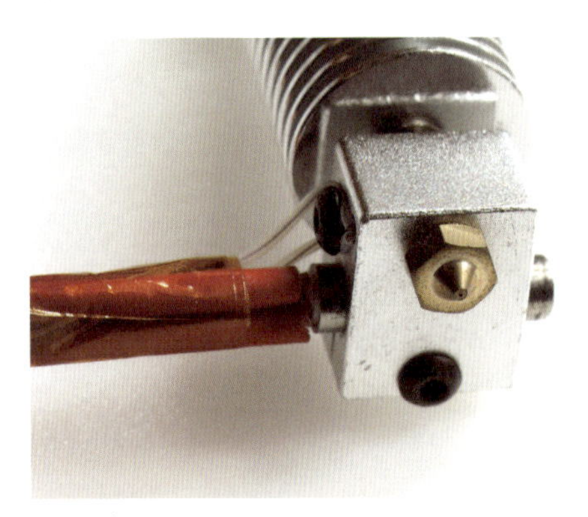

ヒートブロック

円筒形の小さなヒーターと温度センサ（サーミスタ）を埋め込んだアルミ製のブロックで先端に取り付けた印刷ノズルを加熱します．

ヒートブロックにはヒーターとサーミスタを埋め込む穴と下部に印刷ノズル，上部にはベンチュリ―パイプを接続するようにネジが切られた穴が設けられています．

2-7-7. 印刷ノズル（Hot End）

印刷ノズル

熱で溶融したフィラメントの樹脂を射出する先端部分で，ノズル経は0.15 ～ 0.5mm，0.8mm，1.75mmとさまざまなサイズのものがあり，サイズを変更した場合にはスライサーの設定を変更する必要があります．一般的には0.3 ～ 0.5 mmが使用されていますが，経験則として印刷時の層の厚さは直径の20%を超えてはいけません．下層と適切に接着できなくなります．

印刷ノズルの交換時にはヒートブロックをモンキーレンチで挟んで動かないように固定し，ノズル側に合ったレンチでこれを回して取り外します．

ノズル取付け時には，ヒートブロックがベンチュリーパイプにしっかり固定されているのを確認し，ヒートブロックをモンキーレンチで固定し，印刷ノズルをレンチで締め付けます．

2-8. ガイドロッド（Guide Rod）

ガイドロッドと，共に使用されるリニアベアリングについて解説します．

2-8-1. ガイドロッド

ガイドロッド

リーディングロッド（Leading Rod）とも呼ばれ，X軸のエクストルーダーの移動軸用，Y軸のビルドプレート移動軸用，Z軸のガイドなどにリニアベアリングと共に使用されます．

ビルドプレートがY軸に移動するPrusa i3互換ではX軸，Y軸，Z軸に各2本使用されます．

Prusa i3クラスのモデルには8mm径のロッドが使用されていますが，更にビルド面積の大きなZ軸には10mm径のものが使用されるケースもあります．

ただし，エクストルーダーの乗ったX軸に太いガイドロッドを使用した場合．X軸の荷重が増えてしまい良い結果は得られません．

コストダウンを狙った製品ではガイドロッドの代わりに，アルミフレームとV溝用プーリーを組み合わせたガントリー構造を使用する製品も増えています．

一方，自作ではリニアスライダーを用いる人も見られますが，コスト的には高価なものになります．

2-8-2. リニアベアリング（Linear Bearing）

リニアベアリング

リニアモーション（ボール）ベアリングなどとも呼ばれます．

Z軸ナットサポートにリニアベアリングが組み込まれています．

ビルドプレートのY軸ガイドロッド用にはテーブルに固定できるブロックブッシュに挿入された4個のリニアベアリングが使用されています．

また，円筒形の内径8mmの主要製品ではショートタイプ（25mm程度），ロングタイプ（45mm程度）の製品が販売されています．

リニアベアリングの円筒内には小さなベアリングが封入されており，購入時にはベアリングが落ちてしまわないように，樹脂の円筒が入れられている場合があります．不用意に抜いてしまわず，ガイドロッドと差し替えるようにしてください．

リニアベアリングには金属のボールを使用しない，個体ポリマー（ポリエチレン製）製も出回っています．

Anet A8 で使用されているのが最後に追加されている黒いタイプ（左）
Anet A6 ではその隣のアルミブロックのものが使用されています（右）．
中のベアリングはスナップリングを取り外すことで，取り出して個体ポリマー製と交換が可能です

2-8-3. フランジリニアベアリング

フランジベアリング

取付用のフランジの付いたリニアベアリングです．
機種によりナットサポート部に使用されています．

2-9. リードスクリュー（Lead Screw）

Z 軸駆動に欠かせないリードスクリューとリードスクリューナットについて解説します.

2-9-1. リードスクリュー

Z 軸の駆動に使用されるリードスクリュー

Z 軸の稼働部に安価な銅製（アルミ製など）のスクリューナットと組み合わせて使用されます.

高精度な動作にはベアリング入りのボールネジナットが販売されています.

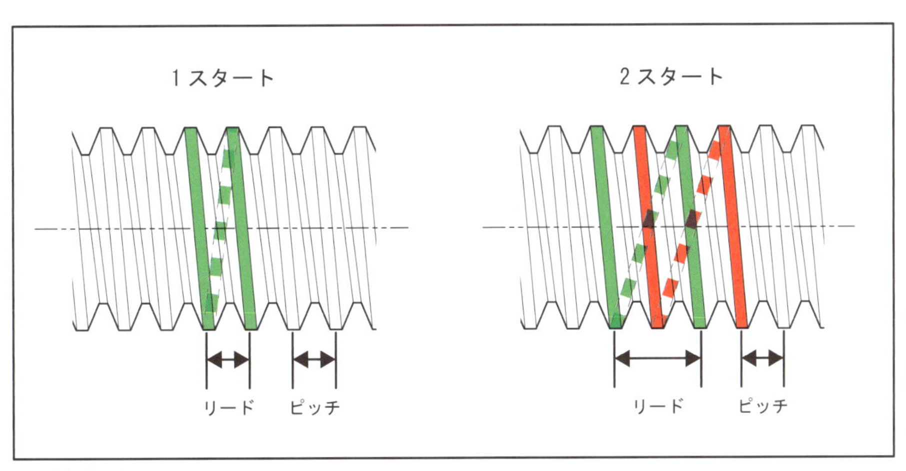

リードとピッチ

RepRapでは直径（ネジ山の外径）8mm，ピッチ（pitch：山と山の間隔）2mmのリードスクリューが使用され，長さはビルドスペースの仕様により異なってきます.

ネジ山はスレッドロッド，いわゆるネジ棒と呼ばれるものとはネジ山の構造，ピッチ（隣り合ったネジ山の距離）が異なります.

リードスクリューの規格には直径，ピッチの他リード（lead），スタート（start）という仕様があります．

ネジを端から端まで１本の溝をピッチを2mmで切ったとすると，１回転辺りの山の移動距離は2mmとなります．当たり前と言えば当たり前ですね．これは１スタートでリードは2mmとなります．

では溝のスタート位置を180度ずらした位置から同時に２本の溝を2mmピッチになるように切ったらどうなるでしょう．

見た目のピッチは2mmですが山を辿って1回転すると4mm移動することになります．これを2(duble)スタート，リードは4mmとなります．

スタート位置を90度ずつずらした位置から４本同時に溝を2mmピッチで切ると４スタートとなり，１回転で8mm移動することになります．

RepRapではこの4スタート，ピッチ2mm，リード8mmのリードスクリューを採用しています．

スタートとリード，ピッチの関係は

リード（mm）＝スタート×ピッチ（mm）

ステッピングモーターで制御可能な最小距離は

$$\text{最小距離（mm/step）} = \frac{\text{リード（mm）}}{\text{モーターのステップ数}}$$

※ リード＝ピッチ×スタート．ステップ数はモーターが１回転するための最小回転数　step=1/200

4スタート，ピッチ2mmのロッドを制御できる最小距離は

8 ÷ 200 = 0.04 mm/step

(ちなみに1スタート，ピッチ2mmでは0.01mm/stepとなります．)

マイクロステップを×16に設定するとすると

8 ÷（200 × 16）= 0.0025 mm/stepでの制御が可能になります．

2-9-2. リードスクリューナット (Lead Screw Nut / 送りネジナット)

リードスクリューナットの例

リードスクリューの回転を軸方向の移動に変換するスクリューナット.

リードスクリューのピッチに合ったものを用います. リードスクリューとセットで販売されている商品も多く, 間違いが無いでしょう. 個別に購入する場合にはリード径, ピッチを良く確認してください.

RepRapでは4スタート, リード8mmが使用されています.

2-10. 筐体素材

筐体を強化するスレッドロッド, 自作に最適なアルミフレームを紹介します.

2-10-1. スレッドロッド (Threaded Rod)

ネジ棒（スレッドロッド）

ネジ棒, 全ネジ棒とも呼ばれ, 安価なアクリル樹脂製3Dプリンタの部分的な補強, フィラメントのリール台のリール軸受けに使用されています.

リードスクリューのネジ山がいくらか平らになっているのに対し, スレッドロッドはボルトのネジ部分を長く伸ばし, ネジの頭を切り落としたような棒で, ボルト用のナットがこのネジ山に合うようになっています.

加工精度はリードスクリューより劣るようです.

2-10-2. アルミフレーム

アルミフレーム AFS-2020-4, NIC Direct
では希望のサイズで購入が可能です

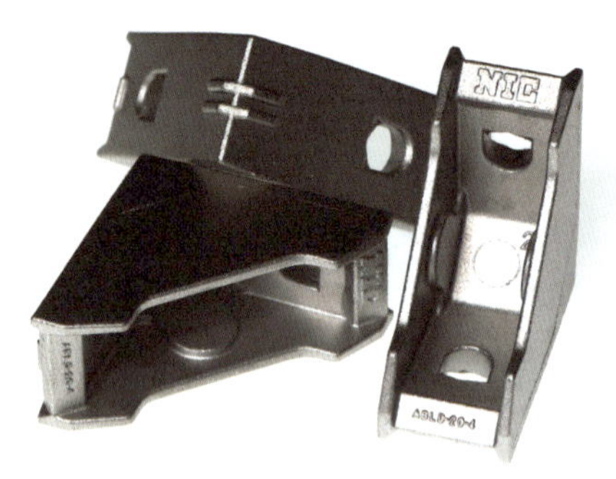

ネジ棒（スレッドロッド）

3Dプリンタの自作に最適な筐体用素材はアルミフレームでしょう.

最近の自作キットなどにも数多く採用されています.

サイズは断面が20×20mmのシリーズで, 一般に2020と呼ばれているサイズが手頃です.

この2020を基本に2連にした2040（20×40mm）, 3連にした2060（20×60mm）があります.

フレームの組み立てにはブラケット, ボルト, ナット（後入れナット）などが必要になります.

ただし, 断面の構造はメーカーにより異なるので, 後入れナットなどを選択する場合には注意が必要です.

国内ではエヌアイシ・オートテック社の直販サイトNIC Directから, 指定したサイズ（15～4,000mm）にカットして購入が可能なので, 切断の面倒も無く, 規定寸法のものを購入して切断して寸法が半端に残ってしまうといったことも避けられ経済的です.

NIC Directからの納入品のカット処理, 梱包状態も良く, 短納期で購入できました.

エヌアイシ・オートテック社の2020相当の製品はベーシックフレームM4 seriesのAFS-2020-4です.

●エヌアイシ・オートテック　アルミフレーム カタログページ

URL http://www.nic-inc.co.jp/alfaframe/direct/index.html

●NIC Direct 直販サイト

URL https://ssl.nic-direct.jp/

AliExpressで"3d printer frame parts"をキーワードで検索するとキューブ型フレームのキットを見つけることができます. これをベースに変更や不足分を別途注文して目的のフレームにするといった方法も良いでしょう.

2020で500mm角のフレームを製作する場合には1万円程度で作成が可能でしょう.
2040を使用した中国製のフレームキットでは1.8万円程度で入手可能です.

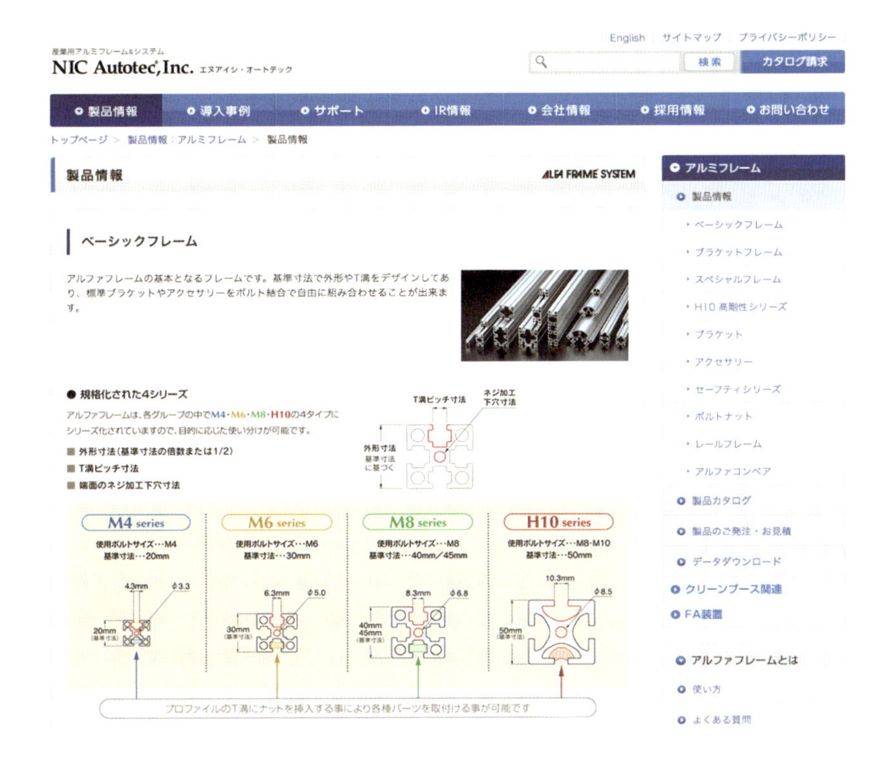

Chapter 3

ネジ類

機構部品の組み立て，取り付けにネジは欠かせません．

素材には鉄や真鍮を各種メッキで処理したものが用いられ，安価な家電など民生品の樹脂製品の多くには鉄のネジに黒色クロメート処理を施した，木ネジのような形状のタッピングビスが使用され，ナットを不要とすることで工数を減らし，製造コストを抑えています．

3D プリンタでは主に 3mm 径の真鍮製なべ小ネジが数多く使用されています．

工業製品ではなべ子ネジのほか，機械部品の組み立てなどには六角ボルト，六角穴付きボルトが多く使用され，強度や耐久性が求められる部分にはステンレスやチタンを素材としたネジが用いられます．

また，高電圧部など絶縁が必要な場所，樹脂部分にナイロンネジが用いられることがあります．

寸法の規格は ISO（国際標準化機構）に沿ったものが使用されています．以前用いられていた JIS 規格のネジとはネジ切りのピッチが異なるため，混在して使用することはお勧めできません．

ネジの分類はドライバの先端が当たる頭の形状の違い（なべ，皿，トラス，バインド，丸皿，ボルトほか），ネジ穴の形状（プラス，マイナス，ヘックスローブ，ピン・ヘックスローブほか），ネジ部の外径と長さ，ネジ切りの形状による分類（セムス，木ネジ）のほか，素材，メッキ，ワッシャーやスプリングワッシャーとの組み合わせネジ（セムスネジ）などその種類は多岐に渡ります．

ここでは電子工作などで一般的に使用するネジを紹介します．

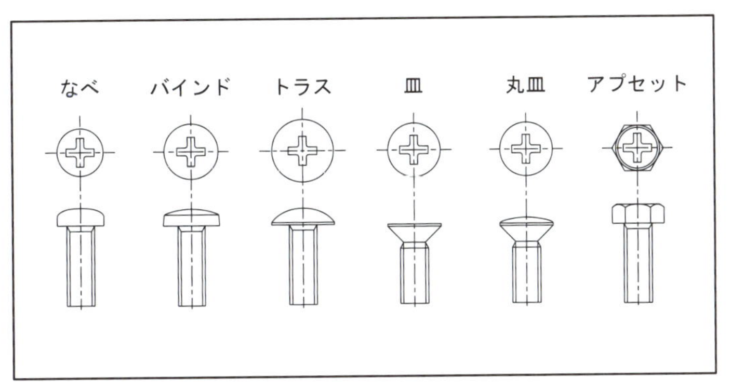

代表的なネジの形状による分類

3-1. なべ小ネジ（十字穴付きなべ小ネジ）

一般的にプラスネジなどと呼ばれ，ネジ部が一定の外径で均一なピッチでネジ切りがされているネジです．丸みを帯びたネジ頭には十字のネジ穴があります．

基本的にスプリングワッシャー（+平ワッシャー）との組み合わせで使用されます．

ネジ径はM3（直径3mm）が一般的に使用され，前後のM4，M2.6が次いで使用されています．

3-1-1 サイズ表記

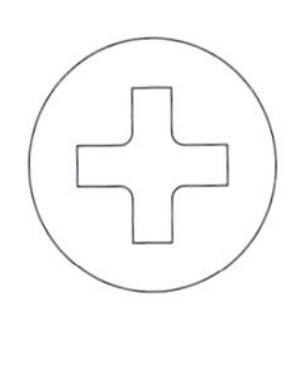

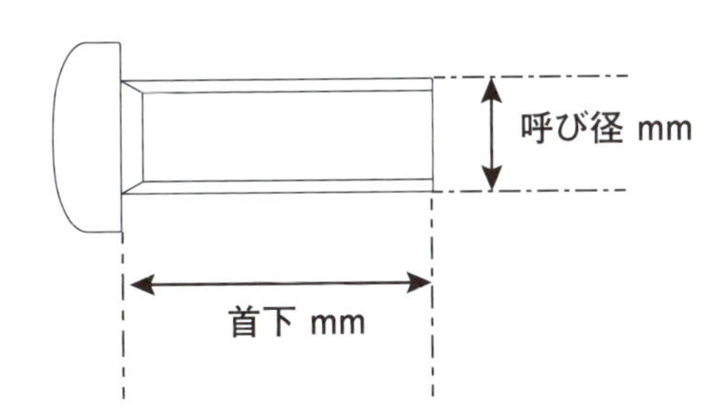

サイズ表記　ネジの呼び径（Φ D mm）×首下長さ（mm）
ネジの呼び径：ネジ切りをしている部分の直径（Φ）
首下ながさ：頭の部分を除いたネジ切りをされている部分の長さ
M3で長さが12mmなら3×12やM3-12と表記します．

3-2. スプリングワッシャー

ネジの締め付けをスプリングの力を利用して緩むのを防止します．

使用する対象がアクリル樹脂など柔らかい材質の場合，スプリングワッシャーが樹脂に食い込み，スプリングワッシャーとしての機能が失われてしまいます．平ワッシャと一緒に用いることで，このような問題を回避できます．

一般にスプリングワッシャーは平ワッシャーと一緒に使用されるケースが多いです．

3-3. 丸平ワッシャー（平座金）

ネジの力を丸平ワッシャー（単に平ワッシャー，ワッシャーとも呼ばれます）により分散することで，ネジやナットの回転を防止し，主にスプリングワッシャーとセットで使用されます．

ワッシャーの素材はなべ小ネジと同様の金属，メッキ加工した物（基本的になべ小ネジと同じものを使用）の他にナイロンやテフロン製のワッシャーもあります．

ワッシャーは各ネジ径に合った穴径の物が用意されており，外径は小さな物と大きめな物が用意されています．

丸穴以外にネジに引っかかってセットした時に落ちにくくするために，内側へ出っ張りが複数ある製品もあります．

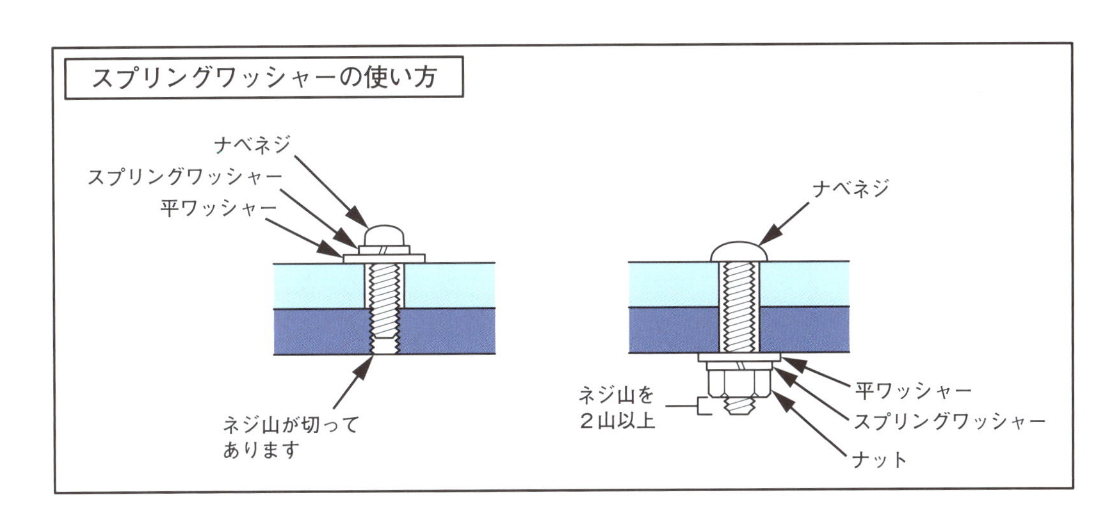

3-4. 六角ナット

小ネジやボルトにねじ込み，間に挟んだ物を締め付けて固定するために使用します．

小ネジ用では一般に片面取りされたものが使用されています．

ナット自体も種類が多いのですが，ビルドプレートを押さえるネジには，手で容易に回せるように蝶ナットが使用されています．手で回せると言っても回し難い時があるため，蝶ナット用のノブを作成しておくと，ビルドプレートの調整が容易になります．

3-5. バインドネジ

なべ小ネジと同じ十字穴付きのネジで，ネジ頭の高さを低くして外形を1.2倍弱広げることで接地面を広げたネジです．

部品のパネル取付けなど民生機器でも良く使われています．

3-6. トラスネジ

なべ小ネジより頭部が緩やかなカーブを描き，接地面積を広くしたネジです．

十字穴は3mmネジでもなベネジよりワンクラス小さくなっており，装飾性が必要なパネルの固定などに使用されます．

3-7. 皿ネジ

ネジの頭が平でネジ部まで逆テーパー状になり，ネジ穴をテーパー状（皿もみ）に加工することで取付け面に飛び出さないようにしたのが皿ネジです．

ネジ穴の加工には皿状の穴を開ける「皿もみ」のほか，下穴より広めの筒状の穴を設ける「座ぐり」（ザグリ）と呼ぶ加工方法があります．座ぐり加工には六角穴付きボルトなどが使用されます．

皿ネジはネジ頭が平ですが，この頭の部分をトラスのように盛り上げ，装飾性を高めた丸皿というネジがあります．

3-8. 丸皿小ネジ

皿ネジの上面に丸みを持たせたネジで，皿ネジより装飾性が高められています．

ロゼットワッシャを使用すれば皿もみをしていないパネルなどに使用することができます．

3-9. アプセット小ネジ

プラスネジと六角ナットが合体した小ネジです.
ドライバーのほか六角レンチやスパナなどさまざまな工具に対応できます.

3-10. 六角穴付きボルト

円筒状の頭が付き，そこに六角穴が設けられます.
強度の高い製品が多く，主に機械部品の組立などに用いられます.

3-11. イモネジ（Set Screws）

ネジの頭が無く，代わりに六角穴が設けられた小さなネジです.
ローレット（ボリュームつまみなど）やモーター軸など回転軸への固定などに使用され，多くの場合2箇所にイモネジが用いられています．忘れずに2箇所共に締め付けを行ってください.

3-12. ネジロック剤（ネジ緩み止め）

ネジの緩みを防止する塗料です．製品には完全に硬化して除去ができなくなるものと，塗布後固まった後でも除去が可能な製品があります．後でネジの取り外しが可能なタイプがお勧めです．

オートバイなどではネジ山に塗って使用しますが，少量をナットとネジの境目や，ナットが使用されていない場合には，ネジの頭部とその接触面との境目に少量を塗るだけで大丈夫です．

3Dプリンタは運用中の振動でネジが緩む部分があります．定期的にネジの緩みが無いかチェックするようにしましょう．組立，調整が済んだら筐体の組み立てのネジを使用している部分に，ヘンケルLOCTITEのようなネジ緩み止め剤を使用して緩みを防止しても良いでしょう．

なお，加熱部分の使用に関しては，製品の説明書を良く確認してください．

定期的にネジの緩みが無いかチェックするようにしましょう．緩みやすい場合には『ネジロック剤』を使いましょう．

ネジロックは電源の端子台など，電源系のネジには使用しないでください．

Part 4

電気部品編

モーターから制御基板，線材まで3Dプリンタの電気に関わるものをまとめて解説します．

Chapter 1

ステッピングモーター (Stepping motor)

3D プリンタの動力源，ステッピングモーターとその制御と駆動をおこなうコントローラについて解説します．

1-1. ステッピングモーターとは

ステッピングモーターはローター（回転子）を駆動するコイルに与える電流を制御（電流を流すコイルの選択と電流，極性の切り替え）することで，モーターを決まったステップ角で回転させることができます．

そのため，フィードバックなど面倒な制御を行わずに回転角，回転数を制御することが可能です．

その動作から「ステッパー」または「パルスモーター」などと呼ばれます．

英語ではステッピングモーターをステッパー（Stepper）と呼ぶ場合があります．

現在，RepRapの3DプリンタではX軸，Y軸，Z軸の駆動のほか，エクストルーダーのフィラメント押出機に"NEMA17"という規格のステッピングモーターに統一されてます．

このNEMA17というのはモーターの取り付け面が17インチ角（43.2×43.2mm）というモーターのサイズを表しており，国産品では「□42mm」のモーターに相当します．

全長は規定されていませんが35～40mm程度の物を採用しており，この程度のサイズの物であれば定格電流1.5A前後ではないかと思われます．

NEMA規格の表示では

取付けサイズ（インチ），モータータイプ，全長，「-」（ハイフン）相電流，…

と規格が記述されます．

一般的にモーターのトルクが強い程全長は長くなりますが，NEMA17で販売されている物であればトルクは足りるという事なのでしょう．

●3Dプリンタ用ステッピングモーターの標準仕様

NEMA17（43.2×43.2 mm角），全長の規定なし

軸	直径 5mm
駆動方式	バイポーラ駆動（2相）
ステップ角（1回転）	200ステップ（1ステップ1.8度）
モータートルク	規定なし

NEMA17 モーターの例

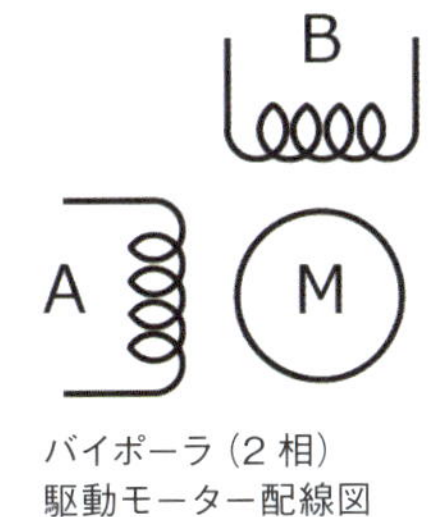

バイポーラ（2相）
駆動モーター配線図

RepRapで使用されるステッピングモーターはバイポーラ駆動（モーターのコイルを2組，計4本の線により駆動）で200ステップで360度1回転します．1ステップあたり1.8度になりますが，モータードライバにはマイクロステップ機能があり，これにより1ステップを更に精密に制御できます．

モーターの軸を手で回さないでください．
ケーブルの芯線が露出している場合には感電やケーブルの焼損の危険があります．
回路に接続されている場合にはモーター側からモーター電源の供給側に電流が逆流します．回転時に高い電圧が発生した場合，部品を破損する危険があります．
ホットベッドの位置を移動する，エクストルーダーを手で移動したい，といった場合には，なるべくPronterfaceのようなホストソフトウェアを使用し，調整などでやむを得ない場合にはゆっくりと動かすようにしてください．

NEMAステッピングモーター規格については，P-332を参照してください．

1-2. ステッピングモーター制御

モーター制御はモータードライバICに入力するパルスにより回転を制御し，回転方向，モーター制御の有効，無効などを信号レベル（ハイ，ロー）で設定し，直接モーターを接続して駆動します．

この他，マイクロステップ設定によりステッピングモーターの回転角度をモーターの仕様より更に細かく設定できます．ただし，マイクロステップを行うことで，モーターのトルクはいくらか弱くなってしまいます．

設定が1/2倍（ハーフステップ）では1ステップを0.9度ずつ制御でき，使用するコントローラICによって，1/16～1/32倍（1ステップあたりの分解能）に設定することが可能で，補間機能として1/256といった高分解能で動作するドライバもあります．

RAMPS互換のボードやマイクロコントローラ（MCU）搭載の制御基板ではジャンパーピンの設定でステップ数の設定を行うことができますが，多くの場合1/16で使用しています．

RepRapではPololu[*1]によってCNC用に開発されたステッパードライバモジュールを採用したのが始まりで，最初のコントローラにはA4988が搭載されていました．その後，モジュール互換のDRV8825などが搭載され，現在でもこれらのモジュールが採用されています．

「Chapter 7. RepRapステッピングモータードライバモジュール基板 」（P-133）で実際の製品や使い方を紹介します．

ステッピングモータードライバーモジュールとヒートシンク

*1 Pololu Corporation：MITの3人の学生によって起業されたエレクトロニクス製品製造，販売会社
https://www.pololu.com/

Chapter 2 ホットベッド (Hot bed / Heat bed)

さまざまな印刷マテリアルに対応するためには，ホットベッドは必須．ホットベッドについて解説します．

2-1. ホットベッド

ヒーター内蔵のビルドプレートです．「ヒートベッド」，「加熱ベッド」などとも呼ばれます．

ホットベッド（12V / 24V 両用）ヒーター面．アルミ板の裏にヒーターが張り付けられています．中央にはサーミスタが埋め込まれています

印刷開始時には印刷マテリアルをベッドに定着させ，急激な冷却による収縮を抑える必要があります．そのため，印刷面を冷却するブロアーは1層目を印刷する時には回しません．

PLA樹脂ではヒーター無しでの印刷は可能ですが，ビルドプレートへの定着性は低下します．

一方，ABS樹脂では樹脂の収縮率が高いことからホットベッドは必須となります．

ヒーターの電源は12Vまたは24V，接続の端子を選択することで両電圧に対応した製品もあります．24Vを使用した場合には12Vと同じ消費電力の場合，電流が半分に減るので制御用のパワーMOSFETの発熱を減らすことができます．

ヒーターの消費電力に応じたスイッチング電源の容量を選択する必要があります．

ホットベッドには温度センサにサーミスタ，製品によっては電源表示のチップLEDが背面に取り付けられています．

2-2. サイズと電流規格

サイズは120×120～400×400の製品が入手しやすいようですが，年々種類が増えています．ヒーター使用時のワークエリアはヒーターの効く範囲となるので端から2cm程度小さめになり，220×220でのヒーター有効サイズは200×200程度が目安となります．デルタ機用の円形のホットベッドも販売されています．

市販のホットベッド規格（例）

ヒーター	12 V 10A（120W），12V 20A（240W）,12V 10A / 24V 5A（120W）
市販サイズ例	120×120，200×200，220×220，235×235，250×250，300×300，310×310，320×310，400×400

ヒーターの電力は平温時にヒーターの抵抗値を測ることで，ヒーター電圧^2÷抵抗値　によりおおよその消費電力を求める事ができます．

ホットベッドを購入したら製品に間違いが無いか，最初に抵抗値を計測し電力を確認しておきましょう．また，温度センサ（サーミスタ）の抵抗値もチェックしておきましょう．

2-3. 電流容量の拡張

ホットベッドの容量不足で十分加熱できないために熱量の高いホットベッドに交換する．ヒーターの無いビルドプレートをホットベッドに交換するといった際には，使用されている電源が容量不足になる可能性があります．

このような場合には，新たにホットベッド専用のスイッチング電源を用意してください．

また，電源を制御基板から分離して供給するために，ヒーターの制御にはホットベッドパワー拡張モジュール基板の追加を行い，この拡張基板でヒーターの制御を行うようにします．（詳しくは「Part 9 機能アップ編」（P-365）を参照してください）

ホットベッド拡張パワーモジュール　MOSFET 基板

新たにビルドプレートをホットベッドに交換する場合には，制御基板にホットベッドの制御回路が組み込まれている必要があり，ファームウェアの変更も必要になるでしょう．また制御回路が無い場合には制御基板の交換が必要になります．

2-4. RAMPS1.4の問題点

RepRapのリファレンスとなっているArduino ATMegaのシールドRAMPS1.4にはSTマイクロエレクトロニクスのSTP55NF06Lが指定されています．このFETの規格は絶対最大定格（Vdss）60V，ドレイン電流（Id）55A（Tc=25℃）/ 39A（Tc=100℃）となっており，上記ヒーターの制御が可能な性能です．

ただし，2017年末時点に公開されたCADデータで作成された基板ではランドパターンの処理に問題があり電流が流せず，トラブルの原因となる場合があります．

下記アドレスの内容を確認し，必要な場合にはパターンの修正を行ってください．

URL https://reprap.org/wiki/RAMPS_1.4

新規にRAMPSをお求めの場合にはRAMPS 1.6をお勧めします．

ホットベッドの配線には大きな電流が流れるため，コネクタや端子などの接触が悪いと発熱し，基板やコネクタを損傷する場合があります．印刷直後，コネクタやケーブルが熱くなっていないか，外観に変色などの変化がないか，ケーブル取り付けネジが緩んでいないか，定期的にチェックすることを心掛けてください．ネジ類は振動のために緩む事があります．

自作や改造を行う場合には使用するスイッチング電源の容量が十分か確認し，容量が不足している場合には交換してください．

Chapter 3

エクストルーダー部

エクストルーダー部で使用されている電気部品は冷却ファン，ブロワー，ヒートブロックにヒーター，サーミスタが組み込まれています．

3-1. ヒーター

エクストルーダーのヒートブロック用シングルエンド・セラミックカートリッジヒーター

印刷ノズルの加熱用に40W程の円筒形の小型のヒーターがサーミスタと共にアルミブロックに取り付けられています．ヒーターの配線にはシリコンゴム被覆の耐熱電線が使用されています．

3-2. サーミスタ (thermistor)

温度センサにはサーミスタが使用され，電線には耐熱被覆の電線が使用されています．

サーミスタは温度変化を抵抗値の変化として捉えますが，サーミスタに適した補正値で補正し温度を得る必要があります．

多く使用されているのは100KΩサーミスタ（25℃ 100K）でNTC100Kなどと呼ばれています．

以下のような製品が使われています．

EPCOS社製（ドイツメーカー）

B57540G0104F000	B57540G1104F000	B57560G104F	B57560G1104F

サーミスタの配線がノイズを拾う原因となる事があります．制御基板の入力部にバイパスコンデンサ(0.01 ～ 0.001 μF) を取り付けるなどの対策で効果が得られる事があります．

Marin系のファームウエアでは，温度センサが接続されていない場合，エラーとして印刷を行うことができません．温度管理が印刷のための重要な要素となっているからです．

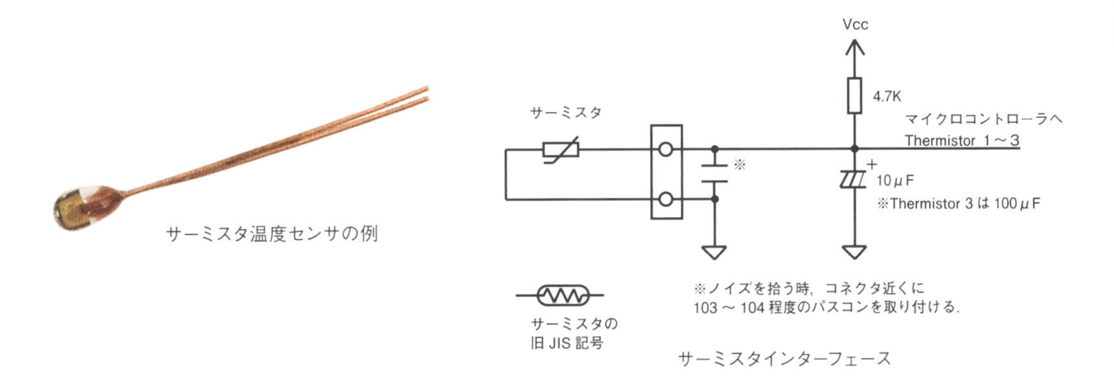

サーミスタ温度センサの例

サーミスタインターフェース

3-3. 冷却ファン/クーリングファン

電源ONと同時に回転し，ヒートブロックから上部を冷却することで，フィラメントがパイプ上部で溶けてしまう事を防ぎ，パイプ詰まりを防止します．

また，押出モーターとヒートブロックが一体になっているダイレクト・エクストルーダーでは，結果としてステッピングモーターの冷却も行われる事になります．

一般に製品に使用されている冷却用ファンは静穏タイプではないため騒音の要因となっています．

押出機と一体のダイレクト・エクストルーダーには40 × 40 × 10mm，12VのDCブラシレスモーターが使用されています．

クーリングファン　40 × 40 × 10mm

印刷が終了した後は予熱でパイプ内のフィラメントが溶けてしまわないように，ヒーターの温度が十分に下がってから電源を落とすようにしてください．

一部改造で，ファンに接するヒートシンクを取り外しているのがありますが，そのような改造はお勧めできません．

3-4. プリントクーラー / ブロワーファン

ブロアファンやシロッコファンとも呼ばれるファンを使用しています．

かごのような構造の細い羽根を使用し（シロッコファンと呼ばれる形状）横から吸った空気を圧縮し，下に向けた細い吹き出し口から吹き出します．

吹出口には樹脂製のノズルを取り付け，印刷ノズルの先端付近に吹きつけて印刷モデルを冷却します．

中にはブロアの代わりに小型のクーリングファンを使用している例もあります．

印刷時のブロワーファン使用の有無，回転数（フル回転に対する割合）の設定はスライサーで行われ，1層目から回転することはありません．これは1層目はテーブルに密着し易くする必要があるためです．

40 ～ 50mm角程度の12V DC小型ブロワーファンが使用されています．

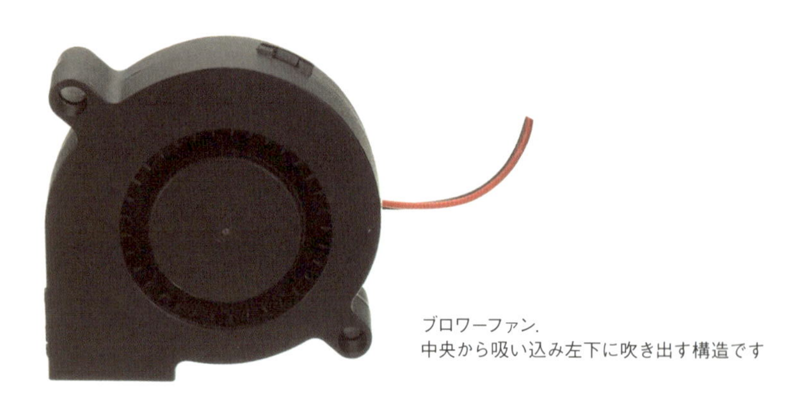

ブロワーファン．
中央から吸い込み左下に吹き出す構造です

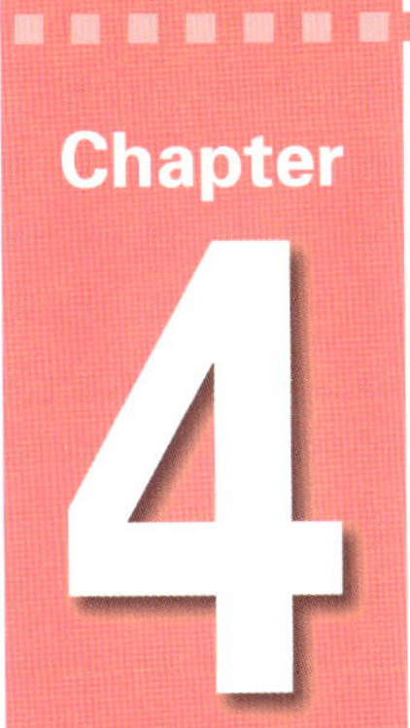

Chapter 4 センシング

3D プリンタに採用されているスイッチやセンサなどを解説します.

4-1. エンドストップ・スイッチ（Endstop switch）

3Dプリンタには各軸方向のホームポジション検出位置に，これ以上移動してはいけないという位置情報を得るためのスイッチが設けられており，このような目的（または機能）のスイッチを「エンドストップ・スイッチ」や「リミットスイッチ（Limit Switch）」と呼んでいます.

では，各軸のホームポジションから離れた反対側にもスイッチを取り付けないのかというと，価格を抑えるためかこれらのスイッチは用意されていません.

ホームポジションを知る事ができれば，各軸の移動可能な距離を基本設定で指定することでソフト的に制限する事が可能になることから余分なスイッチは不要という考えなのでしょう.

ファームウエアではスイッチの動作する位置をエンドストップ（Endstop）と呼んで両端での設定が可能となっており，RAMPS基板上でも対応可能となっています.

ヒンジ・レバー付き小型マイクロスイッチ（オムロン）

4-1-1. マイクロスイッチ

ホームポジション検出用のリミットスイッチには，一般的にアクチェーター（ヒンジレバーの付いた機構部品）が取り付けられたマイクロスイッチが用いられます．

また，ヒンジの先端にローラーが付いたローラーレバータイプのマイクロスイッチはエクステンダーのフィラメント検出（filament detector）にも用いられています．（フィラメントの供給がなくなった時に自動的に一時停止するための検出スイッチ）

スイッチ回路は1回路2接点でCOM，NO，NCの3つの端子があり，COM端子とNO端子またはCOM端子とNC端子をマイクロコントローラに配線します．NOかNCのどちらを使用するかはファームウエアで設定を行います．

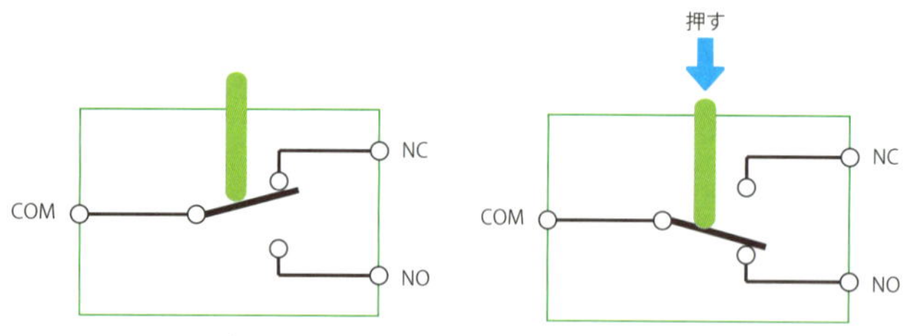

マイクロスイッチ回路

COM端子（Common Terminal－共通端子）	スイッチの共通の端子です．
NO端子（Normal Open－常開端子）	COM端子との間で通常（スイッチが押されていない時）はOFF（切断）． スイッチが押された時ON（導通）になります．
NC端子（Nomal Close－常閉端子）	COM端子との間で通常（スイッチが押されていない時）はON（導通）． スイッチが押された時OFF（切断）になります．

COLUMN

フェイル・セーフ（fail safe）

電子機器を設計する際には誤操作時，電源ON時や電源が落ち復帰した時などにも誤動作せず，安全性を確保できる設計が求められ，このような安全設計を「フェイル・セーフ」と呼びます．

例えばマイクロコントローラにマイクロスイッチを接続する場合に，エンドストップ検知時にONするようにCOMとNO（ノーマルオープン）を使用している場合，もし配線が切れたり，コネクタの接触不良やコネクタが抜けていた場合には，永遠にスイッチがONになる事はなく，ホームポジションに戻ってもモーターは停止してくれません．

一方，スイッチの接続にCOMとNC（ノーマルクローズ）を使用するように設定すれば，ケーブルやコネクタの接続に異常があった場合にはその時点でモーターは動かないので，何かしら問題が発生していることを知る事ができ，リスクは前例よりは少なくなります．

実際にはマイクロスイッチの配線はノーマルオープン設定ですが，ファームウエアではノーマルオープン，ノーマルクローズのどちらの論理にも対応できるようになっているため，安全性を重視したい場合には設定を変更する事が可能です．

4-1-2. メカニカル・エンドストップ・スイッチ・モジュール

メカニカル・エンドストップ・スイッチ・モジュール
スイッチが OFF のときには "SIG" に 5V が出力され LED は消灯していますが，
スイッチが ON になると LED が点灯し "SIG" は GND に落ちます

位置検出スイッチにはマイクロスイッチが使用されていますが，マイクロスイッチ，動作確認用LED，コネクタを１枚の基板上に載せたRAMPS準拠のモジュール基板です．

この基板を使用する場合，LED点灯の＋5Vの配線が増える事になりますが，RAMPS基板上にはそのまま接続することができます．

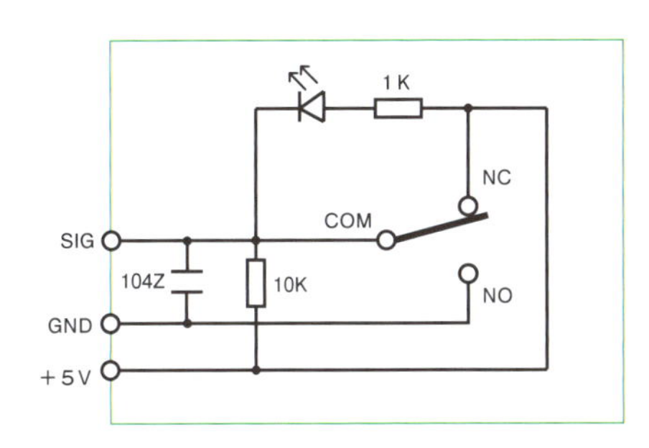

スイッチモジュール回路図

4-2. フォトインタラプタ・モジュール

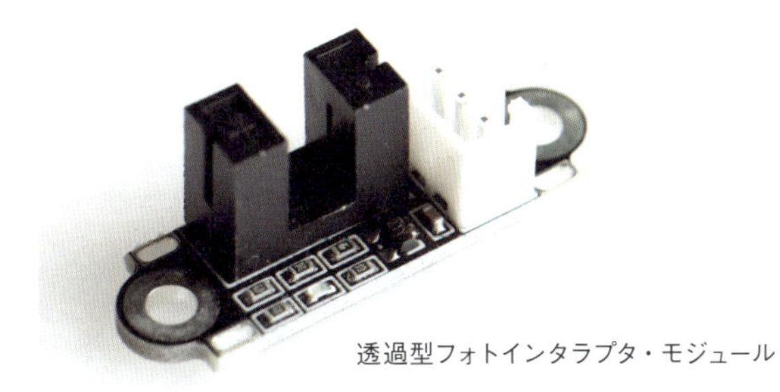

透過型フォトインタラプタ・モジュール

マイクロスイッチの代わりに，フォトインタラプタを用いたスイッチです．LEDとフォトセンサの間の光を遮断する事でスイッチをオン，オフします.
　フィラメント検出にはマイクロスイッチや機械的な構造を持った物もありますが，場合によってはフィラメントが削れてしまうといった欠点もあります．フォトインタラプタなら非接触なのでそのような心配はありませんが，透明なマテリアルでは誤動作してしまうという事も考えられます.

　メカニカルなスイッチより動作精度や信頼性が高くなりますが，使用方法は構造的な制限が生じでしまうため使い方は難しいと言えます。

4-3. 近接センサ

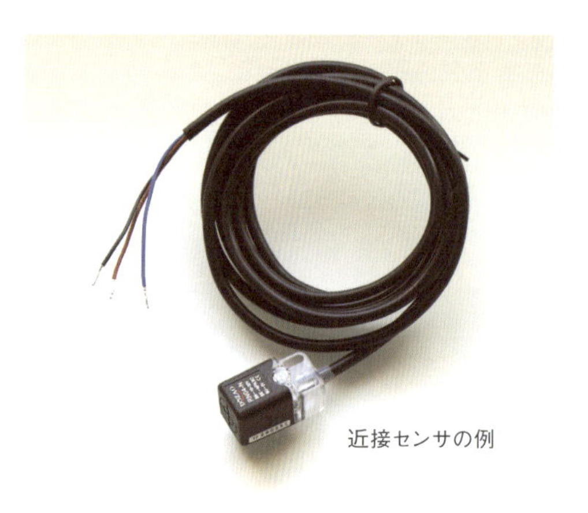

近接センサの例

　近接センサはセンサから金属表面までの距離が検知距離以内になると通知するもので「プローブ」とも呼ばれます.
　Z軸のエンドストップ代わりにエクストルーダーの印刷ノズル近くに固定して，使用します.

　安価に入手できる近接センサには静電容量式の物が出回っています.
　３線式（電源＋側，信号線，0V）のNPN型またはPNP型のNO（Normal Open）タイプが出回っており，それぞれマイクロコントローラへの接続方法は異なります.
　電源電圧は6V以上，最高電圧は20～30V程度となっているので，12Vを供給して使用します.

　このタイプの近接センサ自体は直接大きな電流を取り扱う事ができません.（50～200mA程度．詳しくは製品の仕様書を確認してください）機械制御ではリレーを接続して駆動するのが一般的な使用方法です.

4-3-1. NPN-NOタイプ

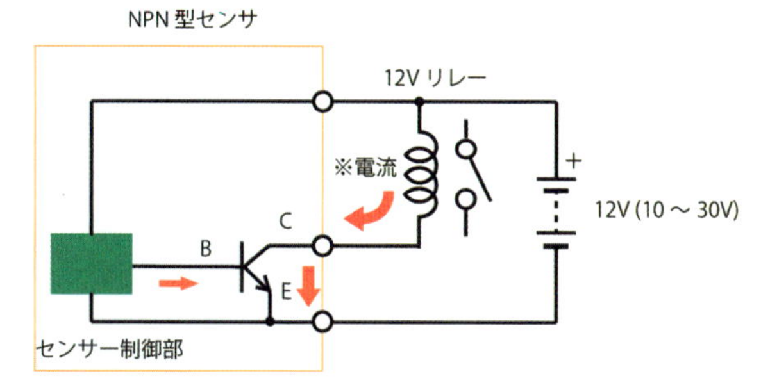

PNP-NO 模式図－出力信号のインターフェースに
PNP トランジスタを使用した場合の模式図です

NPN型はNPNトランジスタのオープンコレクタ入力（エミッタ接地）に相当する回路構成で，国内の産業機器で一般的に使用されているセンサの方式です．

MOSFETで構成されている場合はオープンドレインと呼ばれる回路となりますが，便宜上NPN型のバイポーラトランジスタの名称を使用しています．

動作はNO（Normal Open－常開端子）なので，対象物を感知していない時には信号線とGND間はOFF状態（ハイインピーダンス状態）で，対象物を検知した場合にはON状態になり信号線からGND方向に電流を流す事ができます．

信号線と0V（GND）間に接続されたNPNトランジスタのコレクタ，エミッタ間をスイッチオンするイメージです．

接続方法：

マイクロコントローラに接続する場合にはZ軸のエンドストップ入力に信号線を接続します．この場合，ファームウエアでプルアップ（Pull Up）設定と入力極性の設定を確認してください．

PNP型NOセンサにリレーを接続したい場合には電源＋（リレーのコイルの電圧）と信号線の間にリレーコイルを接続します．センサの電源（12～24V）とは別に，リレー駆動に＋5Vを供給して5Vリレーを接続する事も可能です．

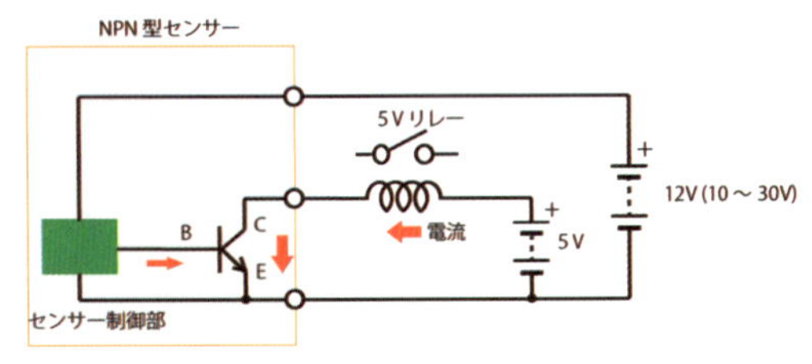

NPN-NO に 5V リレーを接続する方法

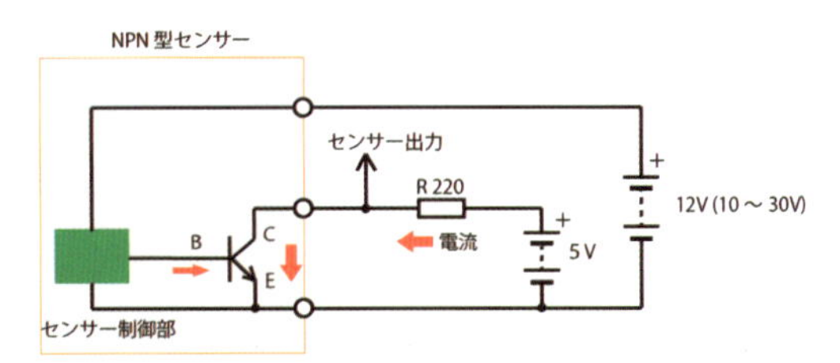

NPN-NO をマイクロコントローラ（AVR）に接続する方法です．この方法では動作が NC 動作となってしまうので，ファームウェアのセンサ入力の極性設定に気を付けてください．NO 動作で使用したい場合にはトランジスタか MOSFET を追加して極性を反転します

センサの信号線を直接マイクロコントローラのI/Oに接続する際には，センサの電源を接続し，信号線，GND間の電圧を測定し，センサがONになった時，漏れ電流など異常な電圧が出力されないことを確認してから使用してください．

4-3-2. PNP-NOタイプ

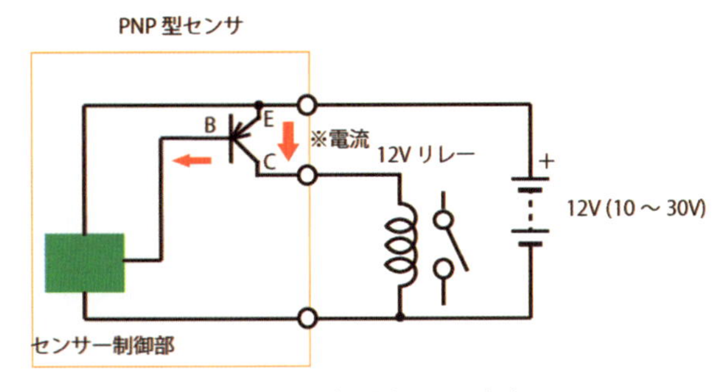

PNP-NO 模式図－出力信号のインターフェースに PNP トランジスタを使用した場合の模式図です

PNP型はPNPトランジスタのエミッターが電源に接続されコレクタがセンサ出力となる回路構成で，センサの電源電圧が出力されます．主にヨーロッパで使用されているセンサ出力方式です．

NO（Normal Open－常開端子）なので，対象物を感知していない時には信号線とGND間は0Vで，対象物を検知した場合には内部のトランジスタがオンになり，センサの電源電圧がそのまま出力されます．

マイクロコントローラにはこのまま接続できないので注意が必要です．

接続方法：

センサ出力からは5V以上の電圧が出力されるので，このままマイクロコントローラに接続することはできません．フェイルセーフの観点からあまりお勧めできる方法ではありませんが，信号線とGND側（－

側）間に分圧抵抗を入れ，センサON時の電圧を5V（AVR使用時）まで下げて接続する方法がYouTubeなどで紹介されています．

この方法ではGND側の抵抗の結線が切れた場合には5V以上の電圧が加わり，マイクロコントローラのI/Oを破壊することになるので，ハンダ付けや絶縁処理をしっかり行う事が必要です．

32bitARMコアではチップに直結の場合にはオン時に3.3V以下になるようにしてください．

PNP-NOタイプのセンサにリレーを接続したい場合には，センサ出力，GND間にセンサの電源電圧と同じ規格のリレーのコイルを接続して使用します．安全に使用するためには12Vのリレーを使用する方法の他，フォトカプラを使用する方法が考えられます．

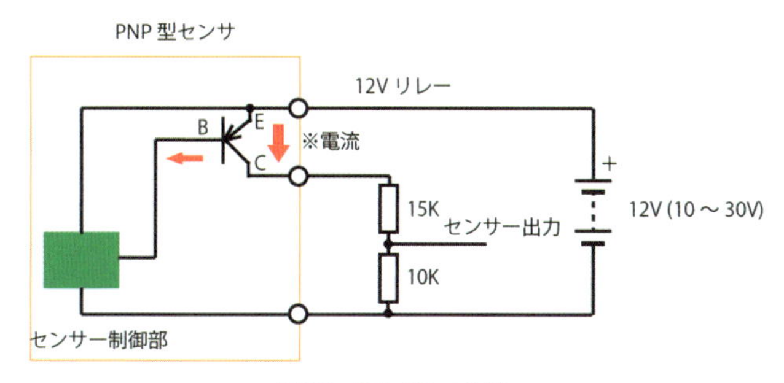

PNP-NO使用方法．Webで紹介されている分圧による方法です．トランジスタがONになった時，センサ出力の電圧が5V以下（AVR使用時）であることを確認してから制御基板に接続してください

保護ダイオード入りのリレーコイルは極性があるので接続を間違わないようにしてください．

制御基板の入力側に5V以上の電圧が加わった場合，そのポートまたはマイクロコントローラが壊れる危険があります．

センサの感応距離は材質により異なるので，カタログで規格を確認してください．また，ビルドプレート（ホットベッド）の上にビルドステッカーやガラスなどを乗せている場合にも距離は変わります．

Chapter 5

液晶ディスプレイコントローラボード

3D プリンタに接続される LCD ディスプレイと操作ボタンが一体になったボードです．

5 個の操作ボタンまたはロータリースイッチとブザー，中には SD カードスロットが搭載された物もあります．

モノクロ液晶では LCD2004，LCD12864，またはこれらの相当品が用いられ．制御基板との間は 10 芯のフラットケーブル 1 本または 2 本で接続されます．

フルカラー液晶は TFT28（2.8 インチ），TFT32（3.2 インチ）またはこれらの相当品が搭載され，タッチパネルとペアで ARM コア・ベースの制御基板に採用され始めています．

接続にはフレキシブルフラットケーブルが使用され，制御基板上には専用のコネクタが用意されている必要があります．

LCD ディスプレイを他のモデルに交換する場合には，ファームウェアの設定の変更が必要になります．

5-1. スマートコントローラ (Smart Controller)

テキストベースの一番ベーシックな液晶ディスプレイコントローラです．

20文字×4行のLCD2004が搭載されたディスプレイボードで，操作には5個の押しボタンスイッチやロータリースイッチが搭載されています．

SDカードスロットが搭載されていなければ，1本のフラットケーブルで制御基板と接続します．

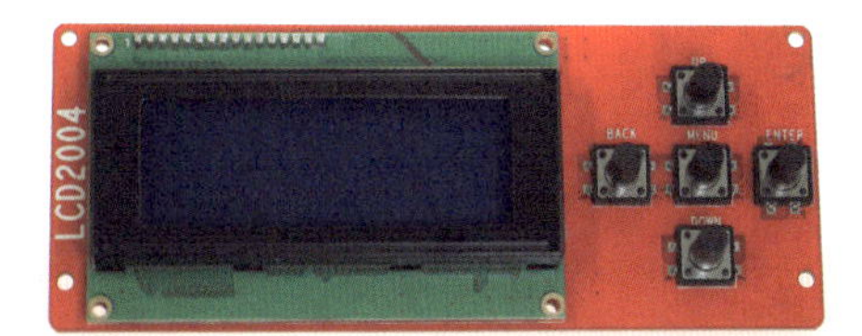

スマートコントローラパネル面．LCDパネル（LCD2004）と押しボタンが5個取り付けられています（Anet A8用）

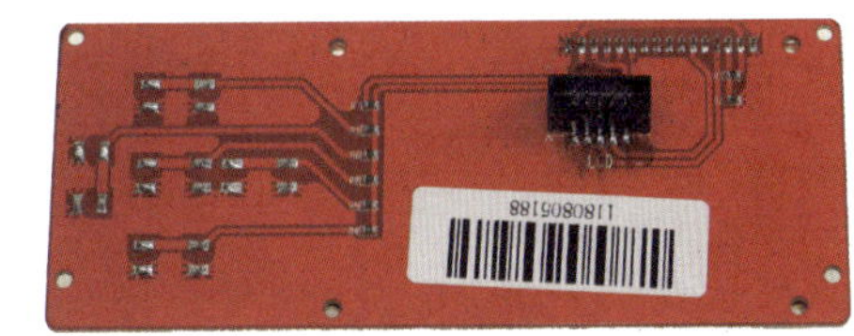

スマートコントローラ背面（Anet A8用）

5-2. フルグラフィック・スマートコントローラ (RepRap Discount Full Graphic Smart Controller)

大型LCD12864を搭載し，テキストの他アイコン表示などグラフィック表示にも対応しています．（20文字×6行，128×64グラフィック）

操作にはロータリースイッチが採用され，ブザーやリセットスイッチ，輝度調整半固定抵抗，SDカードスロットなどが搭載されています．

ファームウェアのコンパイル時にはArduino用グラフィックライブラリ u8glib をインストールする必要があります。（Part10資料編に回路図掲載）

フルグラフィック・スマートコントローラパネル面．LCDパネル（LCD12864）ロータリースイッチ，ブザー，リセットスイッチ，LCD調整VRなどが搭載されている

フルグラフィック・スマートコントローラ背面．フラットケーブル接続用コネクタが2個．SDカードスロットが搭載された例

5-3. STB RepRapグラフィックLCDコントローラ (STB RepRap Graphic LCD Controller with Fan Output)

128×64ドットグラフィックディスプレイで，操作用ロータリースイッチ，SDカードスロット，クーリングファン制御，ホットエンドファン制御などが搭載されたコントローラボードです．

背景色を変更することができます．

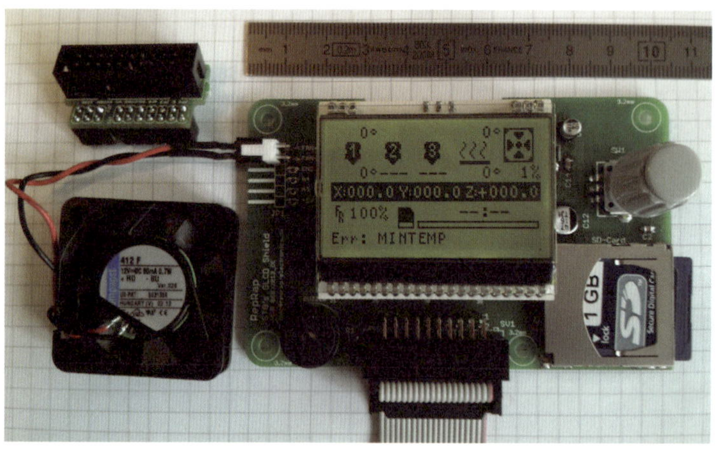

STB RepRap フラフィック LCD コントローラ

●出典：https://reprap.org/wiki/File:STB_GLCD_Overall-1.jpg

5-4. MSK-TFT28/MSK-TFT32 V4.0カラーディスプレイタッチスクリーン

KSM Base，MSK GEN，MSK MINIシリーズ用のコントロールボードですが，RAMPS 1.4でも使用できるインテリジェントディスプレイです．

MCUにはSTM32F107が搭載され，SDカードスロット，スーパーキャパシタによるデータの保存機能があり停電時の状況を保存し，続きの印刷が可能になっています．

オプションのWi-Fiモジュールの接続，SDカードスロットのエクステンションが取付けられ，メニューのカスタマイズも可能になっています．

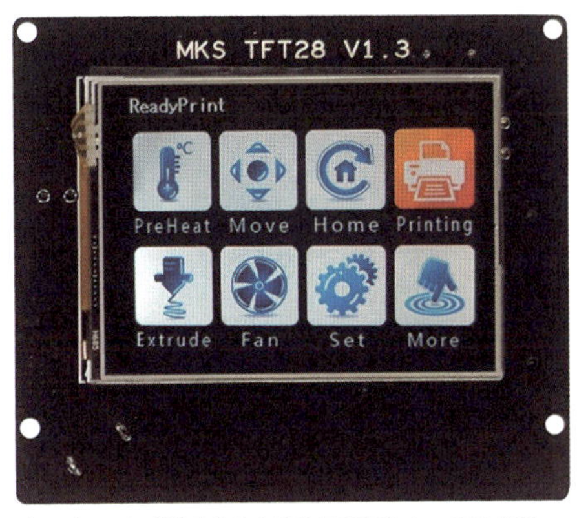

カスタマイズができる MSK-TFT28 タッチスクリーン画面

MKS-TFT28.ARM を搭載したディスプレイ制御基板です

● GitHub：https://github.com/makerbase-mks/MKS-TFT

5-5. RAMPS LCDアダプターボード（RAMPS Adapter）

RAMPSに接続する場合にはLCDアダプターボードが必要です．
フルグラフィック・スマートコントローラなどには付属で販売されているケースが多いようです．

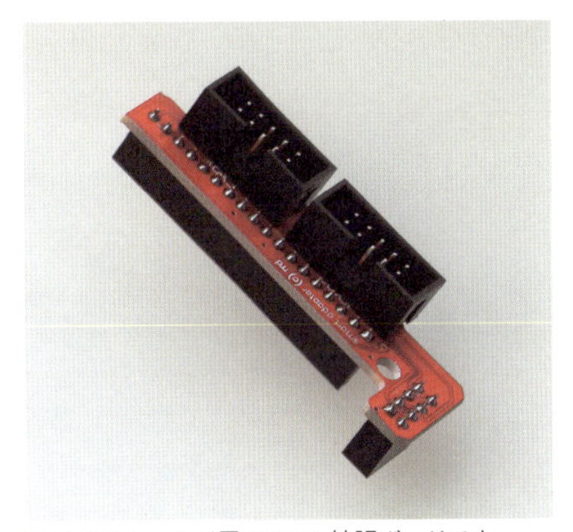
RAMPS シールド用の LCD 拡張ボードです

EXP1

回路名	信号	ピン	ピン	信号	回路名
BEEPER	D37	1	2	D35	BTN_EN
LCDE/MOSI	D51	3	4	D16	LCDRS
LCD4/SCK	D52	5	6	NC	LCD 5
LCD6	NC	7	8	NC	LCD7
	GND	9	10	(+3.3V)	

EXP2

回路名	信号	ピン	ピン	信号	回路名
MISO	D50	1	2	D52	SCK
BTN_EN2	D31	3	4	D53	SD_CSEL
BTN_EN1	D33	5	6	D51	MOSI
SD_DET	D49	7	8	D41	RESET
	GND	9	10	NC	KILL

緑色文字：Arduino Mega2560 信号
紫色文字：LCD ディスプレイ回路名

LCD 拡張ボードピン配（RepRap 仕様）

● GitHub：https://github.com/makerbase-mks/MKS-TFT

Chapter 6 制御基板（マイクロコントローラボード）

RepRapプロジェクトでは"Arduino Mega 2560"というAVR 8bitマイクロコントローラ[*1]ボードと接続するシールド[*2]基板により3Dプリンタの制御を行っていますが，3Dプリンタの制御ボードとして販売されている多くの製品も，同様の回路構成で作られています．

また，Marlinファームウェアが32bit ARM Cortex-M3を搭載した"Arduino Due"にも対応するようになったことから，Cortex-M3を搭載した制御基板も増えています．

6-1. マイクロコントローラの役目

Arduino Mega 2560には電子機器の制御用に最適化されたマイクロコントローラー ATmega2560が使用され，Gコードを解読しながら以下の制御が行われます．

●本体制御関連

X軸ステッピングモーター：回転制御
Y軸ステッピングモーター：回転制御
Z軸ステッピングモーター：回転制御（2個のモーターの並列配線が多い）
エクストルーダー：フィラメントの押し出し
ヒートブロック - サーミスタ：温度センサ
ヒートブロック - ヒーター：印刷ノズル加熱用ヒーター温度制御
ホットベッド - サーミスタ：温度センサ
ホットベッド - ヒーター：ヒーター温度制御
ブロワー：回転制御（風量制御）

---

*1 マイクロコントローラ：機器の制御用に特化したマイクロプロセッサ．

*2 シールド（shield）：Arduinoマイコンボードのコネクタに接続し，マイコンボードの上を覆う形状の拡張用基板の総称．

エンド・ストップ・スイッチ：ホームポジション，エンドストップ検出×6
※一般にホームポジション側のみ使用されている．
SDメモリーインターフェース：SDカードの他，microSDカードスロットを搭載した制御基板もある．
※液晶ディスプレイ側にカードスロットが搭載されている場合もあります．

●操作，表示関連

LCD：文字表示／グラフィック表示
画面操作：プッシュボタン（複数ボタン）/ ロータリースイッチ（回転とプッシュ）
ブザー

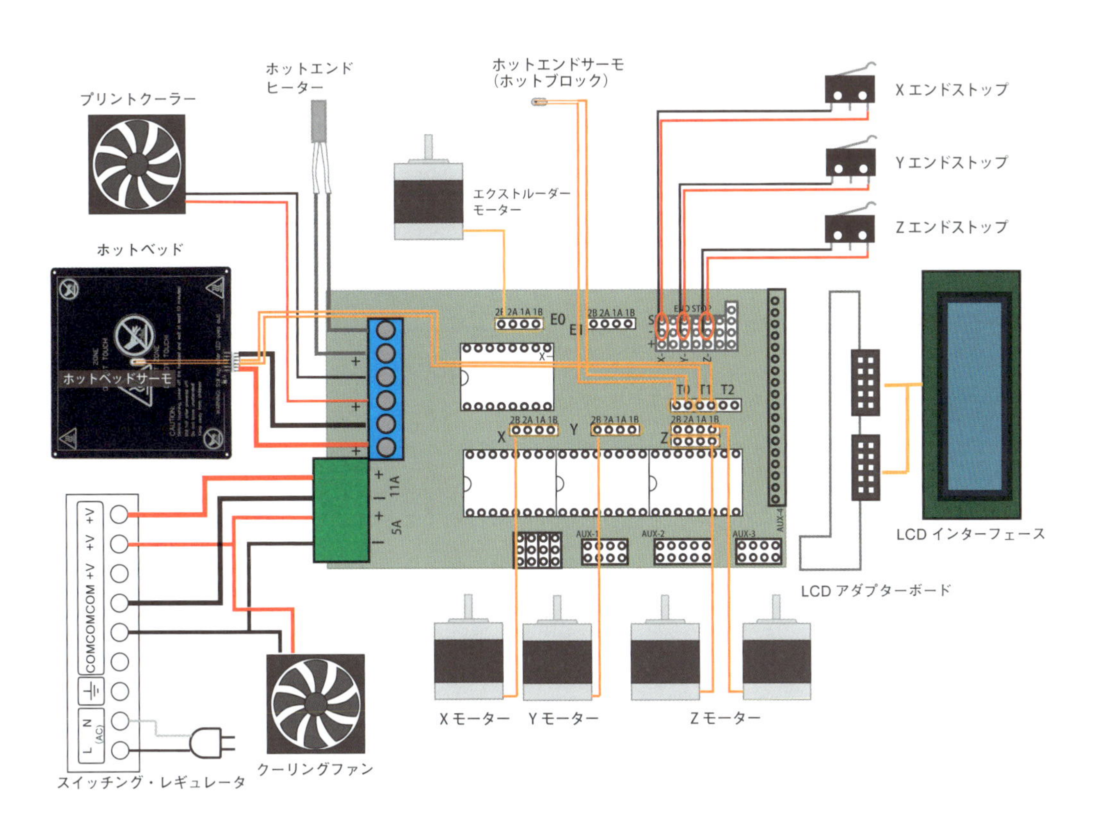

RAMPS1.4 / 1.5 接続図．RAMPS1.6 では電源の入力端子が 1 個になっている他はほぼ同じです

6-2. AVR8bitマイクロコントローラ・プラットフォーム

RepRapの3Dプリンタ制御には，汎用のマイクロコントローラボードArduino Mega 2560とシールド基板の組み合わせで実現しているものと，3DプリンタメーカーがArduino Mega 2560とシールド基板の機能をミックスして1枚の制御基板として製造，販売されているものがあります．

これらには主にMarlinベースのファームウェアを搭載しています．

6-2-1. Arduino Mega 2560

Arduino Mega 2560

Arduino Mega 2560はイタリア生まれの低価格で高性能なAVRマイクロコントローラ（MCU）を搭載した制御ボードで，無償の統合開発環境（Arduino IDE）と豊富なライブラリにより，初心者にも理解しやすい簡易化されたC++ベースのプログラム言語（C++，Cでのプログラムも可能）によって手軽なプログラミングで各種I/Oデバイスの制御が可能になっています．

搭載されているMCUは8ビットですが，RISCプロセッサで多くの命令が1クロックサイクルで動作し，16MHZ動作では16MIPSという高速な処理が可能となっています．

また，シールドRAMPSによるハードウエア拡張が容易になっており，3Dプリンタのモータードライバモジュールへのインターフェース，ファン，ヒーター制御回路を搭載し，それらデバイスへの接続を容易にしています．

Arduino以前のMCUのプログラム開発では，一般的にプログラムの書き込みには有料の開発ツール（無料の場合は機能制限付きなど），メーカー専用のライター（プログラマ）が必要であり，プログラムの書き込みに関する知識のほかライターや開発ツールへの投資が必要など，初心者にとっては敷居の高いものでした．

ArduinoではUSBケーブルでPCと接続するだけでArduino IDEによって簡単にプログラムの書き込みやArduinoとの通信ができ，オープンハードウェアによって低価格な互換機の登場もあって電子工作に幅広く使われています．

このような背景から，2009年にはCNCの開発プロジェクトGRBLの制御用に Arduino Duemilanove（Arduino Unoの前モデル）が採用されました．しかし，残念ながら3Dプリンタに使用するためにはI/Oが不足していました．このような背景からI/Oが拡張された上位機種 Arduino Mega 2560 が採用されています．

このMCUボードにRAMPSというシールドを搭載することで3Dプリンタを制御することができます.
(Part10資料編に回路図掲載)

●Grbl wiki
URL https://github.com/grbl/grbl/wiki

COLUMN

Arduino互換ボードについて

ArduinoはUSBのインターフェースにFTDI社のFT232R(USBシリアル変換IC)を採用してきましたが, UNO以降ではATmega16U2などマイクロコントローラ（MCU）を搭載することで, USBインターフェース自身の機能を変更することができるようになっています.

一方, 中国製Arduino互換機の多くには中国製のUSBシリアル変換CH340が採用されており, これは3Dプリンタ用制御基板にも採用されています.

CH340には専用のドライバのインストールが必要になる場合があります. また, 通信性能はFT232RやATmega16U2に劣りますが必要十分といったところでしょう.

ただし, 耐久性などについては信頼の得られているFTDI社の製品と比較してどうなのかは不明です.（中国製のUSBチップには経年変化により問題を起こしている製品もあります）

6-2-2. Arduino シールド（Arduino Shield）

Arduinoマイコンボードが持っていない3Dプリンタに必要な機能を提供し, 各パーツやI/Oポートへの接続を集約したシールド, RAMPSが販売されています.

シールド上にはブロア, 印刷ノズル用ヒーター, ホットベッド制御用のパワーMOSFETが搭載され, ステッピングモータードライバモジュール用のコネクタが5個用意されています.

ステッピングモータードライバモジュールは数種類発売されているのでお好みのモジュールを選択できます.

シールドには12V電源を供給し, ここからArduino（Vin）にも供給されます.

RAMPS1.4はArduino Mega 2560との統合型ボードのリファレンスとも言えるものです.

RAMPS1.4（RepRap Arduino Mega Pololu Shield）

基本モデルはPololu Corporationで開発, 販売され, GPLライセンスにより互換ボードも販売されています.

開発元のPololuでは既に1.4の販売を終了していますが, 中国メーカーからは1.4互換ボードが未だに販売されています.

電源周りの改良版の1.5, 1.6が販売されていますので, これから購入される方には1.5または1.6をお勧めします.

LCDの接続には専用の変換コネクタが用いられ, LCDコントローラボードに付属して販売されています.

RAMPS1.4 シールド

●基板の設計上の問題

基板上にはポリスイッチ（リセッタブルヒューズ）が使用されていますが，基板上に大きく飛び出しており，物理的に破損したケースをweb上で良く見かけます．

電源の入力には着脱可能なジャックコネクタとプラグが使用されており，構造的に大きな電流を流すのには不向きと見られます．また，ヒートベットの接続コネクタの定格電流も10数アンペア程度の物で心もとなさを感じます．（1.4, 1.5共）

RAMPS1.4で公開された基板レイアウトデータに問題があり，このデータで製作された基板では，ホットベッドの回路などに十分な電流を流すことができません．使用されている方は以下アドレスで詳細を確認し，当該品の場合には基板パターンの強化対策を行ってください．(Part10資料編に回路図掲載)

URL https://reprap.org/wiki/RAMPS_1.4

RAMPS 1.5

RAMPS 1.4からの変更点は電源周りとパワーMOSFETの配置などで，その他の基本的なレイアウトの変更はありません．

1.4の基板上の黄色く高く飛び出したポリスイッチは物理的な破損もよく見られたことから，表面実装用の小型のポリスイッチに変更されました．

立てて取り付けられていたパワーMOSFET（ホットベッド，ノズル用ヒーターのON / OFF制御）もポリスイッチの変更によりスペースができた事で，表面実装に変更され通風も良くなっています．

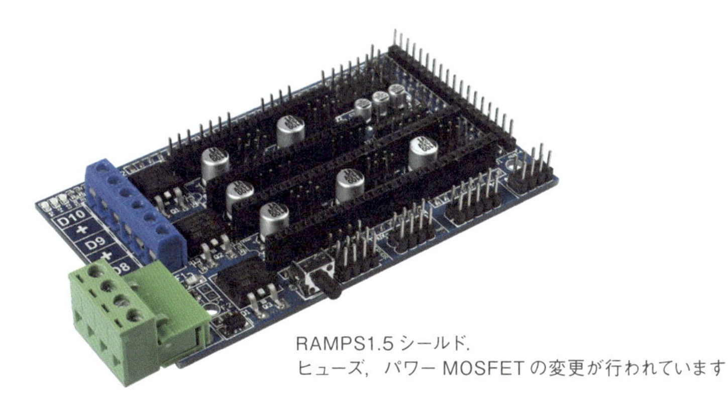

RAMPS1.5シールド．
ヒューズ，パワーMOSFETの変更が行われています

RAMPS 1.6

RAMPS1.5から更に電源周りが改善され，電源入力コネクタが20Aクラスの端子台に変更されました．

ヒートベッド制御用MOSFETをドレイン - ソース耐圧（Vdss）40V，ドレイン電流220A（WSK220N04）に強化し，その端子台も電流の流せる端子台（20A）に交換されました．

また，ヒートベッド，印刷ノズルヒーター，ブロア制御用の3本のパワーMOSFETにヒートシンクが取付けられました．

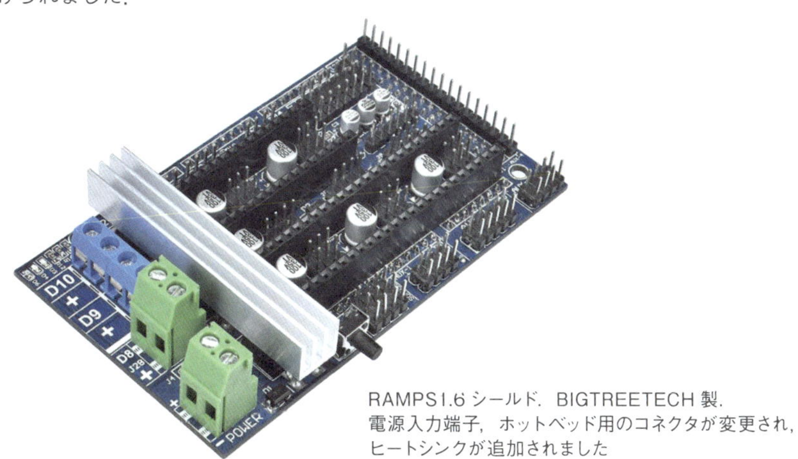

RAMPS1.6シールド．BIGTREETECH製．
電源入力端子，ホットベッド用のコネクタが変更され，
ヒートシンクが追加されました

RAMPS 1.7

資料は公開されていますが，現状では製品化されておりません．状況は評価中といったところでしょうか．

8bitのArduino Mega 2560，ARMコアのArduino Due双方に対応しています．

モーターやヒートベッドの24Vの供給時にはDC/DCコンバータで作られた12Vをファンなどに供給できる他，Arduino用に更に電圧を下げて供給して，Arduinoボード上の電源の発熱を低く抑えることができるように電源関係が多様化されています．

Arduino DueのI/Oに対応するために，基板上にはレベル変換用のICが搭載され，基板サイズは従来の2倍程の大きさになっています．(Part10資料編に回路図掲載)

Arduino Mega 2560を使用する場合には，Marlin bugfix-1.1.xを使用します．

Arduino Dueを使用する場合には，Marlin bugfix-2.0.x のRAMPS_1.7用ファームウェアを使用します．

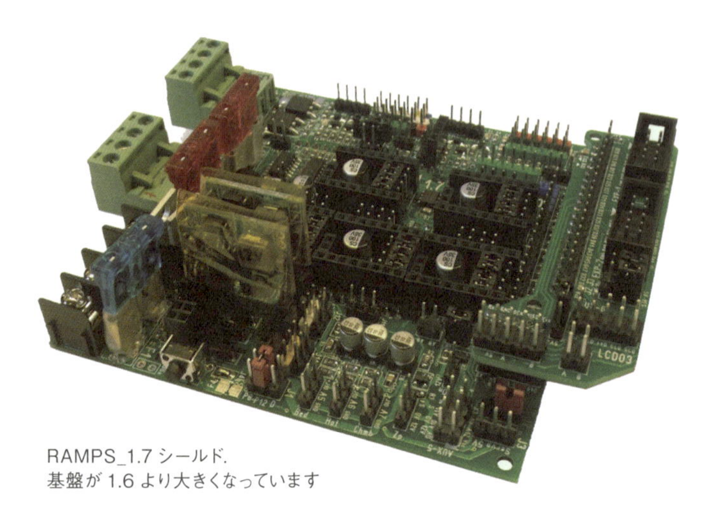

RAMPS_1.7 シールド.
基盤が 1.6 より大きくなっています

●RAMPS_1.7シールド差分回路図

URL https://github.com/MrAlvin/RAMPS_1.7　ライセンス：GNU GPL v3.0

RAMPS消費電力比較

RAMPS1.4～1.6の電力比較をしてみました．印刷ノズルヒーター，ステッピングモーター，ブロワについては100%出力が得られていますが，ヒートベッドは使用しているパワー MOSFET，基板設計，使用している端子台などにより使用できる電力が限られます．RAMPS1.4で出力できる75Wではヒートベッドは100度までの加熱はできません．

バージョン	総電力	ヒートベッド	印刷ノズルヒーター	ステッピングモーター	ブロワ
Ramps 1.4	170W	75W	40W	50W	5W
Ramps 1.5	200W	110W	40W	50W	5W
Ramps 1.6	270W	170W	40W	50W	5W

RAMPSを使用する前に

大切なArduino Mega 2560や電気部品を破損しないためにも使用する前の確認を行いましょう．

メーカーによる製品品質の差は様々です．プリント基板のパターンショートや断線が皆無とは言い切れないので，最低限使用する前に電源回路のプラス側とマイナス側がショートしていない事をテスターで確認してください．

互換製品ではリファレンス回路と同等の部品が使用されているかは保証できません．搭載されているMOSFETの型番や定格なども事前に確認して使用するべきでしょう．

Ultimaker v1.5.7（シールド）

スライサーアプリCuraを開発し，3Dプリンタのメーカーとして知られているUltimaker製のArduino Mega 2560用シールドです．

RAMPSに準拠した製品ですが，RAMPSではケーブルの接続にピンヘッダーが使用されており，コネクタの極性や位置が判りにくく，ロック機構が無いため抜けやすいといった欠点がありますが，Ultimakerのシールドには日本圧着端子製造[*1]のXHコネクタ[*2]が採用され，ケーブルの極性の判別を容易にし，嵌合性を高めています．

この後紹介する統合型ボードでもXHコネクタは多く利用されています．

Ultimaker v1.5.7 基板

モータードライバ	ソケット×5
電源	16～24V（DCアダプター用コネクタ）
その他	電源スイッチ，MOSFET 55A×3，調光可能なLCDバックライト，Bluetoothおよびイーサネットアドオン用のオリジナルI/Oヘッダ．
製造	Ultimaker electronics PCB
URL	https://ultimaker.com/jp

*1 日本圧着端子製造：JST．通称日圧（ニチアツ）と呼ばれています．日本のコネクタ製造の有名メーカーです．

*2 XHコネクタ：2.5mmピッチの基板用ナイロンコネクタ．以降で紹介する多くの制御基板にも採用されていますが，多くの場合使われているものは中華製類似品の様子です．

6-2-3. AVR統合型ボード

AVRはArduino mega 2560ボードに搭載されているAtmel社[*1]が開発した8bit RISCベースマイクロコントローラ（MCU）の総称です．

Arduino mega 2560とRAMPS1.4をベースに1枚のプリント基板として製作された製品を，ここでは「AVR統合型ボード」と呼びます．

ここで紹介するAVR統合型ボードの多くは自社開発3Dプリンタ，または製造企業向けに開発されたもので，サポート部品として販売されている事から少し価格が高めな製品も見られます．

このような経緯から拡張性には乏しかったりもしますが，拡張性があり，情報の公開されている製品であれば自作3Dプリンタの制御基板にこれら統合型ボードを選択するのも良いでしょう．

一方で，32bit ARMコア搭載のボードの低価格化と製品の充実が進んでいるので，これらも十分選択肢に入るようになってきています．

Anet3D V1.7

Anet A8/A6/A3/A2に搭載されているMCUボードで，MCUにはATmega1284が搭載されているAVRプラットフォームの制御基板です．ATmega1284はフラッシュメモリ，SRAMがATmega2560の半分となっています．

USBインターフェースは中国製のCH340Gが搭載され，モータードライバはA4982と製造コストを抑えた製品に纏められています．

SDカードスロットがボード上に搭載されており，SDカードに記録したGコードからスタンドアロンの印刷と，USBケーブルを接続したPCからのオンライン印刷に対応します．

旧バージョンで懸念の多かった電源コネクタ，ホットベッド，エクストルーダーのヒーター用コネクタは6連の端子台に変更され，ヒューズなども変更されたことで電源周りの安心感がアップしました．これらの変更のため，基板サイズが大きくなっています．（Part10資料編に回路図掲載）

LCDは"Anet A8"にはスマートコントローラ（20文字4行のテキスト表示）が，"Anet A6"にはフルグラフィック・スマートコントローラが採用されています．

LCD接続の配線がRAMPSとは異なるので，他のLCDを流用する場合にはマッピングの変更が必要になるので注意してください．

AnetとMKSの信号変換は以下のアドレスに公開されています．

●Anet A8 LCD12864 to mksbase v1.3（Creative Commons - Attribution license）

URL https://www.thingiverse.com/thing:2428214

---

*1 Atmel社：PICで有名なマイクロチップ・テクノロジーが買収，統合を進めていますが，Atmel製品は製造を続行し，暫くはブランドはそのまま残る様子です．https://www.microchip.com/

Marlin ファームウェアには Anet 用の Configuration ファイルが用意されています.

net A8/A6/A3/A2 に付属の制御基板です.
V1.7 となって端子台, 電源周りが変更されました

Anet ボードに関してはオフィシャルな回路図が公開されておりません. 個人の解析による v1.0 の回路図が GitHub に公開されているので Part10 資料編に掲載しました. 内容については保証されませんので参考程度にご利用ください.

MCU	ATmega1284
USB IF	CH340
モータードライバ	A4982 × 4 (実装)
電源	12V (端子)
基板サイズ	100 × 95 mm
製造メーカー	Shenzhen Anet Technology Co.,Ltd
URL	http://www.anet3d.com/

Creality3D CR-10S V2.1

3Dプリンタメーカー，Creality 3DのCR-10S用サポートパーツで，ATmega2560を搭載した統合基板です．
SDカードスロットが基板上に用意されています．
モータードライバ回路は基板上には5回路分ありますが，1回路分はドライバICが未実装になっています．

Creality CR-10S V2.1

MCU	ATmega2560
USB IF	FTDI FT232R
モータードライバ	A4982×4（実装）
電源	12～24V（端子台）
基板サイズ	105×85 mm
製造メーカー	Creality 3D
URL	https://www.creality3d.cn/

Creality3D V2.4

Creality3D社のCR-10S PRO 3Dプリンタ用のシンプルな構成の統合基板です．

製品への組み込みを意識した構成で，X軸，エクストルーダー用モーターの出力がフラットケーブル用の30Pコネクタに接続されているなど特殊な所が見られます．

自作などに利用するのにはコスト高になってしまいます．

Creality3D V2.4

MCU	ATmega2560
USB IF	FTDI FT232R
モータードライバ	チップ不明×4（実装）
電源	12～24V（端子台）
基板サイズ	114×98 mm
製造メーカー	Creality 3D
URL	https://www.creality3d.cn/

GEEETECH GT2560 A+

3Dプリンタメーカー GEEETECH社製の統合型ボードです．

ヒートシンク付きでドレイン電流55AのMOSFET3個を実装し，ヒートベッドには15A，その他10Aの電流が供給できます．

リミットスイッチは3軸共ホーム用の他，反対側エンド用のコネクタが用意されています．

GEEETECH GT2560 A+

MCU	ATmega2560
USB IF	FTDI FT232R
モータードライバ	ソケット×5
電源	12V / 24V（ナイロンコネクタ）
基板サイズ	109×80 mm
製造メーカー	geeetech
URL	https://www.geeetech.com/
wiki	http://www.geeetech.com/wiki/index.php

GEEETECH GT2560 V3.0

ハードウェア，ソフトウェア両面でArduino Mega2560+Ramps1.4を統合したコントロール基板です．
6個のRepRapステッピングモータードライバー基板を搭載できます．
ヒートベッド15A，その他10Aの電流が供給できます．（Part10資料編に回路図掲載）

GEEETECH GT2560 V3.0

MCU	ATmega2560
USB IF	CH340
モータードライバ	ソケット×6
電源	12V / 24V（ナイロンコネクタ）
製造メーカー	geeetech
URL	https://www.geeetech.com/
GitHub	https://github.com/Geeetech3D/Diagram
wiki	http://www.geeetech.com/wiki/index.php

MKS GEN L V1.0

旧モデルですが，現在も市場で入手可能なので紹介します．

電源入力は12V～24Vをサポートしており，24Vのホットベッドに対応することでMOSFETの発熱を低減することが可能です．（電圧は高くなりますが，代わりに電流は半分に減ることで発熱が抑えられます．）

USB入力には中国製では標準となっているCH340を採用しています．

ステッピングモータードライバモジュールは5個まで実装できるほか，NEMA57やNEMA86を駆動するための高電流ドライバを接続するための信号出力も備えています．

このほか，エンドストップスイッチはホーム側の他，エンド側のコネクタも用意され，ファーム書き換え用のAVR-ICSP，AUXピンなど拡張性を備えた基板設計になってます．

LCDには2004LCD，12864LCDのほかカラー液晶のTFT28そしてTFT32をサポートしています．SDカードスロットが基板上に搭載されていないため，LCDボード側に必要となります．

MKS GEN L V1.0 基板

MCU	ATmega2560
USB IF	CH340
モータードライバ	ソケット×5
電源	12V，24V両用（端子）
基板サイズ	110×84 mm
製造メーカー	MakerBase Technology
URL	https://www.makerbase.com.cn/home/index
GitHub	https://github.com/makerbase-mks/SGEN_L

MKS GEN V1.4

MKS-GEN L V1.0の後継モデルです．基本コンセプトはそのままですが，以下のような変更点があります．

USB入力にはArduinoにも採用されていたFTDIのFT232Rが搭載されて，USBからのファームウェアのアップデートが可能です．

ホットベッド用のパワーMOSFETはV1.0より余裕のあるものが採用されています．

各コネクタの配置も異なっています．

モータードライバを5個まで実装できることから，従来のモデルのデュアル押し出し改造のコントローラ交換用にも使用できます．

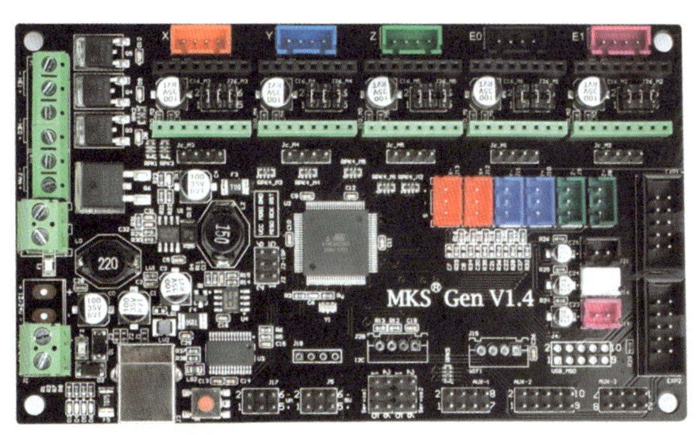

MKS GEN V1.4 基板

MCU	ATmega2560
USB IF	FTDI FT232R
モータードライバ	ソケット×5
電源	12V，24V両用（端子）
基板サイズ	143×84 mm
製造メーカー	MakerBase Technology
URL	https://www.makerbase.com.cn/home/index

MKS Base v1.6

基板上にモータードライバ実装済みのArduino mega 2560とRAMPS1.4の統合型ボードです.

USB入力にFTDIのFT232Rを採用することで高速で安定したシリアル通信を実現でき，RAMPSとのハードウェア互換性が高められており，ファームウェアはRAMPS1.4と同じ設定で利用できます.

MKS GEN V1.4をベースにモータードライバA4982を5個基板実装した構成の4層基板を採用しています.

モータードライバーが5個実装されていることから，デュアルエクストルーダーに対応可能です.

ディスプレイボードはSDカードを搭載した2004LCD，12864LCDに対応するほか，MSK TFT用のコネクタが用意されています.

MKS Base V1.6

MCU	ATmega2560
USB IF	FTDI FT232R
モータードライバ	A4982×5（実装）
電源	12～24V（端子台）
基板サイズ	110×93 mm
積層	4層
製造メーカー	MakerBase Technology
URL	https://www.makerbase.com.cn/home/index
GitHub	https://github.com/makerbase-mks/MKS-SBASE

MKS Mini v1.2

基板上にモータードライバDRV8825を4個実装済みのモデルです.
USBインターフェースには新型のArduino に搭載されているATmega 16U2を搭載し互換性を高めています.
電源は12VのDCアダプタ用のコネクタを実装したモデルです.

MKS mini v1.2

MCU	ATmega2560
USB IF	ATmega16U2
モータードライバ	DRV8825×4（実装）
電源	12V（DCアダプターコネクタ）
基板サイズ	115×66 mm
積層	4層
製造メーカー	MakerBase Technology
URL	https://www.makerbase.com.cn/home/index

Ultimaker V2.1.4

モータードライバが5個実装されています.（V2.1.1はヒートシンクなし．V2.1.4はヒートシンク付き）

ヒートベットは9A以下で100度以内での運用に制限されています.

なんと部品を実装していないPCBのみでの入手も可能なほか，モータードライバがソケットタイプに変更された V.2.1.5も出荷されています.

価格が高価なのはメンテナンスパーツとして販売しているからなのでしょうか.

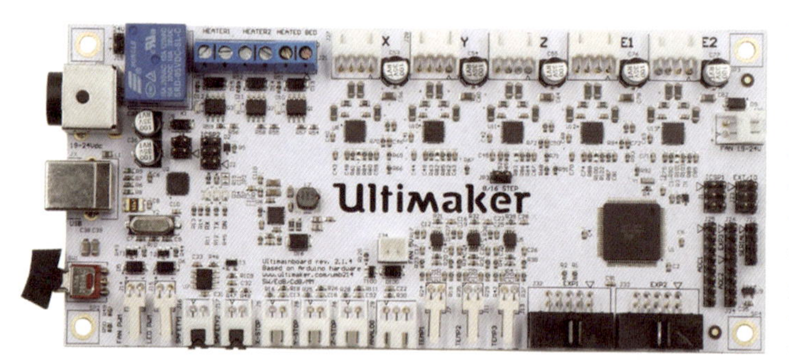

Ultimaker V2.1.4

MCU	ATmega2560
モータードライバ	（チップ不明）×5（実装）
電源	19～24V（コネクタ）
基板サイズ	230×225 mm
製造メーカー	Ultimaker electronics
URL	https://ultimaker.com/jp

6-3. ARMコアプラットフォーム

Arduino DueとRAMPS1.4をベースにARMコアCPUを搭載したDueに対応するように改造され，1枚のプリント基板として製作された製品を，ここでは「ARMコア統合型ボード」と呼ぶことにします．

ファームウェアMarlin2.0が従来のAVRに加えて32bitのARMプロセッサコアにも対応したこともあり，制御基板の32bit化が進み始めています．

モータードライバがモジュール・オプションの製品では，RAMPS用のドライバモジュールが搭載できない製品もあるので，モジュールの選択には注意をしてください．

6-3-1. Arduino Due

32bitARMコア[*1]を搭載したモデルで，AVRより高度な処理が可能となっています．

Arduino Mega2560と同一サイズ，同一コネクタ配置となっていますが，ピンの電気的仕様，割り当てられた機能は異なりますので古いRAMPSは対応できません．

I/Oは3.3Vですので3.3Vを超える電圧がI/Oに加わると破損します．注意してください．

(Part10 資料編に回路図掲載)

Arduino Due 32bitARM Cortex-M3 を搭載した MCU ボードです

*1 ARM コア：スマートフォンを始め PC 周辺機器など，組込み用の MCU に使用されている．ARM 社によるプロセッサコアのアーキテクチャ．

6-3-2. ARMコア対応シールド

RAMPSでDueに対応可能なのはRAMPS1.4.4，RAMPS1.7，RAMPS-FDですが，RAMPS1.4よりRAMPS-FDが推奨されています．また，RAMPS1.7は製品が出ていないので，現在は公開された資料を元に自分で作成するしかありません．

しかし，現状ではARM統合型ボードの低価格化，高機能化が進んでおり，Arduino Due向けのシールドを利用するメリットが薄れつつあるように感じます．

RAMPS-FD V2.1

Arduino Due向けのRAMPS 1.4互換ボードですが，基板サイズは従来のRAMPSの2倍程度の大きさです．

Zモーターのコネクタは1個しか取付けられていませんが，エクストルーダーファンの接続端子は3個用意されています．

V2.0以前のバージョンが市場に出回っていますが，設計上の問題がありますので購入は控えてください．安全に利用するためには大幅な改造が必要になります．

V2.1の回路図や実装の写真を見ましたが，まだ改造の余地はあるように感じられます．

ヒューズには平型ヒューズが使用されているなど，設計者が異なると発想も変わりますね．LCDの接続には専用の変換ボードを使用します．（Part10資料編に回路図掲載）

LCD アダプタ

RAMPS-FD と LCD 変換コネクタ

モータードライバ	ソケット×6
電源	12V-24V DC（端子）
ライセンス	GNU GPL v3.0

● GitHub：https://github.com/bobc/bobc_hardware/tree/master/RAMPS-FD

6-3-3. ARM統合型ボード

ARMコアのマイクロコントローラ（MCU）とRAMPSをベースにしたインターフェースの統合型ボードです．

製品が充実し価格もこなれてきているので自作用にも使えるようになってきました．

MCUにはArduino Dueより高性能なARM Coretx-M4を搭載したボードも登場しています．

ユーザーにより選択肢は異なると思いますが，回路図を始めより多くの情報が公開されている事が選択のポイントとなるでしょう．

現在，入手可能なボードを紹介します．

BIGTREETECH SKR V1.3

BIGTREETECH社はRAMPS 1.6を製造，販売しているメーカーで，SKR V1.3は自作ユーザーのニーズを汲み取り，拡張性に優れた32bit制御基板です．

100MHzのARM Cortex-M3を，ボード上に64KのSRAMを搭載しており，ファームウェアにはMarlinが対応しています．

エクストルーダー2個まで拡張可能なモータードライバソケットにはAllegro社やTI社のお馴染みのドライバの他，TRINAMIC Motion Control社のTMC2130のSPIモードやTMC2208 v2.1 / v2.0のUARTモードに煩雑なジャンパー線を増やす事なくSKR V1.3上のジャンパーピン設定で容易に対応することができます．モータードライバを色々交換して試したいというユーザーに最適です．

LCDディスプレイは2004や12864，TFT28，TFT35タッチスクリーンなどを直接接続することができます．

拡張コネクタにより印刷中の電源オフ時のレジューム機能，印刷終了自動電源オフ，フィラメント切断検出，オートレベリング，レベリングタッチセンサ（BL Touch）などに対応できます．

ホットベッドの電流制御用にはドレイン電流220AのパワーMOSFETを，エクストルーダーのヒーターにはドレイン電流85Aと余裕のMOSFETが採用されています．

プリント基板は放熱性やノイズにも有利な4層基板が採用されています．（Part10資料編に回路図掲載）

BIGTREETECH SKR V1.3

MCU	32bit ARM Cortex-M3 LPC1768 100MHz
モータードライバ	ソケット×5
電源入力	12V-24V DC, 5A ～ 15A（端子台）
基板サイズ	109.67mm × 84.30mm
製造メーカー	BIGTREETECH
URL	http://www.bigtree-tech.com

●GitHub：BIGTREETECH-SKR-V1.3

URL https://github.com/bigtreetech/BIGTREETECH-SKR-V1.3/

●YouTube：

BIGTREETECH-SKR-V1.3 32bit 3d printing motherboard support Marlin2.0
https://www.youtube.com/watch?v=oaXfXkPYHpw&t=8s
Cheap 32-bit 3D Printer Controller!
https://www.youtube.com/watch?v=HOryknQnOd4

BIGTREETECH SKR Pro V1.1

BIGTREETECH SKR V1.3の基本機能を網羅しアップグレードされている上位グレードモデルです．従来のハードウェア資産を生かしたまま，まずはコントローラを32bitにアップグレードしたい，将来的にはUARTモードやSPIモードで使用するモータードライバへの交換やエクストルーダーの追加もしたいといった用途に不足なく対応することが可能です．

MCUには32bit ARM Cortex-M4 STM32F407ZGT6 168MHzという高機能なMCUを搭載しています．

Cortex-M4は演算命令が追加された事により，演算負荷の大きなデルタ型での使用にもパワーを発揮します．

モータードライバは6個まで搭載可能になっており，それに見合う温度センサ入力，冷却ファン接続用に入出力用コネクタ，端子などが追加されています．

Z軸モーター用には2個のコネクタが搭載されているので，ケーブルの分岐処理を行う必要はありません．

貧弱な端子台の製品が多い中，電流が多く流れる電源入力，ホットベッド，エクストルーダー用ヒーターの端子台には，スイッチング電源などに見られる大型の端子台を採用して安全性を高めるなど，細部への配慮の見られる製品です．

執筆時点でMarlin2.0ファームウェアへのオフィシャルな設定の登録が済んでいませんが（申請中），次ページgithubにファイルが用意されています，マニュアルが用意されています．（Part10資料編に回路図掲載）

BIGTREETECH SKR PRO V1.1

MCU	32bit ARM Cortex-M4 STM32F407ZGT6 168MHz
モータードライバ	ソケット×6
オプション	Wi-Fiモジュール（SP8266 ESP-01S WIFI module）ESP3D用コネクタ
電源入力	12V-24V DC（端子台）
基板サイズ	147mm x 59mm
製造メーカー	BIGTREETECH
URL	http://www.bigtree-tech.com

●GitHub：BIGTREETECH-SKR-PRO-V1.1
URL https://github.com/bigtreetech/BIGTREETECH-SKR-PRO-V1.1

Geeetech GTM32 MINI S

MPUに72MHz動作のCortex-M3コアチップSTM32F103を搭載したコンパクトなボードです．

フレキシブルケーブルコネクタを実装し，フルカラータッチスクリーンを接続して使用します．

エクストルーダーにコネクタが12P（3mmピッチ6×2）のコネクタやエンドストップに18Pフラットケーブル用コネクタを採用するなど，コネクタを大きな物に集約することで基板サイズの小型化や接続の容易性を高め，製品での使用に対応し易い構成になっています．

USBドライバにFT232RLを搭載することで，専用のダウンロードツールによりPCからファームウェアのインストールが可能になっています．（Part10資料編に回路図掲載）

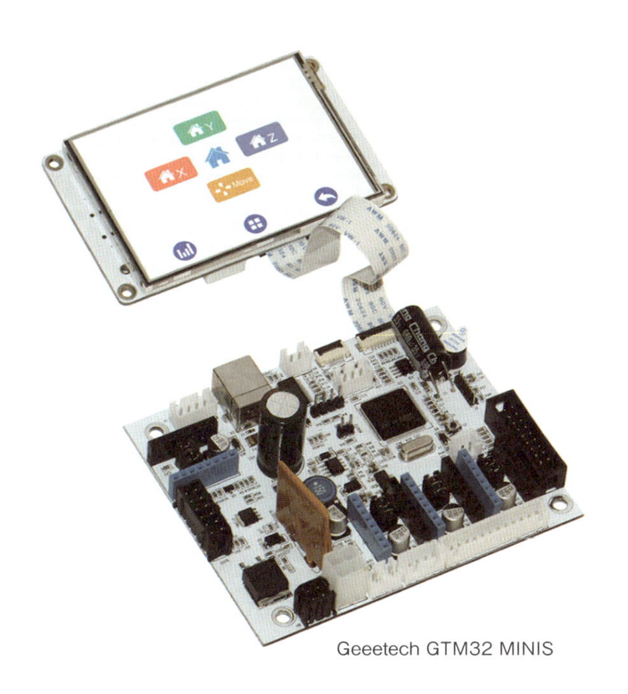

Geeetech GTM32 MINIS

MCU	32bit ARM Cortex-M3 STM32F103 72MHz
USB IF	FTDI FT232RL
モータードライバ	ソケット×4
オプション	Wi-Fiモジュール用コネクタ
電源入力	12V-24V DC（ナイロンコネクタ）
基板サイズ	102×84×27.5mm
製造メーカー	geeetech
URL	https://www.geeetech.com/

- GitHub：https://github.com/Geeetech3D/Diagram/tree/master/3DPrinter_A30_E180
- wiki：http://www.geeetech.com/wiki/index.php

Geeetech GTM32 PRO vB

GTM32 MINI Sと同様にCortex-M3コアのSTM32F103を搭載したコントロールボードです．

基本構成はGTM32 MINI Sとほぼ同じですが，ステッピングモータードライバ基板は6個まで搭載できます．

ホットベッドに12V9A，他の部分に7A供給することが可能です．

シリアル変換チップにはFTDI製FT232RLが搭載されておりPCとの高速で安定した通信をサポートします．またホストPCにはWindows，OS X，Linuxマシンに接続することが可能です．

カラータッチスクリーンの接続，SDカードによるスタンドアロン印刷に対応しています．

Geeetech GTM32 PRO vB　(Part10 資料編に回路図掲載)

MCU	32bit ARM Cortex-M3 STM32F103 72MHz
USB IF	FTDI FT232RL
モータードライバ	ソケット×6
オプション	Wi-Fiモジュール用コネクタ
電源入力	12V-24V DC，5A～15A（ナイロンコネクタ
基板サイズ	110×84
製造メーカー	geeetech
URL	https://www.geeetech.com/

● GitHub：https://github.com/Geeetech3D/Diagram/tree/master/Rostock301
● wiki：http://www.geeetech.com/wiki/index.php

MKS Robin mini V2.4

2.4インチ，3.2インチのタッチパネルディスプレイに対応し，ARMコアSTM32を搭載した制御基板です．Wi-Fiモジュールをオプションで選択することができます．

ボード上にTFカードスロット（SDカード互換）を搭載しており，コネクタは日圧のXHコネクタを採用した標準的なインターフェースになっています．（Part10資料編に回路図掲載）

MKS Robin mini V2.4

MCU	32bit ARM Cortex-M3 SMT32
ファームウェア	Marlin2.0
ドライバ	ソケット5個
USB IF	CH340
オプション	無線LANモジュール
電源	12V-24V DC, 5A ～ 15A（端子台）
基板サイズ	150×100mm
製造メーカー	MakerBase Technology
URL	https://www.makerbase.com.

● GitHub：https://github.com/makerbase-mks/MKS-Robin

MKS SBASE V1.3

32bitARM Cortex-M3コアのLPC1768 100MHzを搭載しています．

モータードライバDRV8825を5個実装し，2個のエクストルーダーに対応することができます．

液晶コントローラはフルグラフィックス・コントローラのLCD12864用のコネクタ2個とMKS TFTタッチスクリーン用のコネクタが用意されています．

ボード上にTFカードスロット（SDカード互換），LANを搭載し，ネットワークからリモート操作が可能になっています．(Part10資料編に回路図掲載)

MKS SBASE V1.3

MCU	32bit ARM Cortex-M3 LPC1768 100MHz
ファームウェア	Marlin-bugfix-2.0.x
ドライバ	DRV8825×5（実装）
電源	12V-24V DC（端子台）
基板サイズ	146.5×92mm
製造メーカー	MakerBase Technology
URL	https://www.makerbase.com.cn/

● GitHub：https://github.com/makerbase-mks/MKS-SBASE

MKS SGEN V1.0

MKS SGENはSBASEの兄弟製品といった趣きです．

SBASEと大きく異なるのはモータードライバICを搭載せずソケット化して，ドライバモジュールの選択はユーザーに任せられている事．お馴染みのA4988，DRV8825，TMC2100，TMC2208（レガシーモード）などから選択することができます．

部品配列はモータードライバ周辺を除けばそっくりそのままとなっています．

MCUにはLPC1769のクロック周波数を120MHzに変更し魅力をアップしています．(Part10資料編に回路図掲載)

MKS SGEN V1.0

MCU	32bit Cortex-M3 LPC1769 120MHz
ファームウェア	Marlin-bugfix-2.0.x
ドライバ	ソケット×5
電源	12V-24V DC（端子台）
基板	4層
基板サイズ	146.5×95mm
製造メーカー	MakerBase Technology
URL	https://www.makerbase.com.cn/

● GitHub：https://github.com/makerbase-mks/MKS-SGen

MKS SGEN_L V1.0

MKS SGEN_LはMKS RobinとMKS SGENの中間的モデルといった位置付けのモデルです．

Robinで採用していたWi-Fi拡張用コネクタと，FFCケーブルを使用したTFT24タッチスクリーンはやめて，LCD12864用のコネクタ2個とMKS TFTタッチスクリーン用のコネクタAUX-1が用意されてSBASE，SGENと同様の設計になっています．

また，SGENに搭載されているLANコネクタも搭載しない事でコンパクトな基板サイズを実現しています．

RobinではMCUにCortex-M3 SMT32，メモリーカードスロットはSDカードの標準サイズと設計に古さを感じられます．このような事もありSGEN_LがRobinの後継機種といった雰囲気もあります．

(Part10 資料編に回路図掲載)

MKS SGEN_L V1.0

MCU	32bit Cortex-M3 LPC1768 100MHz
ファームウェア	Marlin-bugfix-2.0.x，Smoothieware
ドライバ	ソケット×5
電源	12V-24V DC（端子台）
基板	4層
基板サイズ	102×76mm
製造メーカー	MakerBase Technology
URL	https://www.makerbase.com.cn/

● GitHub：https://github.com/makerbase-mks/SGEN_L

Lerdge-X Motherboard

MCUにARM Coretx-M3が主流の中で高機能な32-bit ARM Coretx-M4 STM32F407を搭載しています.

Coretx-M4はM3に命令セットの追加や演算命令を追加したプロセッサコアで，演算処理に関わる部分の高速化に貢献するのでデルタ型には打って付けと言えるでしょう.

タッチスクリーン用にLCD用のフレキシブルケーブル用コネクタが取付けられています.

コンパクトに纏められたボード上にはホットベッド用のパワーMOSFETは搭載されず，外付けとしている設計は，パワー系を分離する事で制御基板自身のトラブルリスクを減らす事ができ，個人的には好感が持てます. (Part10資料編に周辺結線図掲載)

Lerdge-X Motherboard

URL http://www.lerdge.com/case_view.aspx?TypeId=30&Id=432&FId=t4:30:4

MCU	32-bit ARM coretx-M4 STM32F407
ドライバ	ソケット×4
オプション	パワー・マネージメント
電源	18～35V（ナイロンコネクタ）
基板サイズ	90×70mm
製造メーカー	Lerdge
URL	www.lerdge.com

Lerdge-K Motherboard

Lerdge-Xがミニマムな構成に対し，こちらはドライバモジュールを6個搭載することでホットエンドを3個まで使用できるという拡張性を打ち出した構成になっています．

Lerdge-X同様，ホットエンド用のMOSFETはボード上に3個搭載しています．

ホットベッドは基本的にパワー拡張モジュールを外部に追加する方法となっていますが，150W以下であれば，余っているホットエンド用のMOSFETをホットベッド用に流用することも可能です．

電源にはパワーマネージング機能とオプションボードにより，電源の自動切断を行う事ができます．

ホームページに詳しい結線方法が解説されています．

Lerdge-K 基板

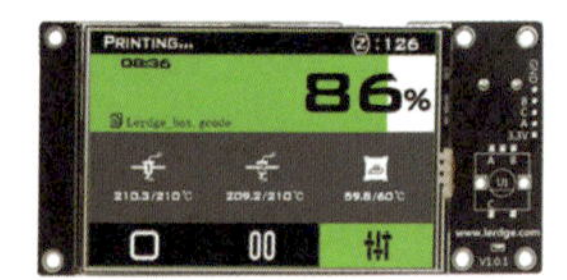

LCD タッチスクリーン

URL http://www.lerdge.com/case_view.aspx?TypeId=30&Id=432&FId=t4:30:4

MCU	32-bit ARM coretx-M4 STM32F407
ドライバ	ソケット×6
オプション	パワー・マネージメント
電源	12 / 24V（ナイロンコネクタ）
基板サイズ	140×90mm
製造メーカー	Lerdge
URL	www.lerdge.com

Chapter 7 RepRapステッピングモータードライバモジュール基板 (Stepper Motor Driver Carrier)

ステッピングモーターコントローラとモータードライバの機能を持ちあわせた，モジュール基板の特徴や使い方などを解説します．

7-1. ステッピングモータードライバモジュールとは

元々はPololu社によりArduinoのCNCシールド（arduino cnc shield）用に開発されて販売されており，その後に開発された3Dプリンタ用のRAMPS基板にも採用されました．近年，形状は同じでもそのままの接続では使えない製品も出ているので注意が必要です．

ステッピングモーターの駆動方式はバイポーラ定電流駆動で，特徴としてはモーターの特性を有効利用でき，中速，高トルク動作が可能です．

使用されているモータードライバICには過電流保護機能や停止時発熱制御（出力電流オフ機能や自動カレントダウン機能）が搭載されています．

マイクロステッピング機能は重要な機能の一つです．ステッピングモーターの最小回転角を更に緻密に制御することで3Dプリンタの精度を上げ，モーター回転時の静粛性を向上しています．

モジュールからモーターのコネクタの配線は，コネクタを逆方向に差し替えた場合には逆回転するように接続されています．

モジュール規格

サイズ	0.6" × 0.8"（15 × 20mm）
ピン数	16ピンDIP（8 × 2列）

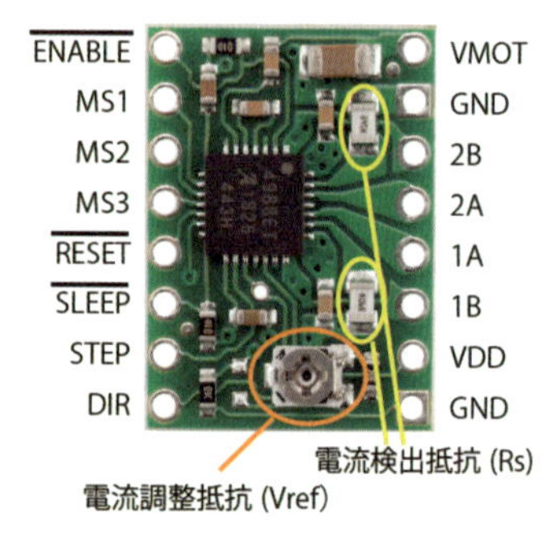

ドライバモジュールのピン名称（Pololu A4988）．
部品面が反対側になる製品もあります

7-1-1. 電源

電源はモジュールのICの制御部に供給する電源Vddとステッピングモーターの駆動に供給するVMOTの2種類の電源を供給します．

電源VDDにはAVR MPUベースのRAMPSや統合型ボードでは+5Vが供給されます．

VMOTには多くの場合12Vが供給されていますが（低電圧品を除く），最大定格が35Vのモジュールでは24Vを供給して使用する事もできます．電圧を2倍に上げれば，相対的に流れる電流は半分程度になります．

7-1-2. 電流調整

ステッピングモータードライバは，モーターに流す最適な電流値を，各モータードライバ毎に調整する必要があります．

モジュール上にはモーターの電流を検出する抵抗（Rs）が2個と電流を調整する半固定抵抗が取付けられています．

電流検出抵抗は同じドライバICを使用していても，モジュールを製作しているメーカーやバージョンにより異なる場合があります．

抵抗の表面には「Rnnn」「0Rnnn」と抵抗値が印刷されており，Rは小数点を，Rに続くnは任意の数値で小数点以下の値を表します．R050なら0.05Ω（50mΩ），R068なら0.068Ω（68mΩ）となります．

この検出抵抗（Rs）の値とドライバモジュールに最適な電流値を確認し，VREFに加える電圧を計算で求め，ここの電圧を半固定抵抗で調整します．

電圧は半固定抵抗の摺動子（可動部分）の金属とGND間を計測します．

電流制限値を求める数式は使用するドライバによっても異なります．

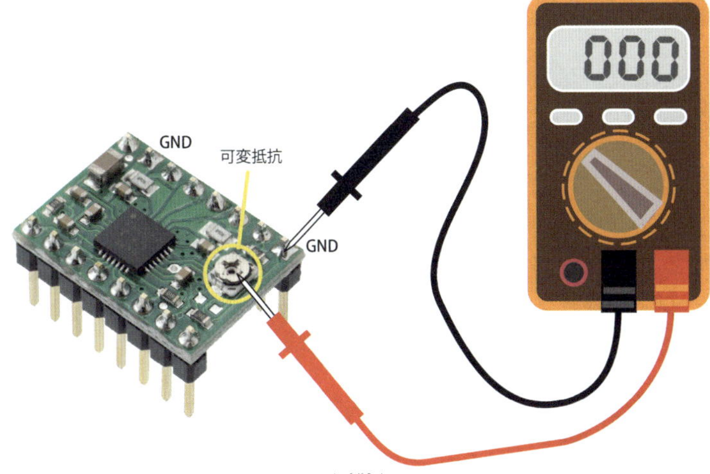

VREF 調整の電圧計測方法．可変抵抗の摺動子（ドライバに触れる金属部分）と GND に間の電圧を測定します

使用するステッピングモーターにもよりますが，電流調整のVREFの電圧を下げ過ぎると脱調しやすくなり，上げ過ぎるとICの発熱が多くなります．

モータードライバICが加熱し過ぎると，サーマルプロテクタにより動作を停止し，その時送られて来たデータは失われ，その部分は印刷されない事になってしまいます．

ステッピングモーターは電流が少な過ぎたり，急に回転速度を上げたりすると，上手く回転できない「脱調」という現象が起きます．早い回転が必要な場合には徐々に回転を上げ，元に戻す時も徐々に落とす制御が必要で，モータードライバはこれらの制御を受け持っています．

TRINAMIC Motion ControlのドライバICの中には，制限電流値をプログラムで設定できるものもあります．

7-1-3.マイクロステップ設定（Microstep Select：MS）

マイクロステップの設定はMS1，MS2，MS3に接続された3個のジャンパーピンの設定の組み合わせ（有無）により決定します．

ドライバA4988ではMS1とMS3ピンがIC内部で100KΩでプルダウンされ．MS2が50KΩでプルダウンされており，これらのピンがオープンの状態では3本ともLowの状態になり，ジャンパーピンを差し込む事でHighになります．

RAMPSボード上ではMS1のみ100KΩでグランドに落としてあり，ジャンパーピンを挿すことでHighに設定されます．

ドライバICによりステップ分解能は異なります．また，設定ピンの割当が2個のドライバICもあります．

RAMPSのマイクロステップの設定ジャンパーピン．モータードライバモジュールの下になる部分にジャンパーが用意されている

従来のRAMPSのマイクロステップ設定ピンはモータードライバのマイクロステップの設定専用でしたが，BIGTREETECH SKR V1.3ではピンを1列増やし，TRINAMIC Motion Control社のTMCシリーズのSPIモードとUARTモードへ改造無しで対応できるようになっており，従来であればこれらに対応するための配線の追加が不要となっています．

今後，付加価値を求める統合型ボードでは，このような機能を持ったボードが増えるかもしれません．

BIGTREETECH SKR V1.3に採用されているマイクロステップの設定ジャンパーピン

7-1-4. 回転方向入力 (Direction Input : DIR)

これはモーターの回転方向を決定します．この入力への変更は，次のSTEPの立ち上がりエッジまで有効になりません．

この端子はMPUのI/O端子に接続されます．

7-1-5. 有効入力 (ENABLE : EN)

このピンをLowにすることで動作を有効にします．（ENABLEの上にあるバーは負論理を表します．）

モジュール上では100K Ωの抵抗で接地されているため，モジュールのEN端子をオープンのままでも有効な状態になっています．

動作を無効にするには，この端子をプルアップします．この端子はMPUのI/O端子に接続されます．

7-1-6. ステップ入力 (STEP)

STEP入力がLowからHighに切り替わるタイミングでトランスレータが稼働して，モータを1ステップ進めます．

進めたいステップ分のクロックを入力することでモーターが回転します．

この端子はMPUのI/O端子に接続されてます．

7-1-7. スリープ入力 (SLEEP)

この端子をLowにすることで，スリープ状態になり電流消費を最小限に抑えることができます．

モジュール上では100K Ωでプルアップされ，RAMPSではRESET信号と接続することで，RESET端子をプルアップしており，外部からの制御には使用していません．

7-1-8. リセット (RESET)

この端子をLowにする事でドライバICをリセットすることができます．

SLEEPと接続することでHighにプルアップされ，ICは電源をオンした時にリセットされますが，外部からは操作されません．

7-1-9. ピンヘッダの取付け，取り外し

ドライバモジュールの中には，ピンヘッダがハンダ付けされていないものがあります．これらのヘッダを基板に垂直に取り付けるためには，インチピッチのユニバーサル基板を用います．

ピンヘッダをステッパードライバの両端に合うように8ピンずつに切断し，ユニバーサル基板を浮かせた状態でピンヘッダをモジュールの幅に合わせ，ポストの長い側をユニバーサル基板に差し込みます．

その上にモジュールを乗せて端のピンを1箇所だけハンダ付けして曲がっていないことを確認したら，反対の端をハンダ付けした後，残りのピンをハンダ付けします．このような手順でピンヘッダが傾いたりせず，確実にハンダ付けを行うことができます．

このモジュールですが，TRINAMIC製ドライバを搭載したモジュールでは部品面を下向きにしてピンヘッダをとり付ける物もあるのでモジュールのシルク印刷をよく確認してください．

既にハンダ付けされたモジュールから一部のピンヘッダを外す場合には，ピンヘッダの樹脂部分のみを慎重に取り外して不要なピンの除去を行なった後に樹脂部分を元に戻します．

ピンを上に向けたい場合には，その部分の樹脂部分を切り取って元に戻してください．

モジュールの中（例：TMC2100）には一部のピンを抜いて取付けを行うといった情報の製品もありますが，そのような必要が無いケースがあります．（本文参照のこと）

モジュールの図面，モジュールのパターンなどを確認してから作業を行うことをお勧めします．

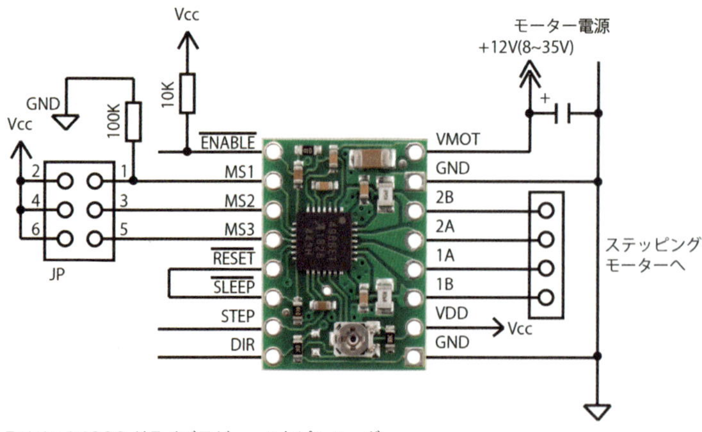

Pololu A4988 ドライバモジュールとピンヘッダ

7-1-10. モータードライバモジュールを使用する前に

メーカーによる製品品質の差は様々です．中国製の安価な製品の中にはハンダ付け後の洗浄処理が適切に行われていない製品も見られます．ルーペ等でIC周りやコネクタの手ハンダ部分にハンダくずなどが残っていないかよく確認して，ハンダ粒などが付着している場合にはメタノールを含ませた綿棒などで，綺麗に取り除いておきましょう．

7-2. ステピングモータードライバモジュール

7-2-1. A4988モジュール

A4988モジュール（Pololu社製）

Pololu社によりCNCボード用に最初に販売されたモジュール基板です．

Allegro社のDMOSマイクロステッピングドライバA4988を搭載したモータードライバ基板で価格も安く販売されています．

過熱サーマルシャットダウン，低電圧ロックアウト，クロスオーバー電流保護といった保護回路が組み込まれています．

Pololu社ではオリジナル版（緑色レジスト）の他，基板を4層基板にして電源と放熱効果をアップし電流を増したブラックバージョンが販売されています．（Part10資料編に回路図掲載）

最近はA4988互換チップを搭載したものがA4988として販売されています．互換チップにはAllegro社のロゴが印刷されていません．（完全互換かは不明です）

マイクロステップ数は3本（MS1～3）のジャンパーで設定し，1ステップ（1.8°）を最小1/16までステップ数を拡張することが可能です．

A4988マイクロステップ設定一覧

MS1	MS2	MS3	マイクロステップ分解能
Low	Low	Low	1　Full step
High	Low	Low	1/2　Half step
Low	High	Low	1/4　Quarter step
High	High	Low	1/8　Eighth step
High	High	High	1/16　Sixteenth step

＊Low ジャンパー無し，High ジャンパー有り

電流制限値計算

Imax＝Vref÷(8×Rs)
Vref＝Imax×(8×Rs)

検出抵抗（Rs）が50mΩの時
電流制限値＝Vref×2.5

検出抵抗（Rs）が50mΩで電流制限値（Imax）を1Aとするなら　1×8×0.05＝0.4V
検出抵抗（Rs）が68mΩで電流制限値（Imax）を1Aとするなら　1×8×0.068＝0.544V

マイクロステップのジャンパーピンが設定されていない"フルステップモード"では各コイルの位相電流（Phase Current）は設定電流の約70%に制限されます．[*1]
このため希望する電流を流したい場合には電流制限値を40%増しに設定する必要があります．

*1：データシートの Table 2: Step Sequencing Setting を参照してください．

規格

マイクロステップ数	1 ～ 1/16ステップ
最大ドライブ電流	2.0A（冷却時）
ロジック電圧（Vdd）	3 ～ 5.5V
モーター電圧（Vbb）	8 ～ 35V
IC メーカー	Allegro Micro Systems LLC
URL	https://www.allegromicro.com/

※電流値はドライバICの値で，モジュールで流せる電流は更に少なくなります

モジュール	Pololu A4988
最大連続電流（1相あたり）	1A　オリジナルエディション（緑）
最大連続電流（1相あたり）	1.2A　ブラックエディション
メーカー	Pololu Corporation
URL	https://www.pololu.com/product/1182
URL	https://www.pololu.com/product/2128

※モジュールで流せる電流値はメーカー，モデルにより異なります

7-2-2. A4982モジュール

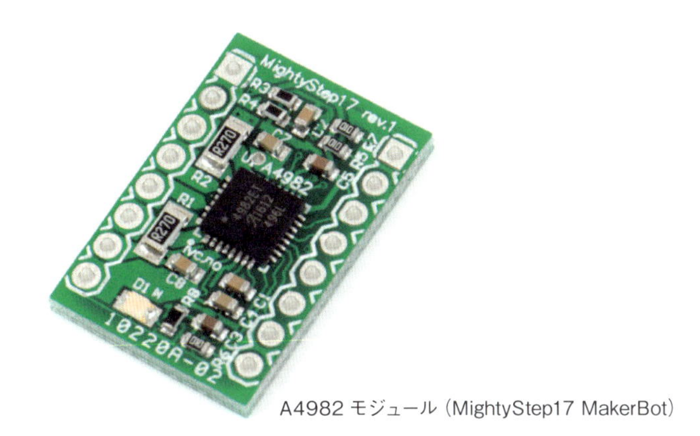

A4982 モジュール（MightyStep17 MakerBot）

無煙，無発火のパッケージが採用されている事と，マイクロステップの設定が1ピン減らされている以外，A4988とスペック的に大きな違いは見られません．

マイクロステップは1/8を無くし，1ピン減らしたのは使用実態に合わせたのかもしれません．

A4982マイクロステップ設定一覧

MS1	MS2	マイクロステップ分解能
Low	Low	1　Full step
High	Low	1/2　Half step
Low	High	1/4　Quarter step
High	High	1/16　Sixteenth step

＊Low ジャンパー無し，High ジャンパー有り

電流制限値計算

Imax＝Vref ÷ (8 × Rs)

Vref＝Imax × (8 × Rs)

電流制限値＝Vref × 2.5

詳しくはA4988の電流制限値計算を参照してください.

規格

マイクロステップ数	1 ～ 1/16ステップ
メーカー基準電流	1.17A
最大ドライブ電流（peak）	2.0A（冷却時）
ロジック電圧（Vdd）	3 ～ 5.5V
モーター電圧（Vbb）	8 ～ 35V
ICメーカー	Allegro Micro Systems LLC
URL	https://www.allegromicro.com/

モジュール	Pololu A4982
最大連続電流（1相あたり）	1A
URL	https://www.pololu.com/product/1201

モジュール	MakerBot　MightyStep17 A4982 Stepper Driver

※電流値はドライバICの値で，モジュールで流せる電流は更に少なくなります
※モジュールで流せる電流値はメーカーにより異なります

7-2-3. DRV8825モジュール

DRV8825 モジュール（Pololu 社製）

DRV8825は半導体老舗，TI社のステッピングモータードライバで，マイクロステップ機能が1/16までが一般的だった頃に1/32という倍のステップモードを実現した製品です．電流の減衰を自動的に制御するインテリジェントチョッピング制御を持つ他，過電流保護，サーマルシャットダウン，低電圧ロックアウトなど多くの保護回路が実装されています．（Part10資料編に回路図掲載）

24V（25℃）で最大2.5Aのドライブ電流を流す事ができます．このような高電流に対応するためにはモジュールに4層のプリント基板が採用され，しっかりした放熱を行うようになっています．

DRV8825マイクロステップ設定一覧

M0	M1	M2	マイクロステップ分解能
Low	Low	Low	1 Full step
High	Low	Low	1/2
Low	High	Low	1/4
High	High	Low	1/8
Low	Low	High	1/16
High	Low	High	1/32
Low	High	High	1/32
High	High	High	1/32

＊Low ジャンパー無し，High ジャンパー有り

電流制限値計算

$Imax = Vref \div (5 \times Rs)$

$Vref = Imax \times 5 \times Rs$

検出抵抗（Rs）が0.25Ω Vrefピンが2.5Vの場合
2.5V ÷ （5×0.25） ＝2A
2Aの電流が流れる事になります．

1A流したい場合には
1×(5×0.25) ＝1.25V
VREFが1.25Vになるように調整すれば1A流す事ができます．

マイクロステップのジャンパーピンが設定されていない"フルステップモード"では各コイルの位相電流（Phase Current）は設定電流の約71%に制限されます．[*1]
このため希望する電流を流したい場合には電流制限値を41%増しに設定する必要があります．

規格

マイクロステップ数	1～1/32ステップ
最大ドライブ電流（peak）	2.5A（冷却時）
ロジック電圧（Vdd）	2.2～5.25V
モーター電圧（Vbb）	8.2～45V
ICメーカー	テキサス・インスツルメンツ
URL	http://www.tij.co.jp

モジュール	Pololu DRV8825
最大連続電流（1相あたり）	1.5A
メーカー	Pololu Corporation
URL	https://www.pololu.com/product/2133

※モジュールで流せる電流値はメーカーにより異なります

*1：データシートのTable 2. Relative Current and Step Directionsを参照してください．

7-2-4. DRV8834モジュール

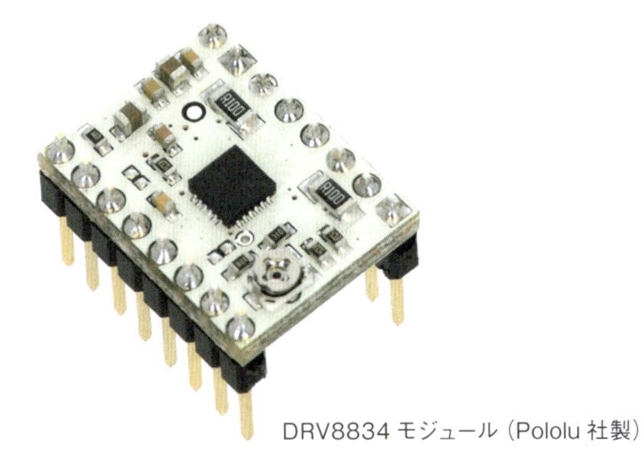

DRV8834 モジュール（Pololu 社製）

DRV8834はTI社の低電圧（2.5～10.8V），大電流（ピーク2.2A）駆動が可能なドライバです．

Pololu製DRV8834モジュールはジャンパーの設定で，2個のブラシ付きDCモーターを駆動する逆位相制御のモジュールとして使用することも可能です． （Part10資料編に回路図掲載）

DRV8834マイクロステップ設定一覧

M0	M1	マイクロステップ分解能
Low	Low	1　Full step
High	Low	1/2
NC	High	1/4
Low	High	1/8
High	High	1/16
NC	High	1/32

＊Low ジャンパー無し，High ジャンパー有り　NC（Floating）接続なし

電流制限値計算

Imax = Vref ÷ (5 × Rs)

Vref = Imax × (5 × Rs)

Vrefが2V，検出抵抗（Rs）が400mΩの場合，

2 ÷ (5 × 0.4) ＝ 1Aになります．

規格

マイクロステップ数	1～1/32ステップ
最大ドライブ電流（peak）	2A（冷却時）
ロジック電圧（Vdd）	2.5～5.5V
モーター電圧（Vbb）	2.5～10.8V
ICメーカー	テキサス・インスツルメンツ
URL	http://www.tij.co.jp

※電流値はドライバICの値で，モジュールで流せる電流は更に少なくなります

モジュール	Pololu DRV8834
最大連続電流（1相あたり）	1.5A
メーカー	Pololu Corporation
URL	https://www.pololu.com/product/2134

※モジュールで流せる電流値はメーカーにより異なります

7-2-5. DRV8880モジュール

DRV8880 モジュール（Pololu 製）

DRV8880はTI社のモータドライバで，マイクロステップは最小1/16ステップと一般的ですが，最も滑らかな電流波形になるディケイモードを自動的に選択するオートチューニング機能を持っています．

モータードライブは6.5～45Vで動作し，ヒートシンクや強制的な空気の流れがなくても1フェーズあたり最大約1Aを連続的に供給できます．（ピーク最大1.6A）

調整可能な電流制限，過電流および過熱保護を備えています

マイクロステップモードが正しく機能するためには，電流制限が有効になるように電流を低く設定する必要があります．そうでなければ中間電流レベルは正しく維持されず，モータはマイクロステップをスキップします．（Part10資料編に回路図掲載）

DRV8880マイクロステップ設定一覧

M0	M1	マイクロステップ分解能
Low	Low	1 Full step
High	Low	1/2 Non-circular half step
Low	High	1/2
High	High	1/4
NC	Low	1/8
NC	High	1/16

＊Low ジャンパー無し，High ジャンパー有り　NC（Floating）接続なし

電流スケーラピン設定

電流スケーラピン（TRQ0とTRQ1）を使って，電流制限をVREF電圧によって設定された制限の25%，50%，75%，または100%に動的にスケーリングする事ができます．フルスピードまたはトルクが不要な状況で消費電力を削減できます．

電流スケーラピン設定

TRQ0	TRQ1	Current scaler
High	High	25%
Low	High	50%
High	Low	75%
Low	Low	100%

電流制限値計算

Imax＝（Vref×TRQ）÷（6.6×Rs）

Vref＝（Imax×6.6×Rs）÷TRQ

＊TRQは電流スケーラピン設定です

検出抵抗（Rs）が200mΩで電流1A，TRQ＝100%とすると

TRQは電流スケーラピン設定は開放のままです．

Vref×TRQ＝Imax×6.6×Rs

Vref＝（1×6.6×0.2）÷1＝1.32V

詳しくはデータシートを確認してください．

規格

マイクロステップ数	1～1/16ステップ
最大ドライブ電流（peak）	1.6A（冷却時）
ロジック電圧（Vdd）	1.6～5.3V
モーター電圧（Vbb）	6.5～45V
ICメーカー	テキサス・インスツルメンツ
URL	http://www.tij.co.jp

※電流値はドライバICの値で，モジュールで流せる電流は更に少なくなります

モジュール	Pololu DRV8880
最大連続電流（1相あたり）	1A
メーカー	Pololu Corporation
URL	https://www.pololu.com/product/2974

※モジュールで流せる電流値はメーカーにより異なります

7-2-6. LV8729モジュール

MKS LV8729

ON Semiconductor社製LV8729Vを使用したモジュールで，部品面が下側になります．

A4388より静かで滑らかなモーター駆動が行われ，マイクロステッピングは最大1/128まで設定することができます．

LV8729マイクロステップ設定一覧

MS1	MS2	MS3	マイクロステップ分解能
Low	Low	Low	1 Full step
High	Low	Low	1/2
Low	High	Low	1/4
High	High	Low	1/8
Low	Low	High	1/16
High	Low	High	1/32
Low	High	High	1/64
High	High	High	1/128

＊Low ジャンパー無し，High ジャンパー有り

電流制限値計算

Imax＝(Vref ÷ 5) ÷ Rs
Vref＝Rs ÷ 5

検出抵抗（Rs）が220mΩでVrefが1.1Vなら

Imax＝(1.1 ÷ 5) ÷ 0.22＝1.0A

規格

マイクロステップ数	1～1/128ステップ
最大ドライブ電流（peak）	1.8A（冷却時）
ロジック電圧（Vdd）	0.8～6V
モーター電圧（Vbb）	9～36V
ICメーカー	ON Semiconductor
URL	https://onsemi.jp

※電流値はドライバICの値で，モジュールで流せる電流は更に少なくなります

モジュール	LV87729 v1.0
メーカー	Fysetc.com, Inc（インド）
URL	https://www.fysetc.com/
wiki URL	https://wiki.fysetc.com/TMC2100/

モジュール	MKS LV8729
メーカー	MakerBase Technology
URL	https://www.makerbase.com.cn/

※モジュールで流せる電流値はメーカーにより異なります

7-2-7. TMC2100モジュール

TMC2100 モジュール部品面 (Watterott electronic).
部品面が下向きに取付けられます

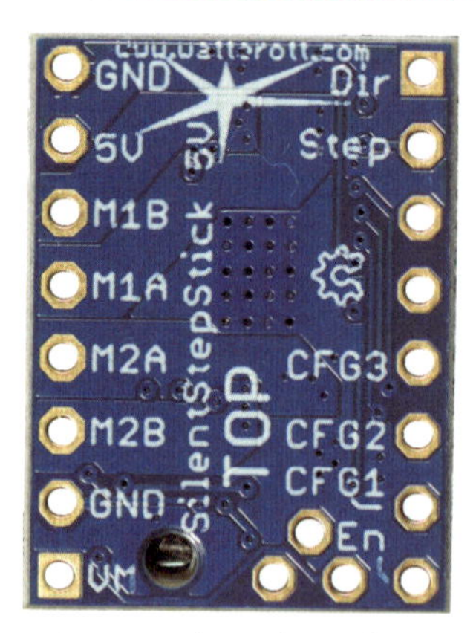

MC2100 モジュール部品面 (Watterott electronic).
部品面が下向きに取付けられます

TMC2100はドイツのTRINAMIC Motion Control社により2015年に発売されたモータードライバチップで，モジュールはWatterott electronic（ドイツ）により生産，販売されている他，中国製互換製品，非互換製品が出回っています．

StealthChopと呼ばれる機能でモーターの静粛性が格段にアップする事が売りになっていますが，価格はA4988を搭載したモジュールと比較して高価です．

ロジック電源が5V専用，3～5Vの製品などがあるので，ARM搭載の統合ボードで電源を3.3Vで使用したいといった場合には注意が必要です． (Part10資料編に回路図掲載)

TMC2100の上位モデルのTMC2130（SPIインターフェース）やTMC2208（UART）といった従来のパルス入力とは異なるドライブ方式をサポートしたチップを搭載したモジュールも登場しています．

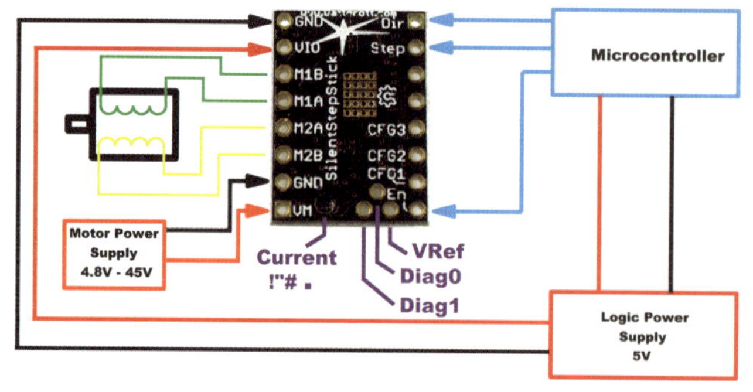

SilentStepStick-TMC2100 モジュール接続図 (Watterott electronic)

TMC2100マイクロステップ設定一覧

SpreadCycle（スプレッドサイクル）

CFG2	CFG1	マイクロステップ分解能	ステップ補間機能
Low	Low	1　(Fullstep)	無し
Low	High	1/2	無し
Low	open	1/2	有り　1/256マイクロステップ
High	Low	1/4	無し
High	High	1/16	無し
High	open	1/4	有り　1/256マイクロステップ
open	Low	1/16	有り　1/256マイクロステップ

StealthChop（ステルスチョップ）

CFG2	CFG1	マイクロステップ分解能	ステップ補間機能
open	High	1/4	有り　1/256マイクロステップ
open	open	1/16	有り　1/256マイクロステップ

＊Highはロジック電源電圧5V，LowはGND接続，Openはどこにも接続しません

CFG1,CFG2の設定のみでSpreadCycle（スプレッドサイクル），StealthChop（ステルスチョップ），256マイクロステップのステップ補間機能の選択を行うことができます．

滑らかなドライブを実現するために，ステップ補間を使用することをお勧めします．

SpreadCycle（スプレッドサイクル）：サイクル単位に高精度に電流制御を行います．そのため，モータ速度やモータ負荷の変化に対して非常に速く反応します．

StealthChop（ステルスチョップ）：非常に静かな動作モードで，一定の実効電圧をコイルに駆動することによってモータ電流が印加され，低速時には無振動で作動します．

CFG0とCFG4の設定は StealthChopの設定には影響しません．

1/16のステルスチョップの設定のためにモジュールのピンを抜く方法がWeb上で解説されていますが，Watterott electronic製の製品ではモジュールのピン側にジャンパー用のランドが設けられており，ここのハンダを除去すればピンを抜く必要はありません．しかし，メーカーの製作例のまま作成された中国製の製品では上記の対応が必要となります．

githubにwatterottの基板の図面がアップされているので確認してください．また，メーカーの製作例はデーターシートに掲載されているので，メーカーのサイトからダウンロードして確認してください．

githubのwatterott/SilentStepStick
https://github.com/watterott/SilentStepStick/tree/master/hardware

1/16で動かしている時にはモーターの回転方向が逆になってしまうので，事前にPronterfaceなどで

動作を確認してください.

逆回転する場合にはモーターケーブルを逆に差し替えるか，ファームウェアがMarlinの場合にはConfiguration.hの回転方向を変更したいモーター軸の記述のtrue/falseを現状とは論理を反対に変更し，コンパイル，書き込みを行います.

x-asis y-asis用をA4988からTMC2100に変更した場合の例

変更前

```
#define INVERT_X_DIR false
#define INVERT_Y_DIR false
#define INVERT_Z_DIR false
```

変更後

```
#define INVERT_X_DIR true
#define INVERT_Y_DIR true
#define INVERT_Z_DIR false
```

使用時にはPronterfaceなどホストソフトを使用して１軸ずつ動作確認を行った後，実際のデータで印刷を行ってください.

いきなりホームポジションの動作は行わないようにしてください.

電流制限値計算

Irms＝Imax÷1.41

Imax＝Irms×1.41

検出抵抗0.11Ωの時，設定可能な最大モーター電流は1.77A RMSです.

（データーシートRev.1.07　8 Selecting Sense Resistorsより）

Irms＝（Vref×1.77A)÷2.5V＝Vref×0.71

モーター電流（1相）0.84Aの場合の実効値

Irms＝0.84A÷1.41＝0.596A（RMS）

Vref＝（Irms×2.5)÷1.77＝Irms×1.41＝Imax

Vref＝（0.596×2.5)÷1.77＝0.841V

安全利用範囲90%で使用するので

0.841×0.9＝0.75 V

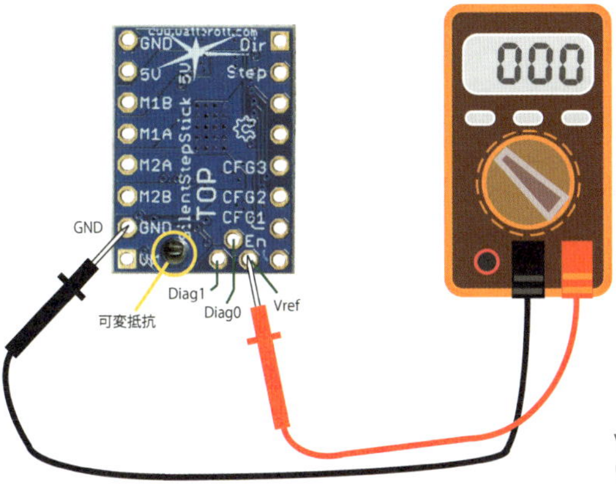

Vref は En ピンの短辺側に追加されたスルーホールに配線されています．測定はここと GND に間の電圧を計測します

●ソース　http://www.instructables.com/id/Install-and-configure-SilentStepStick-in-RAMPS-TMC/

規格

マイクロステップ数	1 ～ 1/16 ステップ
補間モード	1/256
ドライブ電流（RMS）	1.2A
最大ドライブ電流（peak）	2.5A（冷却時）
ロジック電圧（Vcc I/O）	3.00 ～ 5.25V
モーター電圧（Vvs）	5.5 ～ 46V
IC メーカー	TRINAMIC Motion Control GmbH
URL	https://www.trinamic.com/

※電流値はドライバ IC の値で，モジュールで流せる電流は更に少なくなります

モジュール	TMC2100 v13 5V SilentStepStick
メーカー	Watterott electronic GmbH
URL	https://learn.watterott.com/silentstepstick/
github URL	https://github.com/watterott/SilentStepStick/tree/master/hardware

モジュール	MKS TMC2100
メーカー	MakerBase Technology
URL	https://www.makerbase.com.cn/

モジュール	TMC2100
メーカー	Fysetc.com, Inc（インド）
URL	https://www.fysetc.com/
wikiURL	https://wiki.fysetc.com/TMC2100/

※モジュールで流せる電流値はメーカーにより異なります

7-2-8. TMC2130モジュール

SilentStepStick TMC2130 モジュール
(Watterott electronic) 部品面が下向きに取付けられます

TMC2130はドライブ電流1.2A (RMS) でモーターを静音動作駆動することができます.

特徴的なのは40bitSPIインターフェースを持ち, これにより初期設定, モーターの動き, 回転方向の制御などを行う事ができます.

STEP信号と方向信号 (DIR) による一般的な動作のスタンドアロンモードの他, ステップおよび方向信号をSPIインターフェースを使って送り動作するステップ / -方向ドライバモード, そしてSPIインターフェースのみで全ての制御を行うSPIダイレクトモードが利用できます.

このドライバモジュールを利用するためには, 通常とは異なるピンヘッダーの取付け, ArduinoへのTMC2130ドライバの導入, ファームウェアMarlineの設定変更, ファームの書き換えといった作業が必要になり, 導入には広範囲な知識が必要になります.

メーカーのデータシートも一読し, 設定内容を確認するべきでしょう. (Part10資料編に回路図掲載)

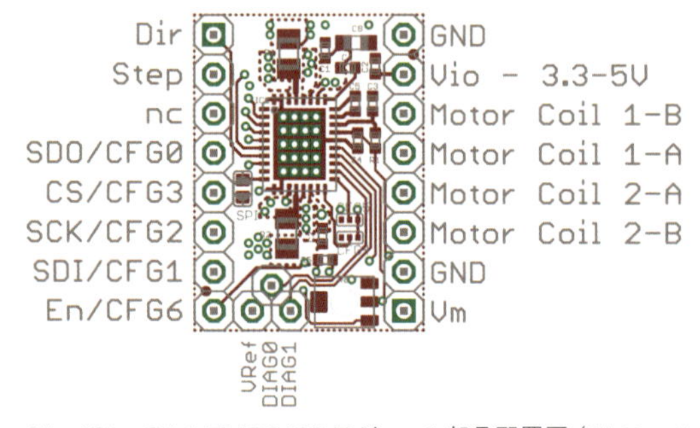

SilentStepStick-TMC2130 モジュール部品配置図 (Watterott electronic)

TMC2130モジュールをSPIモードで使用するためには, モジュールを実装する制御基板がRAMPSのAUX-2相当のピンを用意しているか, SPI信号ピンが用意されている必要があります.

モード設定

スタンドアローンモード：

A4988と同様のモードで使用する場合には，モジュール基板上のSPIジャンパーを接続してドライバICのSPI_MODEピンをGNDに落としてください．

モジュールのCFG1が接続されるRAMPSのMS1ピンは抵抗でプルダウンされているので，openにしたい場合には事前にCFG1のピンを抜いてRAMPSに接続しないようにしてください．

RAMPSのジャンパーピンは3本とも抜きます．

（事前にRAMPSボードをチェックし，MS1が完全にオープンになっている場合にはピンを抜く必要はありません）

SPIモード：

SPIジャンパーがオープンの場合にはICの内部でプルアップされ，SPIモードとなります．

動作の全てはSPIインターフェースを介して行われます．

ステップ/方向 ドライバモード：

スタンドアローンモードとSPIモードの中間的なモードです．

モータードライバの初期設定，回転方向はSPI信号で設定を行い，回転はA4988と同様にSTEPピンに信号を送る事で回転するというモードです．

TMC2130は自動的にインテリジェントな電流とモード制御を行い，モーターの状態に関するフィードバックを提供します．

マイクロステップ設定一覧

SpreadCycle（スプレッドサイクル）

CFG2	CFG1	マイクロステップ	ステップ補間機能	レジスタ
GND	GND	1	無し	MRES=8，intpol=0
GND	High	1/2	無し	MRES=7，intpol=0
GND	open	1/2	有り 1/256	MRES=7，intpol=1
High	GND	1/4	無し	MRES=6，intpol=0
High	High	1/16	無し	MRES=4，intpol=0
High	open	1/4	有り 1/256	MRES=6，intpol=1
open	GND	1/16	有り 1/256	MRES=4，intpol=1

StealthChop（ステルスチョップ）

CFG2	CFG1	マイクロステップ	ステップ補間機能	レジスタ
open	High	1/4	有り 1/256	MRES=6, intpol=1, en_PWM_mode=1
open	open	1/16	有り 1/256	MRES=4, intpol=1, en_PWM_mode=1

CFG1,CFG2の設定のみでSpreadCycle（スプレッドサイクル），StealthChop（ステルスチョップ），256マイクロステップのステップ補間機能の選択を行うことができます．

滑らかなドライブを実現するために，ステップ補間を使用することをお勧めします．

SpreadCycle（スプレッドサイクル）：サイクル単位に高精度に電流制御を行います．そのため，モータ速度やモータ負荷の変化に対して非常に速く反応します．

StealthChop（ステルスチョップ）：非常に静かな動作モードで，一定の実効電圧をコイルに駆動することによってモータ電流が印加され，低速時には無振動で作動します．

CFG0とCFG4の設定はStealthChopの設定には影響しません．

SPIモードのピンヘッダ取付け方法

SPIモードで使用する場合には，モジュール基板のCFG0～CFG3までの4箇所はピンを上面に向けて取付け，追加する配線のハンダ付けに利用します．DIAG1にも上向きでピンヘッダを取付けます．（部品面は底面になるので間違わないようにしてください）

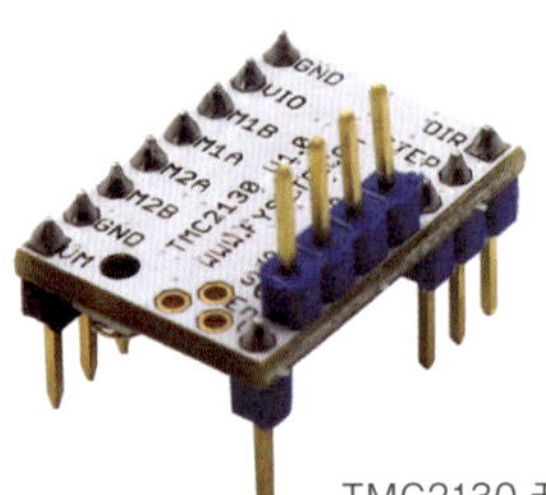

TMC2130 モジュールの SPI 配線のためのピン取付け（Fysetc）

SPIモードの配線

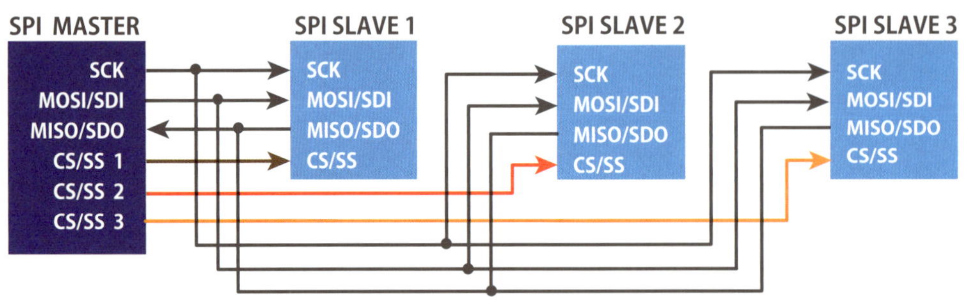

SPI バスの接続

下図はSPIモード時の配線です．END STOPの２本の配線（青，橙）はStallGuard2を使用する場合の配線です．この機能を使用しない場合には配線の必要はありません．

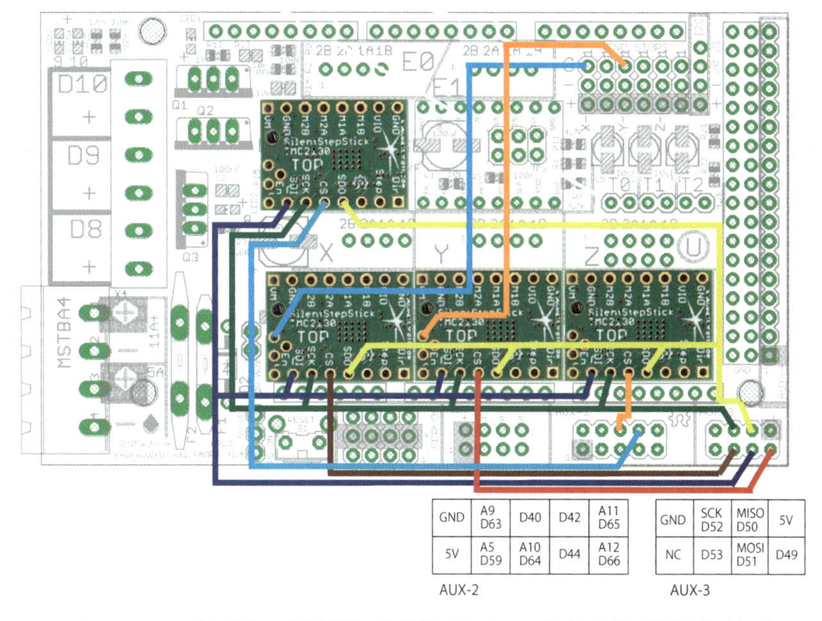

AUX-2

GND	A9 D63	D40	D42	A11 D65
5V	A5 D59	A10 D64	D44	A12 D66

AUX-3

GND	SCK D52	MISO D50	5V
NC	D53	MOSI D51	D49

RAMPS の SPI モードの配線１　初期状態での接続では LCD アダプタ基板に配線しなければなりません

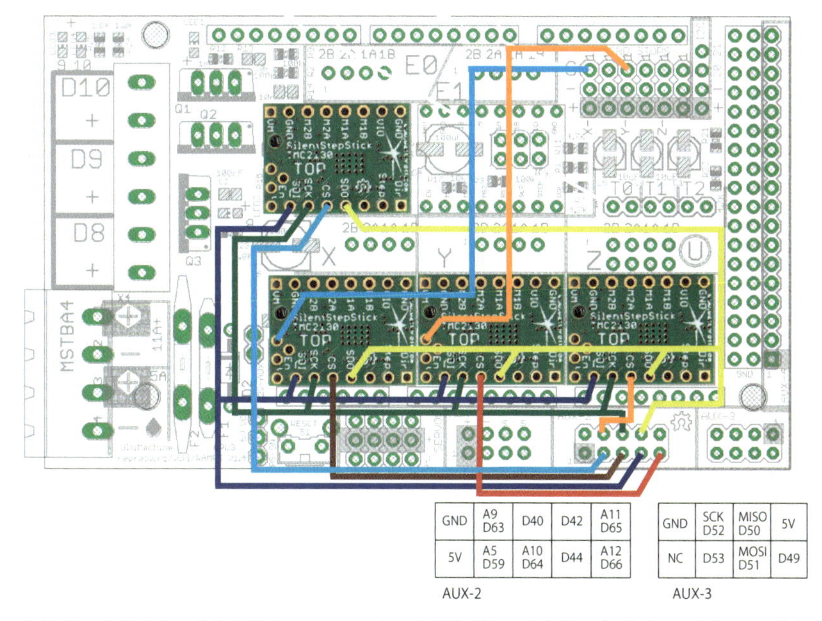

AUX-2

GND	A9 D63	D40	D42	A11 D65
5V	A5 D59	A10 D64	D44	A12 D66

AUX-3

GND	SCK D52	MISO D50	5V
NC	D53	MOSI D51	D49

RAMPS の SPI モードの配線２　ファームウェアで接続先を AUX3 から AUX2 に変更した場合の配線．配線をコネクタで行う事ができます

Arduino IDEへのドライバの導入

Arduino IDE（1.8.8以降）にTMC2130ドライバを導入します．

ライブラリマネージャで"TMC2130"で検索を行うと2件表示されますが，「TMC2130 Stepper by teemuatlut」の方を導入します．

ライブラリのインストールに関しては「Part6 ファームウェア編」（P-258）を参照してください

ファームウェアの変更点

以下の変更点はRAMPS互換回路とファームウェアMarlin（v.1.1.9 ，v2.0.xに対応）との組み合わせ時の変更点になります．

Marlinファームウェアの Configuration.h をArduino IDE，または好みのエディターなどで開き"TMC2130"で検索を行います．

① DRIVER_TYPE

Stepper Driversの設定を行います．

TMC2130ドライバの使用を行う軸，エクストルーダーを有効にして，ドライバ名を変更します．TMC2130をX軸，Y軸のみに使用なら，以下最初の2行のみ書き換えます．

変更前

```
//#define X_DRIVER_TYPE  A4988
//#define Y_DRIVER_TYPE  A4988
//#define Z_DRIVER_TYPE  A4988
        |
//#define E0_DRIVER_TYPE A4988
```

変更後

```
#define X_DRIVER_TYPE  TMC2130
#define Y_DRIVER_TYPE  TMC2130
#define Z_DRIVER_TYPE  TMC2130
        |
#define E0_DRIVER_TYPE TMC2130
```

② ENDSTOP_INVERTING

使用するX軸，Y軸の設定をセンサレスホミング向けに変更します．

変更前

```
// Mechanical endstop with COM to ground and NC to Signal uses "false" here
(most common setup) .
#define X_MIN_ENDSTOP_INVERTING false // コメント行を省略
#define Y_MIN_ENDSTOP_INVERTING false //
#define Z_MIN_ENDSTOP_INVERTING false //
```

変更後

```
#define X_MIN_ENDSTOP_INVERTING true //
#define Y_MIN_ENDSTOP_INVERTING true //
#define Z_MIN_ENDSTOP_INVERTING false //
```

③ Invert the stepper direction

A4988から変更の場合には，ステッピングモーターの回転方向を反対の論理表記（false→true，true→false）に変更します．
"INVERT_X_DIR" で検索を行います．

変更前（例）

```
// Invert the stepper direction. Change (or reverse the motor connector) if
an axis goes the wrong way.
#define INVERT_X_DIR false
#define INVERT_Y_DIR false
#define INVERT_Z_DIR true
// @section extruder

// For direct drive extruder v9 set to true, for geared extruder set to
false.
#define INVERT_E0_DIR false
#define INVERT_E1_DIR false
```

変更後（変更箇所のみ）

```
#define INVERT_X_DIR true
#define INVERT_Y_DIR true
#define INVERT_Z_DIR false

#define INVERT_E0_DIR true
```

以上の変更が済んだらConfiguration.hの保存を行ってください．

④ RMS current

Marlinファームウェアの Configuration_adv.h をArduino IDE，または好みのエディターなどで開き"TMC2130"で検索を行います．

検索されたコメント行の下
"#if HAS_TRINAMIC" 以下の各ドライバの電流設定は実際のターゲットのRMS値とは異なっています．800mAを以下のように変更します．

```
AXIS_IS_TMC (X)
  #define X_CURRENT     700

AXIS_IS_TMC (Y)
  #define X_CURRENT     700

AXIS_IS_TMC (Z)
  #define X_CURRENT     700

AXIS_IS_TMC (E0)
  #define X_CURRENT     700
```

電流調整の内容を参考にモーター電流（1相の実効値）が大きく異なる場合には，計算し直してください．

⑤ SENSORLESS_HOMING

センサレスホーミングを有効にします．
StallGuard2を使用して障害物を検知し，エンドストップを行います．
ドライバモジュールのDIAG1をX / Yエンドストップピンに接続します．

変更前

```
//#define SENSORLESS_HOMING // TMC2130 only
```

変更後

```
#define SENSORLESS_HOMING // TMC2130 only
```

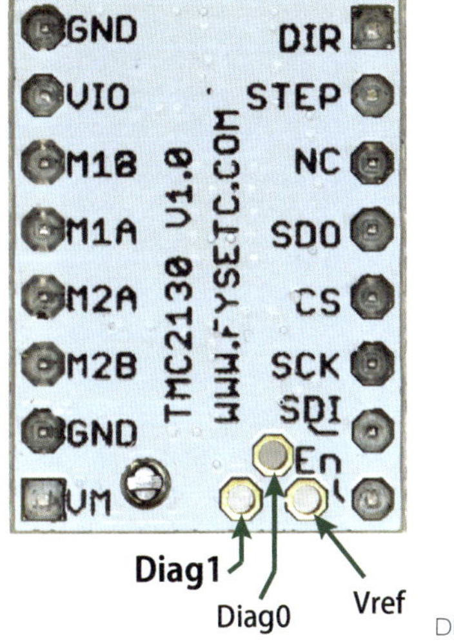

DIAG1 ピン

⑥ SENSORLESS_PROBING

センサレスプローブの感度設定を行います．

値が小さいほど敏感に，値が大きいほどシステムの感度が低下します．

値が小さすぎると誤検知が発生する可能性がありますが，大きすぎるとトリガせずにホームに衝突します．

変更前

```
//#define SENSORLESS_PROBING // TMC2130 only
  #if EITHER (SENSORLESS_HOMING, SENSORLESS_PROBING)
    #define X_STALL_SENSITIVITY  8  // <- この値が感度設定値
    #define Y_STALL_SENSITIVITY  8
    //#define Z_STALL_SENSITIVITY  8 // <- デルタ方式の場合にはZ軸も有効に設定
  #endif
```

変更後

```
#define SENSORLESS_PROBING // TMC2130 only
```

⑦ Override default SPI pins

チップセレクトピンの接続先指定です．

変更前

```
  //#define X_CS_PIN          -1
```

```
//#define Y_CS_PIN          -1
//#define Z_CS_PIN          -1
//#define X2_CS_PIN         -1
//#define Y2_CS_PIN         -1
//#define Z2_CS_PIN         -1
//#define Z3_CS_PIN         -1
//#define E0_CS_PIN         -1
//#define E1_CS_PIN         -1
```

変更後（変更ヶ所のみ）

```
#define X_CS_PIN          64
#define Y_CS_PIN          66
#define Z_CS_PIN          63

#define E0_CS_PIN         59
```

⑧ Use software SPI

RAMPSの液晶ディスプレイコントローラのアダプタがAUX-3を使うため，SPI信号の配線をAUX-2にソフトウェアSPIを設定します．

AUX-3をそのまま使用する場合には設定は不要です。

```
 AUX-3          AUX-2   TMC2130
MISO D50   →   D42   →   SDO
MOSI D51   →   D44   →   SDI
SCK  D52   →   D40   →   SCK
```

変更前

```
//#define TMC_USE_SW_SPI
//#define TMC_SW_MOSI       -1
//#define TMC_SW_MISO       -1
//#define TMC_SW_SCK        -1
```

変更後

```
#define TMC_USE_SW_SPI
#define TMC_SW_MOSI       44
#define TMC_SW_MISO       42
#define TMC_SW_SCK        40
```

⑨ MONITOR_DRIVER_STATUS

ドライバのモニタリングを有効にします．これによりGコマンドでTMC事前警告レポートの確認を行うことができます．

変更前

```
//#define MONITOR_DRIVER_STATUS
```

変更後

```
#define MONITOR_DRIVER_STATUS
```

⑩ TMC_DEBUG

デバッグモードを設定します．Mコマンド，M122で設定状態を確認できます．

変更前

```
//#define TMC_DEBUG
```

変更後

```
#define TMC_DEBUG
```

上記の変更を行ったら Configuration_adv.h を保存してMarlineのコンパイルを行い，ファームウェアの書き込みを行ってください．

以上の変更でTMC2130モジュールの使用が可能になります．

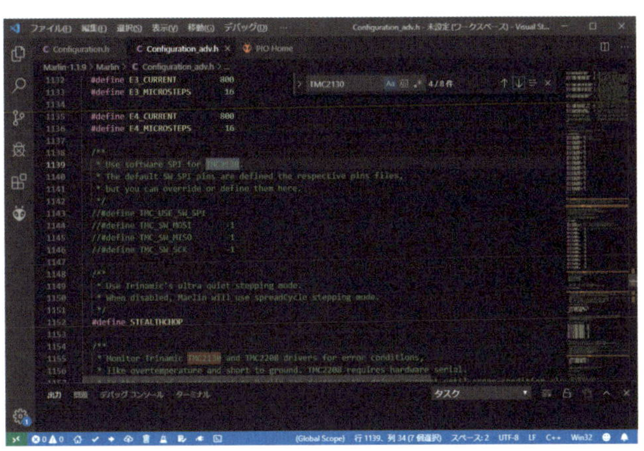

Configration_avd で TMC2130 を検索．編集には Visual Studio Code を使用．拡張機能に C/C++（Microsoft），PlatformIO IDE（PlatformIO）をインストールしています

使用時にはPronterfaceなどホストソフトを使用して1軸ずつ動作確認を行った後，実際のデータで印刷を行ってください.
いきなりホームポジションの動作などは行わないようにしてください.

電流制限値計算

Irms = Imax ÷ 1.41
Imax = Irms × 1.41

検出抵抗0.11 Ωの時，設定可能な最大モーター電流は1.92A RMSです.
（TMC2130 DATASHEET Rev.1.09　9 Selecting Sense Resistorsより）

Irms = （Vref × 1.92A) ÷ 2.5V = Vref × 0.71

モーター電流（1相）0.84Aの場合の実効値
Irms = 0.84A ÷ 1.41 = 0.596A（RMS）

VREF = （Irms × 2.5) ÷ 1.92 = Irms × 1.41 = Imax

VREF = （0.596 × 2.5) ÷ 1.92 = 0.776 V
安全利用範囲90%で使用するので
0.842 × 0.9 = 0.7 V

規格

マイクロステップ数	1 ～ 1/256ステップ
補間モード	1/256
ドライブ電流（RMS）	1.2A（QFP）/ 1.4A（TQFP）
最大ドライブ電流（peak）	2.5A（冷却時）
ロジック電圧（Vdd）	3.00 ～ 5.25V
モーター電圧（Vvs）	5.5 ～ 46V
ICメーカー	TRINAMIC Motion Control GmbH
URL	https://www.trinamic.com/

※電流値はドライバICの値で，モジュールで流せる電流は更に少なくなります

モジュール	TMC2130_v11 SilentStepStick
メーカー	Watterott electronic GmbH
URL	https://learn.watterott.com/silentstepstick/
github URL	https://github.com/watterott/SilentStepStick/tree/master/hardware

モジュール	TMC2130 v1.1
メーカー	Fysetc.com, Inc（インド）
URL	https://www.fysetc.com/
wikiURL	https://wiki.fysetc.com/TMC2130/

※モジュールで流せる電流値はメーカーにより異なります

7-2-9. TMC2208モジュール

SilentStepStick TMC2208 モジュール(Watterott electronic) 部品面が下向きに取付けられます

TMC2208はノイズのない電流制御モードStealthChop 2を備えたステッピングモータードライバで，A9488モジュールを差し替える事ができます．

TMC2208は適切なヒートシンクを使用して最大2Aの電流を駆動することができます．

大きな特徴はシリアル通信，UART（9600-500k Baud）によりデバイスの制御が行われます．

RAMPSでは使用するモジュール数分のシリアル信号（Tx,Rx）を予備のコネクタ（I/Oポート）に配置し，そこから各ドライバモジュールのDN_UARTピンに接続します．（Tx，DN_UART間には1kΩの抵抗を入れます．）

このドライバICはソフトウェアシリアルポートの他，ハードウェアシリアルポートを利用することもできます．（Part10資料編に回路図掲載）

TMC2208モジュールをUARTモードで使用するためには，モジュールを実装する制御基板がRAMPSのAUX-2相当のピンを用意しているか，UART信号ピンが用意されている必要があります．

スタンドアロンモード（レガシーモード）

A4988の差し替えによりアップグレードできます．

1/16マイクロステップ動作で1/256の補間機能を持っており，互換モードでありながらよりスムーズなモーターの回転が可能となります．

モーター電流は可変抵抗でVREFの電圧を設定します．「電流制限値計算」の項目（P-172）を参考にVREFの電圧を調整してください．

モジュール上のJ2ジャンパーがオープンになっている事を確認してください．(SilentStepStick-TMC2208の場合)

マイクロステップ設定は1/16で使用します．
設定ピンのMS1,2をジャンパー，MS3のジャンパーピンを外してopenにします．

A4988に交換する場合には，ファームウェアのENDSTOP_INVERTINGの設定を行います．「ファームウェアの変更1．ENDSTOP_INVERTING」を参考にファームウェアの変更を行ってください．

TMC2208マイクロステップ設定一覧

MS1	MS2	マイクロステップ分解能
Low	Low	1/8 Eighth step
Low	High	1/2 Half step
High	Low	1/4 Quarter step
High	High	1/16 Sixteenth step

＊Low ジャンパー無し，High ジャンパー有り

マイクロステップは1/16を使用するので，設定ピンのMS1,2をジャンパー，MS3のジャンパーピンを外してopenにします．

UARTインターフェース

モーター電流はファームウェアによりセットされます．
サイクル単位に高精度に電流制御を行うSpreadCycleと，より早いモーターの加速と減速を可能にしたノイズのない高精度チョッパーアルゴリズムのStealthChop2を動的に切り替えます．

●モジュールのJ2ジャンパー設定（UARTモード）

SilentStepStick TMC2208モジュールのV10まではPDN/UART出力のためのジャンパーJ2はPDN/UART出力の近くに2個のランドがあり，これをハンダなどで接続することでPDN/UART端子でUARTが使用可能になります．
v11以降ではジャンパーJ2は3個のランドとなっており，PDN/UARの出力先を選択することができます．詳細はPart10資料編（PDF）を参照してください．BIGTREETECH-TMC2208-V3.0も互換になっています．

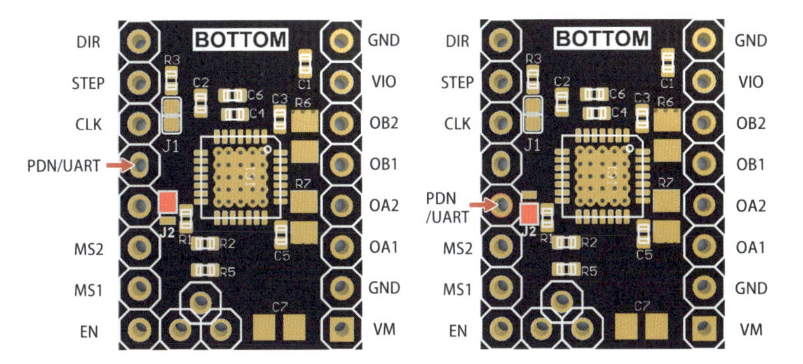

MC2208 モジュールの UART モードジャンパー設定（J2）（BIGTREETECH-TMC2208-V3.0）

ドライバICのPDN/UART信号はAUX-2に配置されたUARTのRxと抵抗1kΩを通してTxへ接続します．

1本のケーブルを二股に分けて片方に抵抗を入れても良いのですが，ドライバモジュールに2本のピンを立てておけば，片方をストレートに，残り片方に抵抗入りケーブルを接続してAUX-2に配線する事ができます．

ジャンパーケーブル一組の1本はそのまま，もう1本はケーブルを切断して間に抵抗をハンダ付けし，熱収縮チューブで絶縁加工すれば配線を楽に行えます．

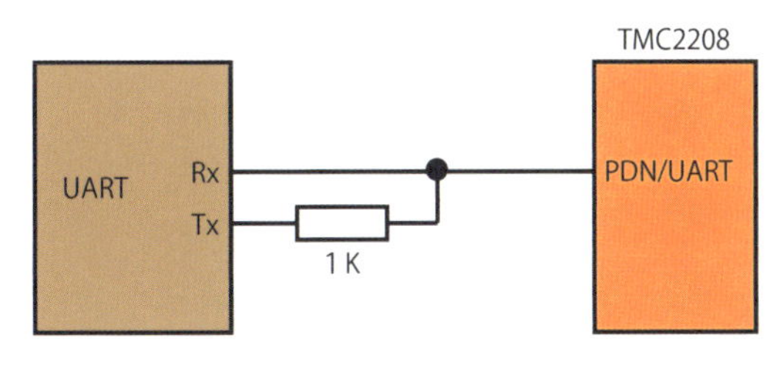

（1）PDN/UART を 1 ピンにだけ設定した場合

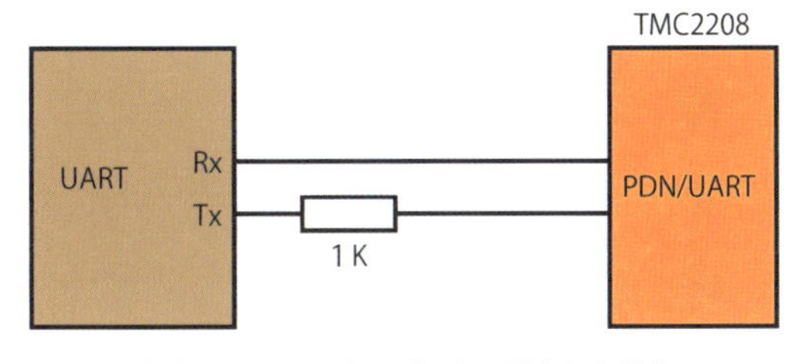

（2）PDN/UART を 2 ピンとも設定した場合

UART と PDN/UART の接続．UART は RAMPS では AUX-2 にドライバの接続数分割りあてる

UARTモードのピンヘッダ取付け方法

UARTモードで使用する場合には，モジュール基板のPDN/UARTのピンを上面に向けて取付け，追加する配線に利用します．（部品面は底面になるので間違わないようにしてください．）

TMC2208モジュールのピン取付け．BIGTREETECH TMC2208-V3.0ではCLKピンとPDN/UARTピン２本が上向きに出ています．CLKピンが出力されている（JP1を接続している）場合にはCLKピン，PDN/UARTピン２本の下に出ているピンはカットする必要があります．（RAMPS互換基板では/RESET,/SLEEP相当部分がジャンパーされているため）

UARTモードの配線

UART信号はRAMPSではAUX-2に割りあてられます．

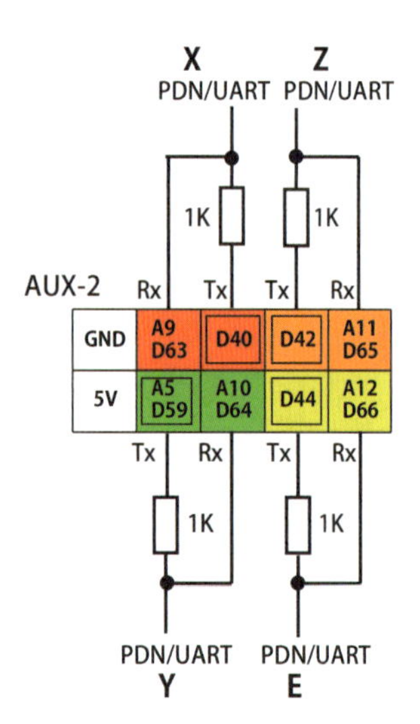

RAMPSのUARTモードの配線（コネクタ側）．互換基板であれば同じ信号名のコネクタピンに接続します．

Arduino IDEへのドライバの導入

Arduino IDE（1.8.8以降）にTMC2208ドライバを導入します.

ライブラリマネージャで"TMC2208"で検索し,「TMC2208 Stepper by teemuatlut」を導入します.

ライブラリのインストールに関しては「Part6 ファームウェア編」（P-258）を参照してください

ファームウェアの変更点

以下の変更点はRAMPS互換回路とファームウェアMarlin（v.1.1.9 , v2.0.xに対応）との組み合わせ時の変更点になります.

① Invert the stepper direction

Marlinファームウェアの Configuration.h をArduino IDE, または好みのエディターなどで開きます.

A4988から変更の場合には, ステッピングモーターの回転方向を反対（false→true, true→false）に設定します.

"INVERT_X_DIR"で検索を行います.

変更前（例）

```
// Invert the stepper direction. Change (or reverse the motor connector) if an axis goes the wrong way.
#define INVERT_X_DIR false
#define INVERT_Y_DIR false
#define INVERT_Z_DIR true

// @section extruder

// For direct drive extruder v9 set to true, for geared extruder set to false.
#define INVERT_E0_DIR false
#define INVERT_E1_DIR false
```

変更後（変更箇所のみ, 変更例）

```
#define INVERT_X_DIR true
#define INVERT_Y_DIR true
#define INVERT_Z_DIR false

#define INVERT_E0_DIR true
```

② X_DRIVER_TYPE

Stepper Driversの設定を行います．"TMC2208" で検索を行います．

TMC2130 ドライバの使用を行う軸，エクストルーダーを有効にして，ドライバ名を変更します．TMC2130をX軸，Y軸のみに使用なら，以下最初の2行のみ書き換えます．

変更前

```
//#define X_DRIVER_TYPE  A4988
//#define Y_DRIVER_TYPE  A4988
//#define Z_DRIVER_TYPE  A4988
       |
//#define E0_DRIVER_TYPE A4988
```

変更後

```
#define X_DRIVER_TYPE  TMC2208
#define Y_DRIVER_TYPE  TMC2208
#define Z_DRIVER_TYPE  TMC2208
       |
#define E0_DRIVER_TYPE TMC2208
```

以上の変更が済んだら Configuration.h を保存してください．

③ CURRENT

Marlin ファームウェアの Configuration_adv.h をArduino IDE，または好みのエディターなどで開き "TMC2130" で検索を行います．

検索されたコメント行の下
"#if HAS_TRINAMIC" 以下の各ドライバの電流設定は実際のターゲットのRMS値とは異なっています．800mAを以下のように変更します．

```
AXIS_IS_TMC (X)
   #define X_CURRENT      760

AXIS_IS_TMC (Y)
   #define X_CURRENT      760

AXIS_IS_TMC (Z)
   #define X_CURRENT      760
```

```
AXIS_IS_TMC (E0)
  #define X_CURRENT      760
```

電流調整の内容を参考にモーター電流（1相の実効値）が大きく異なる場合には，計算し直してください．

④ StealthChop

StealthChopを無効に設定することでSpreadCycleが使用可能になります．この後，HYBRID_THRESHOLDを有効にすることで，StealthChopからSpreadCycleへ動的に切り替える機能が使われます．

変更前

```
#define STEALTHCHOP_XY
#define STEALTHCHOP_Z
#define STEALTHCHOP_E
```

変更後

```
//#define STEALTHCHOP_XY
//#define STEALTHCHOP_Z
//#define STEALTHCHOP_E
```

⑤ MONITOR_DRIVER_STATUS

ドライバのモニタリングを有効にします．これによりGコマンドでTMC事前警告レポートの確認を行うことができます．

変更前

```
//#define MONITOR_DRIVER_STATUS
```

変更後

```
#define MONITOR_DRIVER_STATUS
```

⑥ HYBRID_THRESHOLD

HYBRID_THRESHOLDを有効にすることで，StealthChopからSpreadCycleへの切り替えの送り速度を設定します．

変更前

```
//#define HYBRID_THRESHOLD
```

変更後

```
#define HYBRID_THRESHOLD
```

⑦ TMC_DEBUG

デバッグモードを設定します．Mコマンド，M122で設定状態を確認できます．

変更前

```
//#define TMC_DEBUG
```

変更後

```
#define TMC_DEBUG
```

以上の変更が済んだら Configuration_adv.h を保存してMarlineのコンパイルを行い，ファームウェアの書き込みを行ってください．

以上の変更でTMC2130モジュールの使用が可能になります．

電流制限値計算

Irms = Imax ÷ 1.41
Imax = Irms × 1.41

検出抵抗 0.11 Ωの時，設定可能な最大モーター電流は1.77A RMSです．
(データーシートRev.1.07　8 Selecting Sense Resistorsより)

Irms = (Vref × 1.77A) ÷ 2.5V = Vref × 0.71

モーター電流（1相）0.84Aの場合の実効値
Irms = 0.84A ÷ 1.41 = 0.596 A（RMS)

VREF = (Irms × 2.5) ÷ 1.77 = Irms × 1.41 = Imax

VREF = (0.596 × 2.5) ÷ 1.77 = 0.842 V
安全利用範囲90%で使用するので
0.842 × 0.9 = 0.76 V

規格

マイクロステップ数	1～1/16ステップ
補間モード	1/256
ドライブ電流（RMS）	1.4A
最大ドライブ電流（peak）	2.0A（冷却時）
ロジック電圧（Vdd）	3.00～5.25V
モーター電圧（Vvs）	5.5～36V
ICメーカー	TRINAMIC Motion Control GmbH
URL	https://www.trinamic.com/

モジュール	TMC2208_v13 SilentStepStick
ドライブ電流（RMS）	1.2A
メーカー	Watterott electronic GmbH
URL	https://learn.watterott.com/silentstepstick/
github URL	https://github.com/watterott/SilentStepStick/tree/master/hardware

※電流値はドライバICの値で，モジュールで流せる電流は更に少なくなります

モジュール	TMC2208-V3.0（TMC2208_v13 SilentStepStick 互換）
メーカー	BIGTREETECH
URL	http://www.bigtree-tech.com
github URL	https://github.com/bigtreetech/BIGTREETECH-TMC2208-V3.0

モジュール	TMC2208 v1.0
メーカー	Fysetc.com, Inc（インド）
URL	https://www.fysetc.com/
wiki URL	https://wiki.fysetc.com/TMC2208/

※モジュールで流せる電流値はメーカーにより異なります

7-2-10. Trinamic ドライバ共通

Trinamic社のモータードライバはドライバのモニタリング MONITOR_DRIVER_STATUS，デバッグモード TMC_DEBUGの設定を行う事でGコードで様々な情報を取得することができます．

① Gコード

コマンド	必須設定	内容
M122	なし	TMCデバッグ：ドライバ通信回線をテストして，ドライバのデバッグ情報を入手します
M569	TMC2130/TMC2208	TMCステッピングモード：StealthChopとSpreadCycleを動的に切り替えます
M906	なし	TMCモーター電流：各ドライバの電流設定がコマンドラインから可能です
M911	MONITOR_DRIVER_STATUS	TMC事前警告レポートフラグはライブラリの設定によります
M912	MONITOR_DRIVER_STATUS	TMC事前警告レポートフラグを解除します
M913	HYBRID_THRESHOLD	ハイブリッド閾値速度：StealthChopからSpreadCycleへの切り替えの送り速度を設定します
M914	TMC2130 SENSORLESS_HOMING	センサレスホミングの感度を設定します
M915	TMC_Z_CALIBRATION	TMC Z軸校正：2019年1月12日以降，bugfix-2.0.xでは非推奨です

Z軸をその物理的限界を超えて移動させてX軸を水平にします．部品の破損を防ぎ，スキップされたステップを進めるために，移動はモータ電流を減らして行われます．Marlinはその後Z軸をリホームし，通常の現在の設定を復元します。

詳細はMarlinのドキュメントページ，GCodeのCommandをクリックして詳細を確認してください．
URL http://marlinfw.org/docs/hardware/tmc_drivers.html

Chapter 8 電源（Power Supply）

3D プリンタの電源にはスイッチング・レギュレータを用い，ホットベッドやヒーター（ヒートブロック），ステッピングモーター，ファンに 12V を供給しますが，ホットベッド，ステッピングモーターに 24V の電源を供給するケースもあります．

マイクロコントローラによる制御回路では 5V（AVR），または 3.3V（ARM コア）が使用されますが，12V の電圧をマイクロコントローラ基板上の三端子レギュレータなどにより電圧を下げて使用されます．

Arduino Mega 2560 では Vin に外部から電源を供給し，Arduino 基板上のレギュレータで 5V に電圧を下げて使用します．または出力端子用に 3.3V も作られています．この時，入力との電圧差が大きいとレギュレータの発熱が大きくなってしまいます．（入力電圧差は +2V 程度は必要）Vin は 8 ～ 9 V 程度まで下げて供給されるのが理想的です．

8-1. スイッチング・レギュレータ

スイッチング電源とも呼ばれます．

「スイッチング」とは交流（AC）から直流（DC）を得る方式の名称です．スイッチング電源が普及する以前にはトランスで交流電圧の変換が行われ，更に整流，定電圧変換が必要でしたが，スイッチング方式では小型，軽量で変換効率が良い事から，商用電源（交流 100V）から直流を得る電源の主流となっています．

iPhone や Android の電源アダプタもスイッチング電源が使われています．

家電ではすっかり影が薄くなってしまった EI コア型の電源トランスですが，ノイズを嫌う高級オーディオアンプでは高効率なトロイダルトランスが今でも使用されています．

スイッチング・レギュレータ (S-240-12)

海外製向けのスイッチングレギュレータは110V-220V切替となっているので，110V側に切り替える事を忘れないでください．

●電源の入力端子

交流（AC）の入力はL（Live）とN（Neutral）に接続します．

それ以外の部分に接続すると破損しますので気を付けてください．

E（アース）は一般家庭では使用されないことの方が多く，ACインレットを取り付ける，アース付きACケーブルを使用するといった事がなければ接続の必要はないでしょう．

直流出力は＋（プラス）とCOM（0V，GND）に接続します．

電源の入力側は電圧も高い事から，配線がショートしたり，コネクタから外れてしまうといった事の無いようにする必要があります．

誤って手で触れないようにする対策が望まれます．

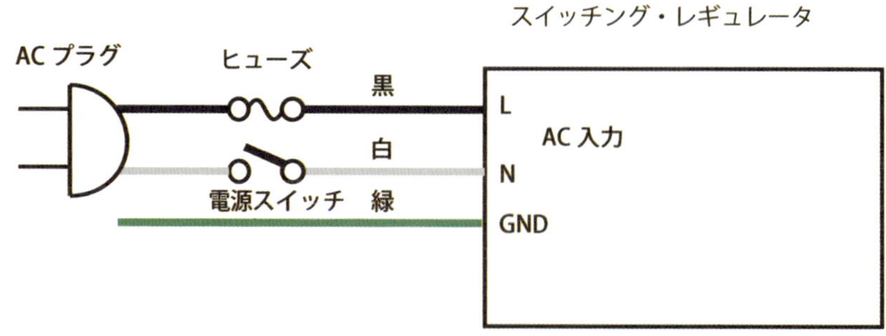

GND付きACプラグの時はGNDを接続します．

8-2. DC/DCコンバータ（DDコンバータ）

直流電圧の変換と同時に電流も多く必要とする場合にはDC/DCコンバータが利用されます．

スイッチング電源からは24Vを供給しステッピングモーター，ヒートベッドに供給し，ヒートブロックのヒーター，ファンに12Vが必要といったケースで利用されます．

Arduino DueのVinに入力された電圧は基板上のDC/DCコンバータにより5Vが作られ，更にマイクロコントローラに供給する3.3Vが作られています．

制御基板（統合型ボード）にもDC/DCコンバータを搭載した製品が販売されています．

DD コンバータの例

8-3. 定電圧レギュレータ

直流電圧の変換を行う定電圧レギュレータの中でも数多く使用されているのが三端子レギュレータです．デバイスの形状を表した定電圧レギュレータの呼び名で，電子工作でも使用する機会が多いかと思います．

小型かつ無調整で目的の電圧を得ることが可能な便利さから数多く利用されています．

登場した当時はパワートランジスタのパッケージ（1A）で，足は入力，GND，出力が割り当てられ，正電源用，負電源用が登場しました．

その後，小さなトランジスタ型（100mA），そして表面実装向きのパッケージが登場しました．

出力電圧は15V ～ 1.8Vがカバーされ，入出力間電位差は最低1.7V程度，低損失タイプでは0.2V程度の差で機能します．この電位差が大きくなると熱損失となります．

またON/OFF機能付きの製品もあり，足は3本以上の物も存在します．

定電圧レギュレータの使用例．
左が +5V 用．右が 3.3V 用．
チップの幅は 6.3mm と小型の製品

定電圧レギュレータに対して電圧可変が可能な可変型レギュレータもありますが，3Dプリンタで使われるケースは無いと思われます．

COLUMN

付加機能

仕事用にFFF方式の3Dプリンタを購入した友人が，久し振りに印刷をしたら上手く定着できずにホットベッドの温度設定を上げてSTLデーターを作り直し，印刷し直したら上手くできたと話していました．室温が下がる季節にはありがちな事です．

3Dプリンタの運用には，まだまだ手間の掛かる部分があって，残念ながら今時のインクジェットプリンタのように誰でも手軽に使えるという所までは到達していません．

コンシューマ向けには，例えば外気温を検出して自動的に補正する機能とか，フィラメント交換が楽にできるとかさまざまな補助機能が必要なのかもしれません．とは言っても余分な機能を追加する事はトラブルの原因を増やすことにもなってしまうのですよね．

Chapter 9 配線材料

3D プリンタに限らず電子工作をするのなら，配線材料も使いこなしましょう．絶縁電線の選び方から圧着端子の使い方，束線材料まで解説します．

9-1. 電線

電気配線の配線材料には使用場所に適した種類，太さや色を選択する必要があります．

種類では耐熱電線やフラットケーブルなど，太さは流れる電流に適したもの，色の選択は可視化による誤配線防止の意味合いがあります．

9-1-1. ビニール絶縁電線（電子機器配線用）

ビニール絶縁電線 0.18SQ.
電子機器の少電流の配線に使用

通称ビニール電線は被覆にビニールが使用されていたことから呼ばれていますが，ビニールの代表，ポリ塩化ビニール（PVC）の他，ポリエチレン，ポリエステル，フッ素樹脂と様々な種類の素材が被覆に用いられています．

芯線に細い軟銅線を束ねたものが使用されていることで線材に柔軟性があり，カラーも選ぶ事ができます．

一方，屋内配線には切れにくい単芯や，太めの銅線を複数まとめて芯線としたケーブル（IV,KIV,HIVなど）が用いられています．これらは芯の本数が少ない分堅くなるので，近距離の配線や，小型の機器の配線には不向きです．

日本では電線の太さをSquare Millimeter（mm^2）を略してSQ（スクエア）で表していますが，米国ではAWG（American wire gauge）が用いられ，近年，安価な中国からの輸入品としてAWGの線材が国内にも出回っています．

中国の安価な線材の中には線材の抵抗値が高く，芯線に不純物が混じっているのではないかと想像されるものが存在します．また，被覆に再生樹脂が用いられ，経年変化で被覆が収縮して芯線が露出するケースもあります．（新品の時に臭いを嗅ぐと強い刺激臭があります．）

配線の太さの目安

線材の太さは流せる電流の目安となります．通常流れる電流，ピーク時の電流を算出してそれに見合った太さの電線を使用する必要があります．流れる電流に対して使用する電線が細い場合には発熱，最悪の場合には被覆が溶けてしまう事になります．3Dプリンタではホットベッドなど大きな電流が流れるので十分な配慮が必要です．

一次側（スイッチング電源のAC入力側）	1.25Sq以上
二次側（スイッチング電源からコントローラ）	1.25Sq以上

消費電流の総量を計算して決定してください．

センサなど信号関係，ファン	0.18～0.3Sq
ステッピングモーター	0.3Sq
ホットベッド（ホットベッドの仕様による）	1.25Sq以上

●ビニール絶縁電線の太さと許容電流の目安

太さ（mm^2）	芯数	太さAW（mm^2）	電流	許容電流
0.18	0.18×7	AWG24（0.2）	1.4A	1.5A
0.3	0.18×12	AWG22（0.33）	2.1A	3A
0.5	0.18×20	AWG20（0.52）	3.4A	5A
0.75	0.18×30	AWG18（0.82）	4.6A	7A
1.25	0.18×50/0.45×7	AWG16（1.31）	7A	12A
2	0.26×37	AWG14（2.08）	10A	17A
3.5	0.32×45	AWG12（3.31）	14A	23A
5.5	0.32×70	AWG10（5.26）	21A	35A

*耐圧600V 耐熱 60度
*許容電流は被服がビニール混合物（非耐熱性）の場合の値です．常時流せる電流ではありません

一般的なビニール線の耐熱温度は60度．耐熱ビニール，ポリエチレンで75度．特殊耐熱ビニールで105度程度となっていますので，ホットベッドには接触しないように注意する必要があります．

9-1-2. 耐熱電線

ヒートブロックのヒーター，サーミスタには耐熱性の高い電線が使用されています．

ヒーターにはテフロン線を耐熱編組チューブで被覆したケーブルを使用しています．

また，サーミスタにはテフロン被覆のケーブルが使用されています．

このほか耐熱電線には，シリコンゴムをガラス編組チューブで被覆したものなどがあり，シリコンゴムでは180度，フッ素樹脂を使用した，さらに耐熱が可能な高性能な電線もあります．

9-1-3. フラットケーブル（リボンケーブル）

フラットケーブルには線間ピッチが1.27mmピッチの従来品（インチピッチ-2.54mm，2列のコネクタ用），フルピッチの他，1mmピッチ（ミリピッチコネクタ用），ハーフピッチの0.635mmなどのケーブルがあります．

この他，1.27mmピッチのケーブルには信号線に最適なツイストペア線，途中がすだれ状になった製品など，多種の派生商品が販売されています．

カラーのフラットケーブルはカラーコード(*1)順に色が付けられており，10位上の場合にはまた1から繰り替えされます．

3Dプリンタのスマートコントローラ，フルグラフィック・スマートコントローラの接続にはフルピッチのコネクタが使用され，フラットケーブルには1.27mmピッチのものが使用されています．

フラットケーブルとソケット

カラーフラットケーブル

フラットケーブルには専用の圧接ソケットが使用されます．

ソケットやコネクタには１ピンを示すマークが付いており，そこにフラットケーブルの赤いラインの入った方（カラーフラットの場合は端の茶色）を合わせます．

フラットケーブルの両端のソケットは同じ番号同士が接続されるように圧接処理をします．多くの製品では誤挿入防止キーが設けられ，反対方向には挿入できないように作られています．

1	茶	2	赤	3	橙	4	黄	5	緑
6	青	7	紫	8	灰	9	白	0	黒

カラーコード．カラーコードは古くからリード抵抗（薄膜抵抗，金属皮膜抵抗）の抵抗値表示に使われて来ました

9-1-4. フレキシブルフラットケーブル（FFC）

小型機器用に分割された基板同士の接続やLCDとの接続に使用され始め，スマートフォン，タブレットやノートPCなどに使用されています．

3DプリンタにおいてもLCDに小型のカラー液晶が使用されるようになったこともあり，これらに対応するために基板上にフレキシブルフラットケーブル用のコネクタが実装され，使用されるようになりました．

レキシブルフラットケーブル（Flexible Flat Cable）は並列に並べた導線を絶縁体で挟んで作られ，略してFFCと呼ばれます．

また，類似の製品として柔軟性の高いフィルム状の絶縁材料の上に導線を接着して作ったFPC（Flexible Printed Circuit）があります．

端子のある両端は端をぶつけたり，折り目が入ったりしないように気を付けて取り扱ってください．コネクタの接触不良の原因となります．

コネクタへの取り付け方法には，端子部分を厚めに加工したFFCをそのまま挿入する方法の他，コネクタの入り口部分の押し圧部材（スタッファ）を手前に引き出してFFCを挿入し，元に戻すことで固定されるスタッファ・アクチュエータ（プランジャー・スタイル）方式，フラップ状のフリップロックを持ち上げる事でロックを解除して挿入し，元に戻すことでロックできるコネクタがあります．

挿入時のコネクタの扱い方法を間違えないようにしてください．

FFCの挿入方法

スタッファ アクチュエータ（プランジャースタイル）

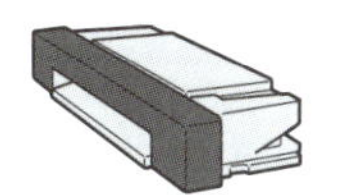

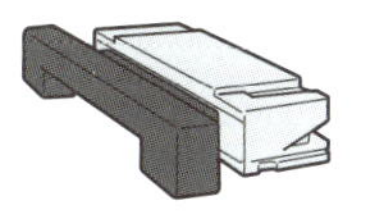

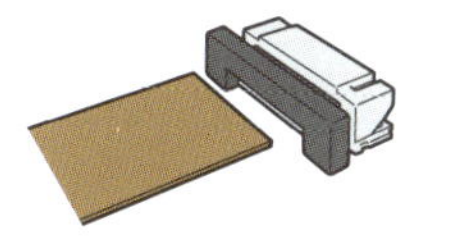

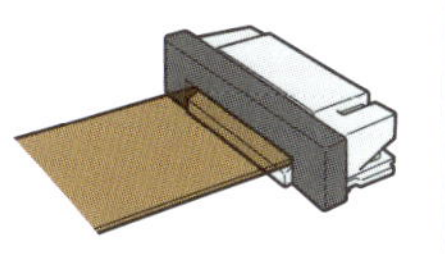

ステップ1	ステップ2	ステップ3	ステップ4
最初の状態	スタッファを前方にスライドさせて開きます。	FPCをコネクタに挿入し、スタッファを後方にスライドさせて閉じます。	これでFPCがコネクタとしっかり篏合しました。

スタッファ・アクチュエータ方式

バックフリップロック アクチュエータ

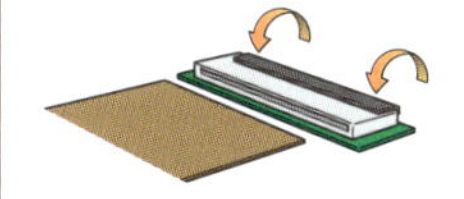

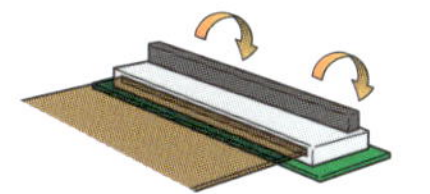

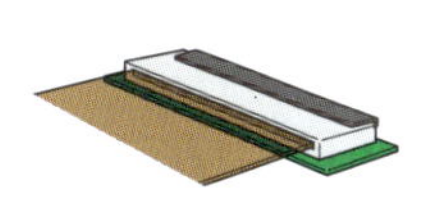

ステップ1	ステップ2	ステップ3	ステップ4
フリップロックアクチュエータを開きます。	FPCをコネクタに挿入します。	FPCを挿入したまま、フリップロックアクチュエータを閉じます。	これでFPCがコネクタとしっかり篏合しました。

バックフリップロック・アクチェーター方式

（出典：TE Connectivity. https://www.te.com/jpn-ja/home.html）

9-1-5. 色の選択

配線材の色も重要な項目です．特に電源に関しては電源の極性など配線の区別のために必要となります．主な色分けは以下のようになります．

●一次（AC）側電源配線

ACインレット，電源スイッチ，スイッチング電源間の配線には1.25sq以上の太さの電線
L：黒
N：白
GND（アース）：緑

長い区間は，LとN線をよじる事でノイズの放射を抑えます．
また，温度センサなどのケーブルには近づけないようにします．

●二次（DC）側電源配線

＋V：赤
COM（0V）：黒

9-2. 熱収縮チューブ

電源一次側のヒューズホルダーやインレットの配線，ハンダ付け部分の絶縁処理，ケーブルの延長のためのハンダ付け部分の絶縁処理などに使用します．
ホットガンの熱風による加熱によりその名のとおり収縮して密着します．ホットガンが無い場合には，線材の被覆などに触れないように熱収縮チューブをハンダ鏝の鏝先の横側で熱収縮チューブ周囲を均等に温めていきます．

一般に販売されている熱収縮チューブの収縮比率は2：1程ですが，高収縮タイプには4：1といったものも販売されています．
サイズは直径(mm)で販売されており，長さは1mほどにカットされていますが，更に短く加工したものも販売されています．

色は主に黒，灰色，透明が一般的に販売されています．
製品名としてはスミチューブ（住友電気工業）が知られています．

9-3. 圧着端子

線材と端子を圧着することで，圧着部は合金化し大変信頼性の高い接続状態になります．

圧着端子として早くから普及しているのが，端子台の配線に使用する丸形圧着端子です．

この丸型の他，先端開形端子，ファストン端子，スリーブ端子など多くの種類の圧着端子が作られています．

圧着端子いろいろ．スリーブの色で対応するケーブルの太さがわかります

9-3-1. 丸型圧着端子

先端が丸くなっているため，端子台に取り付けた時に抜けてしまう心配がないので，ACケーブルの配線などに最適です．

スリーブ付きと裸圧着端子（スリーブなし）のものがあります．

スリーブ無しの場合には，絶縁キャップを使用すると良いでしょう．

型番は適合する線材の太さと取付け用の穴径により付けられています．

適合線材(sq) － 取付穴径(mm)

例　1.25 － 3　　1.25sq用，取付穴径3mm

適合線材の前にRやVなどメーカーにより異なる記号が付いています．

穴径の前後に補助的なアルファベットが付く製品があります

1.25-M3　　　Mは外径が小さめなタイプ

適合する電線	スリーブの色	適合する線材
0.3sq	黄色	0.2 ～ 0.5sq　#24 ～ 20
1.25sq	赤	0.25 ～ 1.65sq　#22 ～ 16
2sq	青	1.04 ～ 2.63sq　#16 ～ 14
3.5sq	黄	2.63 ～ 4.60sq　#12
5.5sq	黄	2.63 ～ 6.64sq　#12 ～ 10

●適合線材より細い線材を圧着したい場合

0.18sqの線材を0.3sqの端子に圧着したい場合，被覆を通常の2倍の長さに剥き，よじった後半分に折り返して差し込み圧着を行います．

圧着工具

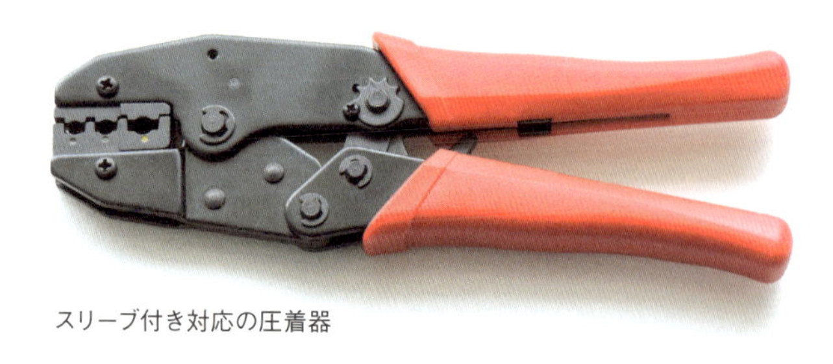

スリーブ付き対応の圧着器

圧着工具にはスリーブごと圧着できるタイプとスリーブの無い端子用のものがあり，対応サイズも単一サイズ用から複数に対応できるものなど様々です．また，価格が比較的高価なのでマニアでも手を出し難いものでしょう．

多品種対応の電装圧着工具が販売されていますが，2千円程度でラチェットの無いタイプはあまりお勧めできません．理由は，握力による個人差が出てしまうため，確実な圧着を保証できないためです．

スリーブが別になったタイプの端子を使用し，線材をハンダ付けするという方法もありでしょう．

圧着の注意事項

基本的に線材の被覆は圧着端子の筒になった部分の長さ＋2mm程度（1.25sq用なら7mm程度）の被覆を剥き，圧着器に挟んでおいた圧着端子の筒に芯線のほつれが外に出ないように差し込みます．

先端が1mm程度出て，被覆側にも1mm程度の余裕があるように圧着します．

線材の被服ごと圧着すると，接触不良や断線の原因になります．

また，先端から芯線が長く出ていると，他所とのショートの原因になる場合があります．

圧着器の上下の向きを間違えないようにしてください．

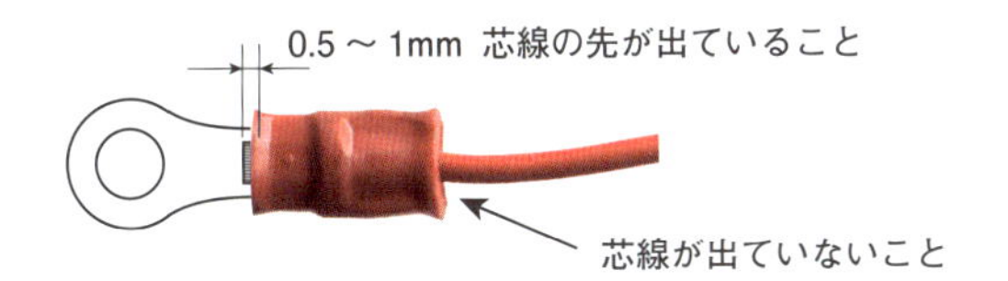

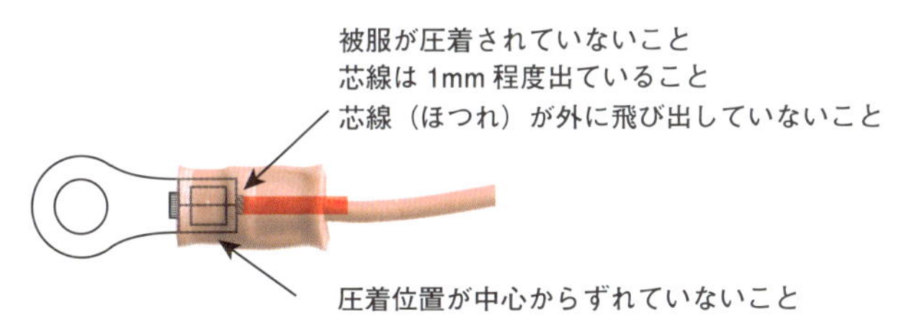

圧着端子の正しい圧着方法

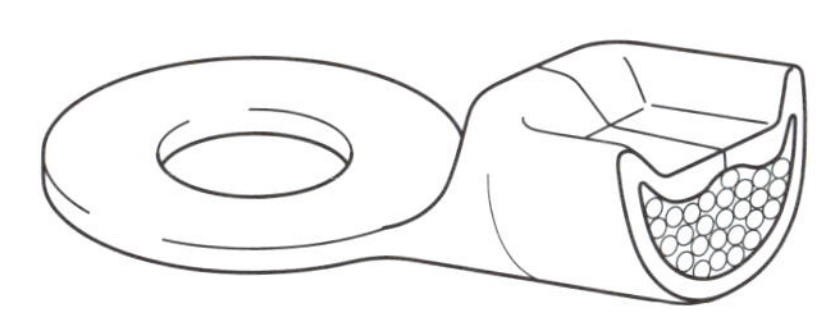

圧着後の断面図

3-2. ファストン端子 / ファストン・タブ

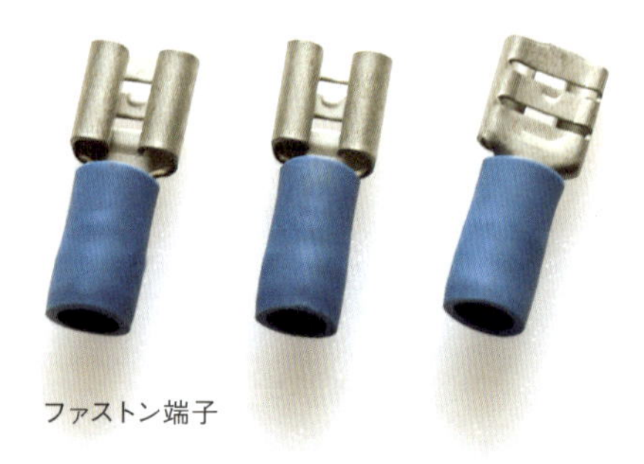
ファストン端子

平型のファストンタブに適合するコネクタです.

ファストンタブは平らな端子で中央に丸い小さな穴が設けられ，ファストン端子を差し込むとこの丸い穴にファストン端子の小さな出っ張りが噛み合って，抜けにくくなります.

ファストン端子は接触部分が露出し，スリーブの付いたF型，全体が絶縁されたFA型，
ファストンタブには先端が露出しスリーブの付いたM型，全体が絶縁されたMA型があります

ファストンタブはACインレットの他，電源スイッチ，大型のリレー端子，スピーカー，密封型鉛蓄電池，自動車の配線などに使われています.

一般的には250型が使用されホームセンターやオートショップで入手が容易ですが，中国製の場合には小型の110型が使われ，入手には通販などに頼らざるを得ない状況です.

9-4. コネクタ

電線同士を接続するコネクタは，その目的により様々な形状の物が製造されており，標準化されたコネクタの他，メーカー独自の製品も数多く販売されています.

RAMPS基板にはモーターやセンサなどの接続には2.5mmピッチ（インチピッチ）のピンヘッダがコネクタの代用として使用されています.

しかし，ピンヘッダはそこに差し込むコネクタハウジングの極性の差し違いや，差し込む位置ずれを起こしやすいといった欠点を持っています.

このような方法では製品の組込みには向かないといった事もあり，完成品の統合型ボード（制御基板）では接続のし易さのため，積極的にコネクタを採用しています.

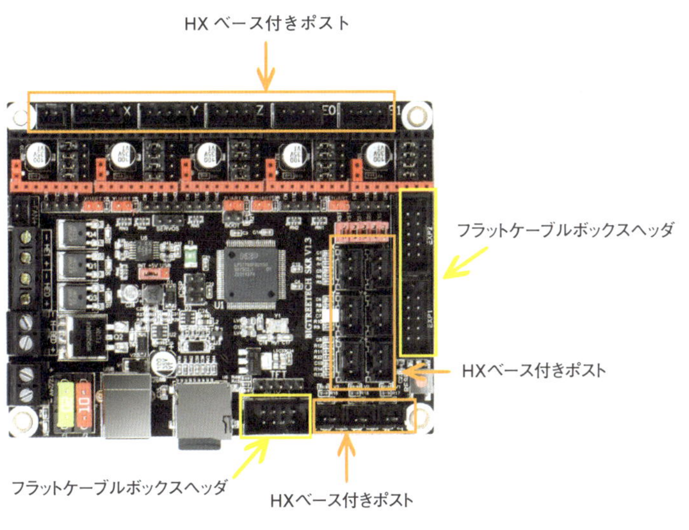

ベース付きポストとハウジング使用例

9-4-1. 基板用コネクタハウジング　2.5mmピッチ

基板に取付けられるのがベース付きポストでその接続相手がハウジングです．ベース付きポストとハウジングは一方向のみで挿入できるようにガイドとスリットが設けられています．

ケーブルにピンコンタクトを圧着し，ハウジングに差し込んで固定し使用します．

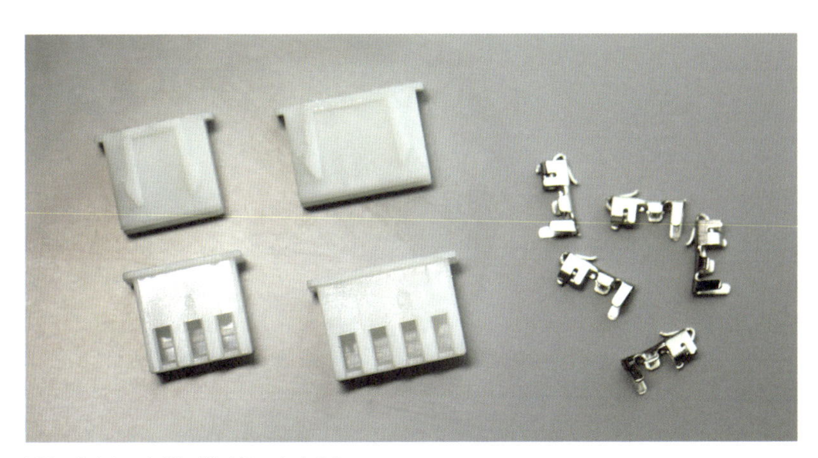

HX コネクタハウジングとピンコンタクト

基板用の小型ベース付きポストには日本圧着端子製造のXHコネクタが多く使われており，入手性も良い製品です．（中国製の多くに使用されているのは純正品とは異なります）

XHコネクタのベース付きポストには垂直に取付けるトップ型（B2B-XH-A ～ B20B-XH-A），挿入口が基板の横に向くサイド型（S2B-XH-A 〜 S16B-XH-A）があります．ピン数は2〜20本まで1列に配置されます．

XH コネクタのベース付きポスト

ハウジングはXHP-2 〜 XHP-20まで揃えられていますが，コネクタ側はNR/NRDコネクタ（圧着方式），JQコネクタ（基板対基板）と共用することが可能です．

ハウジング（XHP-2 〜 XHP-20）に対応するハウジング用のコンタクトと，対応する線材は以下の通りです．

型番	適用電線範囲
SXH-001T-P0.6N	0.13 〜 0.33sq　AWG26 〜 22
SXH-001T-P0.6	0.08 〜 0.33sq　AWG28 〜 22
SXH-002T-P0.6	0.05 〜 0.13sq　AWG30 〜 26

専用の圧着機は高価で使用頻度から考えて趣味としての入手はあまり現実的とは言えません．手間は掛かりますが，ケーブルへの取付けはラジオペンチでかしめ，ハンダを流し込んで取り付けるのが妥当かと思います．

XHコネクタの詳細は「XH CONNECTOR 2.5mmピッチ／プリント基板用コネクタ／圧着・嵌合タイプ」データシートを確認してください．

9-4-2. フラットケーブルボックスヘッダ　2.54mmピッチ

RAMPSで液晶ディスプレイをフラットケーブルで接続するために使用しているのが，10ピン（5ピン2列）のボックスヘッダです．

フラットケーブルコネクタのメーカーは国内にたくさんあるのですが，メーカー毎に同じ形状の物でも型番が異なるという困った状態です．

ボックスヘッダの入手は容易ですが，レセプタクル，圧接用ソケット（一般に圧着用コネクタと間違えて呼ばれている）側の製品はヒロセ電機ではHIF3Aシリーズのほか，日本航空電子工業（JAE），ケル（KEL），山一電機，第一電子工業（DDK）など各コネクタメーカーで製造されています．

9-5. 束線材料

昔は配線材を綺麗に束ねるために，タコ糸を使用していましたが，やがてテグスのようなビニール製の紐に変わり，現在では束線バンドを代表に様々な束線用の商品が販売され工業製品などに利用されています．

代表的な製品を紹介します．

9-5-1. 束線バンド

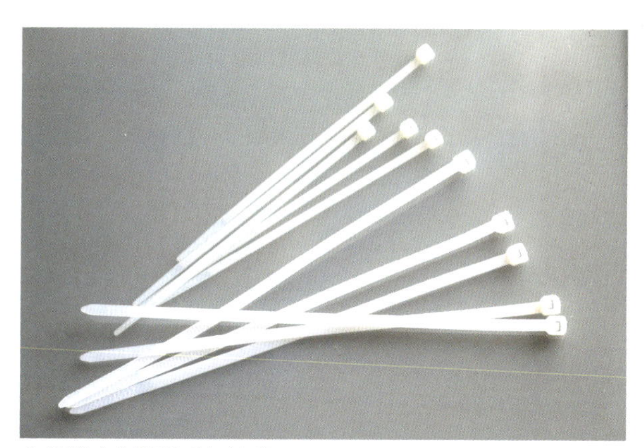

サイズを大小用意しておくと良い

タイラップやインシュロック（ヘラマンタイトン(株)）などと呼ばれ，配線材を束ねるのに使用します．

近年，クリスマスの飾り付けや園芸など様々な分野でも使用されるようになり，100円ショップでも入手することができるようになりました．

長さの異なるタイプを揃えて置けば何かと便利に利用できます．

簡単に強く締める事ができますが，ケーブルを締め過ぎないように程々の強さにしてください．

9-5-2. コンベックス

コンベックス（convex）は凸面を意味する言葉で，四角い背面には粘着テープが貼られ，出っ張った表面に束線バンドを通す穴が設けられています．これを使用することで配線を特定の位置に固定することが可能になり，スッキリとまとめる事ができます．

自由に貼って使えるので固定場所が自由です．

コンベックス ベース（芝軽粗材（株））マウント・ベース（ヘラマンタイトン(株)）など，各社商品名でも呼ばれています．

9-5-3. ケーブルクリップ&ケーブルクランプ

ケーブルクリップの使用例．束線にはスパイラルチューブを使用

ナイロンクリップなどと呼ばれる場合もあります．

まとまった配線を通したケーブルクリップをネジで固定します．

ネジで固定するので確実に固定することができますが，取り付け場所にはネジ用の穴を開けるか，他のネジと共締めとなるため使用箇所が制限されます．粘着式のものはわずかな平面があれば自由に貼り付ける事ができますが，ケーブルの量が増えると固定し難くなる場合もあります．

ケーブルクランプは，コンベックスの接着機能とケーブルクリップをワンタッチで固定できるようにした製品．

コンベックスが使用する結束バンド次第でケーブルの太さへの対応が自由なのに対し，ケーブルクランプでは太さに応じた製品を選ぶ必要がありますが，結束バンドをベース部に通すといった手間はいりません．

9-5-4. 束線チューブ

線材を束ねると同時に，外部から物理的に保護します．目的，使用法などにより様々な製品が販売されています．

(1) ビニールチューブ

各種樹脂製のチューブはチューブに電線を通し，電線を束線する効果と同時に外部から物理的に線材を保護します．束ねた線材を通しにくいというデメリットがあります．

(2) ネットチューブ

化繊を織って筒状にしたネットチューブがあります．

ネットチューブは縮めると太く，伸ばすと細くなり，チューブと比較して柔らかな事から線材を通す扱いがし易くなっています．

ネットチューブの中には燃えやすい素材の物もあるので，特にホットベッドへの配線をネットチューブを通すといった場合には，チューブが熱で溶け燃えないことを確認してから使用してください．

3Dプリンタに使用する時は熱に強い製品を選択してください．

(3) スパイラル・チューブ

スパイラルラップ，スパイラル・パンラップ（商品名）などと呼ばれます．

硬めなビニールチューブをスパイラル状にしたもので，ビニールチューブと比較し配線した後に巻きつける事ができ，扱いやすいというメリットがあります．（線材が長くなるとどちらも大変ですが）

軟質ポリエチレン製や耐熱用にフッ素樹脂（PTFE）を使用した製品もあるので，目的に応じて選択をしてください．

Chapter 10

配線の安全対策

3Dプリンタでは AC 電源に接続するスイッチングレギュレータへの配線，印刷ノズルの加熱，電流が多く流れるホットベッドなど，配線に注意を必要とする部分があり，これを怠ると感電や漏電，大電流部分での接触不良による発熱，発火などの事故を招く危険があります．

これらを回避するために製作時に対策を行うことによりリスクを低減してください．

10-1. 配線の基礎

● AC回路部の線材の太さ

3DプリンタのAC電源入り口にACインレットを用いる事で，ACコンセントへの接続にはPSEを取得した既成品のACプラグ，3Pコネクタ付きACコードを利用することができます．

ACインレットからスイッチングレギュレータのAC入力までの配線には充分な太さのケーブルを使用する必要があります．

ケーブルには1.25sq以上の太さのビニール被覆電線を使用し，被覆を剥く時には芯線を傷つけないように気を付けて作業してください．

● ACインレット部

ACインレットを使用すれば，ACコードを出し流し（直接ケーブルを接続した状態）にする必要が無く，収納時にケーブルが邪魔になることもありません．

ヒューズホルダ，スイッチ付きの製品なら配線を減らすことができるので便利です．

ACインレットの配線側の端子は，一般的なハンダ付けタイプの端子とファストンタブになっている物があります．

ハンダ付けで配線する場合には端子部分をしっかり加熱して端子と線材部分にハンダを流し込んでください.

ハンダ付け部分には熱収縮チューブを被せ，ヒートガンやハンダ鏝の鏝先で加熱処理して抜け落ちないように処理します.

中国製部品のタブ付きACインレットは，タブ部は110型と小型の物が使用されています．国産の製品と比較すると全般に金属部分の肉厚が薄く貧弱な感じは否めません．UL規格に準拠していれば安心かとは思われますが，部品の選択は自己責任で行ってください.

●スイッチング・レギュレータ端子部

スイッチング･レギュレータのAC入力端子の配線には「丸型圧着端子」を使用することをお勧めします.

圧着器が無い場合には端子を付けるケーブルに絶縁キャップを通し，ケーブルの被覆を剥いて圧着端子の筒の部分に差し込みハンダ付けを行います.

ハンダ付け部分が冷めたら絶縁キャップを被せます.

 スイッチング･レギュレータ端子配線NG集

× **被覆部分まで端子に差し込んでネジ締めをする.**
接触不良を起こす可能性があります.

× **ケーブルの被覆を剥いて差し込んでネジ締めをする.**
差し込んだだけでは抜けてしまう危険性があります．抜けてしまうとショートする危険性があります.
圧着端子を使用しない場合には，被覆を長めに剥いて軽くよじり，ループ状にして被覆近くに巻きつけ，そこをハンダ付けするなどして，引っ張っただけですぐに抜けないように対策をしてください.

× **被覆を剥き過ぎている.**
他所に接触するリスクが高まります.

× **端子の締め付けがゆるい**
発熱が発生するリスクがあります.
電線が外れてしまうリスクがあります.

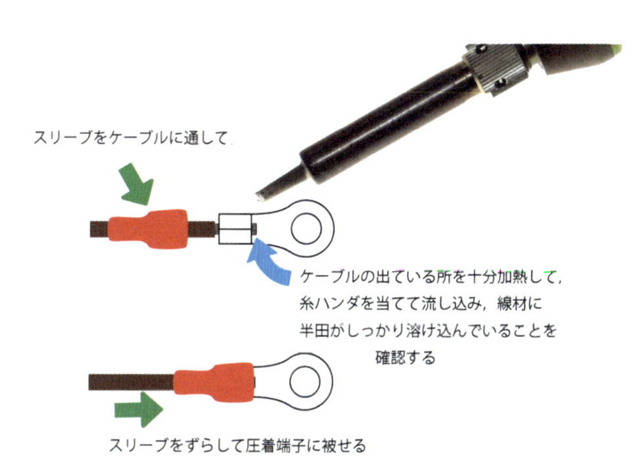

圧着端子のハンダ付け処理．スリーブ無しの端子とスリーブを用意

10-2. ホットベッドの安全対策

ホットベッドは120～240Wと大変電流消費が多い部品です．そのため，その電気回路上での接触不良は大きなトラブルの原因となります．

一般的にはスイッチングレギュレータから制御基板に電源が供給され，制御基板上の回路を経由し，ホットベッド用に出力されます．

そのため，制御基板の電源が供給される端子やコネクタ，ホットベッドに接続される端子やコネクタはしっかりと接続（端子のネジ締めなど）される必要があります．

私の使用しているAnet A6では，ホットベッド部には日本圧着端子の6Pのコネクタ（VHR-6N）が使用され，中央の2本が温度センサ（サーミスタ），そして両端の2本に電源が供給されていました．空き端子がある状態でベースポストに差し込まれ，ホットベッドは前後に動くため，どうしてもコネクタに左右に振られる力が掛るためか長時間動作後にケーブルをチェックすると，ケーブルの根元が発熱し，コネクタの左右には変色が見られました．（Anet A8では改善されていました）

幸い空き端子の部分にもヒーター回路が接続されていたので，電源を外側2本ずつにすることで配線も強化され，コンタクトピンが増えたことでケーブルを差し込んだ時にしっかり固定されるようになりました．

コネクタのケーブル差し込み側はシリコン系の耐熱接着剤で処理しておけば良いでしょう．

コネクタを使用せず，ホットベッドにケーブルを直接ハンダ付けするという方法でも良いかもしれません．ケーブルの被覆部分にはシリコン系の耐熱接着剤で被覆部分が熱で溶けないように対策が必要でしょう．

また，ホットベットパワー拡張モジュール（外付けFETスイッチ）を取付け，スイッチング電源から制御基板を介さずにホットベッドに供給するようにすることで，制御基板側のリスクを減らすことができます．

Part 5

3Dプリンタキットを組み立てる

～キットで見る3Dプリンタの組み立てと構造～

なぜキットなのか

2017年，話のネタにと格安3Dプリンタキットを購入して組み立てました．

3Dプリンタの仕組みを詳しく知るのにはキットが一番!

メーカーの完成品だとブラックボックス化され，分解すると保証の問題もあり安易に分解はできないですからね．

キットなら価格も安く，話のネタにと製作にトライしてみる事にしました．私が組み立てたキットはAnetというブランドのA6というPrusa i3互換モデルです．

組み立て時にはいくつかの問題点に突き当たりましたが何とか完成させ，安全性や印刷のクオリティを上げるために更に細部の改造を続けています．

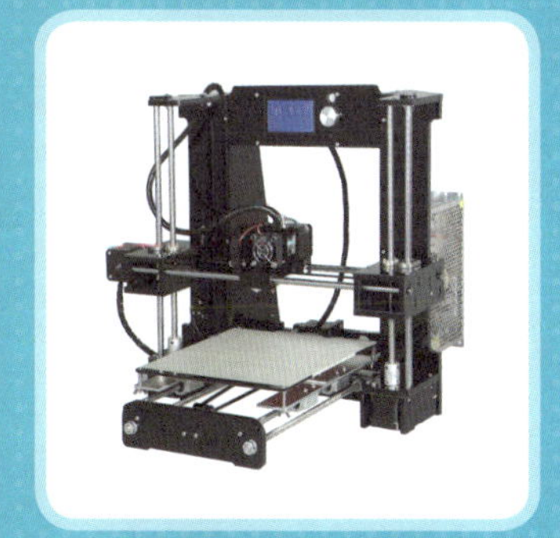

Anet A6．Anet A8との違いは液晶とその操作系，X軸のガイドロッドの構造など

Chapter

1 機種選択のチェックポイント

今回はキットを1台，友人の mako さんに組み立ててもらい，改めて初心者が体験するであろう問題点などを洗い出す事にしました．

では，3D プリンタキット選択のチェックポイントを見て行きましょう．

1-1. 印刷方式は？

キットとして販売されている90%以上の印刷方式は，樹脂フィラメントを印刷マテリアルとした溶融フィラメント製造法（FFF 方式）と言って良いでしょう．価格もこなれており，マテリアルの種類も豊富な事から現在のところ選択肢はこれ一つといったところです．

光造形法（SLA）のキット（Ilios HD SLA 3D Printer）も発売されてはいますが，こちらの価格は40万円程と高価です．造形サイズが98×55×125mm程の完成品が低価格で登場しているので，徐々に大きめな製品の低価格化も進んで行くと思われますが，光造形法のキットが今後販売される可能性は低いように思われます．

カーボン入りのナイロン12（ポリアミド12）粉末，熱可塑性エラストマー粉末を印刷マテリアルに使用したレーザー焼結法（SLS）のキット製品も販売されていますがこちらも高価です．サポート材無しで複雑な印刷が可能というメリットがありますが，素材が限られ焼結のためにカーボンが混ぜられている事からでき上がりは黒っぽいモデルになってしまいます．

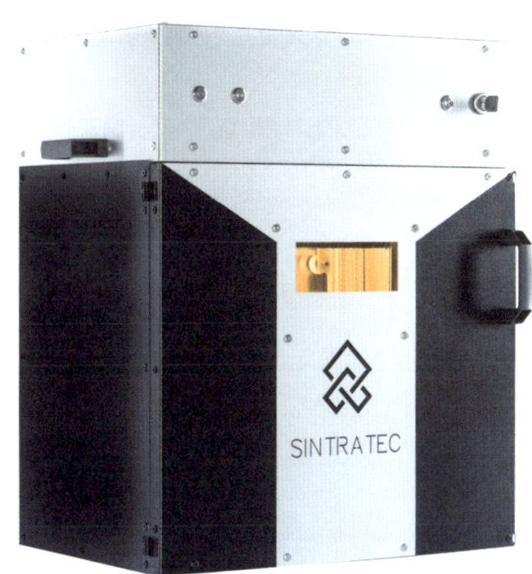

レーザー焼結方式（SLS 方式）のキット Sintratec Kit
（日本の販売代理店：株式会社 3D プリンター総研 http://www.3dri.co.jp/）

1-2. 造形サイズはどの程度まで必要？

私が使用しているAnet A6の造形サイズは220×220×240mmで，個人的にはサイズが足りないと思った事はありません．（印刷目的は，主に小物の修理パーツや電子工作関連）

同程度の造形サイズのキットならFFF方式に安価な製品が見つけられます．

makoさんは設置面積の少ないもの～つまりは置き場所が少なく済むコンパクトな製品～を希望していました．デルタ型なら設置面積が少なく済み，安価な完成品（ホットベッド未対応）も販売されていますが，キットでは適当な物を見つけられませんでした．

Prusa i3互換機ではビルドプレートのサイズは220×220mmでY軸方向に移動する構造のため，どうしても奥行き（Y軸）はビルドプレートサイズの2倍は必要になり，設置サイズは400×400mm程になってしまいます．

キューブ型でビルドプレートがZ軸（上下）方向に移動するタイプならPrusa i3互換機と同等の造形サイズでも，より設置面積を小さくする事が可能となりますが，アルミフレームを採用しているので，3万円程価格がアップしてしまいます．

また，キューブ型のキット製品はビルドプレートサイズを広くする傾向にあり，執筆時には造形サイズが200×200程度の製品は見つけられませんでした．

300×300など，より広い造形サイズが欲しい場合にはキューブ型が選択肢となります．

1-3. 本体フレーム素材は？

3Dプリンタが登場した当初は，中央を四角く抜いたMDF（medium density fiberboard：中密度繊維板）などのボードで立方体を組み立て，そこにメカニクスを組み込んだボックス型の製品を多く見かけましたが，近年では金属製のケースになり高級化しています．
　デアゴスティーニで企画された3Dプリンタ（2018年10月終了）が透明なアクリル製のボックス型で，初期の3Dプリンタを踏襲したデザインと言えます．

　安価なPrusa i3互換機のフレームには厚さ8mm程度のアクリル樹脂板が使用され，ネジロッドやガイドロッドなどと組み合わせる事で強度を高めています．
　断面が正方形（またはこれの2連）のアルミフレームやメタルフレームを使用した製品は全般に高価になりますが，アルミフレームは安価なキットにも使われ始めています．そのようなキットは価格を抑えるためにZ軸用モーターを1個に減らすなど，他の部分でのコストダウンに工夫が施されています．

1-4. ビルドプレートの駆動方式

　Prusa i3互換機ではビルドプレート（Yビルドプレート）を取り付けるキャリッジプレートにリニアベアリングを固定し，Y軸方向に取り付けた2本のガイドロッドに取り付けます．これをY軸モーターとタイミングベルトの組み合わせにより前後に駆動します．

　製品によっては円筒形のリニアベアリングを結束バンドでキャリッジプレートに固定するといった製品も存在しますが，この部分は前後に激しく動く部分でもあり，ネジ止めが可能なハウジング付きの構造が望まれます．
　2本のガイドロッドの代わりに，Y軸中心に1本のアルミフレームとゴムタイヤを使用した製品もありますが，ガタがなくビルドプレートが左右が揺れてしまわないように中央のフレームにタイヤでしっかり押さえられた構造でなければなりません．

　キューブ型ではキャリッジプレート（Zビルドプレート）をガイドロッドとリニアベアリング2組，リードスクリューとボールネジナットの組み合わせでZ軸方向に動かします．この可動部分が片側のみで駆動する方法と，左右対象に2組設けられた製品があります．
　キューブ型で奥側にこの機構を持った製品では奥側にのみZ軸のガイドロッド2本とリードスクリュー，ボールネジナットにモーター1個での駆動機構を持ちます．このタイプではキャリッジプレートを片側で水平に支えられる構造にする必要があります．

　オートレベリング機構のない一般的なモデルではビルドプレートはレイヤーの厚みずつ下に降ろすだけですが，オートレベリングでは下に降ろすだけではなく上下しながら下に降りる事から，片側駆動の場合にはこの振動が駆動側とは反対の先の方に揺れとして伝わらないようにしなければなりません．
　4本のガイドロッドと2組のモーター，リードスクリューを対象位置に備えた構造が理想的です．

1-5. ホットベッドが付いているか？

FFF方式で多種の印刷マテリアルに対応するためにはホットベッドが必要になります．

しかし，ヒーターの上限温度が50～60℃程度までだと対応できる印刷素材（マテリアル）が限られてしまいABS樹脂（P-342）には対応できません．110℃程度まで対応できれば多くの素材に対応が可能になります．

PLA樹脂（P-342）ならホットベッド無しでも印刷は可能ですが，印刷開始時のベッドへの定着はホットベッドがあった方が確実です．

PLA樹脂は室温で使用するものであれば問題ありませんが，自動車の車内など，高温になる場所で使用するアイテムには不向きです．カタログでABS樹脂が印刷可能か確認しておきましょう．ABS樹脂に対応可能なら，他の多くのマテリアルに対応が可能です．

1-6. Z軸にモーターが何個使われているか？

Prusa i3はZ軸に左右2個のステッピングモーターにより駆動し，リードスクリューとボールネジナットの組み合わせでX軸の高さが精密に制御されます．

1個のステッピングモーターで駆動するコストダウンされた製品もありますが，X軸を支える可動部分にゴムローラーを使用し，片側のモーターの回転をタイミングベルトによりもう一方に連動する構造にしています．構造的には複雑になってしまいます．

ゴムローラーとX軸との間に隙間があるとエクストルーダーの移動によりX軸に揺れが発生します．これは印刷物の仕上がりに影響します．

キューブ型については「ビルドプレートの駆動方式」で紹介した通り，Z軸にモーターを2個使用している製品と1個の製品があります．

1-7. 組み立ての難易度を知る

組み立て，調整の難易度の感じ方はその人のこれまでの経験によりさまざまでしょう．

どのような製品かはネットショップの情報だけでは不十分なので，組み立てガイドをインターネットで探して事前に目を通しておく事をお勧めします．

そのうえでホームページやYouTubeを見ると理解が早いと思います．様々な角度から撮影されている写真や動画は参考になります．そんな中には上手く動かないという嘆きの動画もあるのですが…（汗）

是非探して視聴して欲しいのが組み立て動画です．「製品名　Installation」，「製品名　assembly」で検索してみてください．メーカーごとの違いなども良くわかると思います．

これらを見て「とても無理～」と思われたらフルキットは諦めてセミキットか完成品で楽しんでください．

キットでは発生した問題は自己解決する努力が必要です．

海外メーカー製品では，クレームを入れて解決するまでにはけっこう時間とエネルギーが必要となります．この辺りの覚悟も必要でしょう．

1-8. 選択したモデルは

結局，なるべく小さい事，安価な事，問題があっても何とかなりそうな事といった縛りから，RepRapプロジェクトのPrusa i3の互換モデルから選択する事になりました．Prusa i3は販売されている中でもスタンダードなモデルです．

販売しているメーカーでも売れているキットなので大きな問題も起きにくいのではないかと考えました．価格が安いだけではなく，スペアパーツの入手も手軽で，インターネット上に情報もたくさんあり，参考になります．

Prusa i3互換機は基本構造をベースに，部品の選択などはメーカーそれぞれのアレンジが施されています．そのような製品の中には電源，制御基板周りはユニット化され，数カ所のコネクタを接続するだけで完成するセミキットの製品もありますが，それじゃつまらないのでセミキット製品は製作候補から除外しました．

今回選んだのは私が購入したのと同じメーカーAnetのモデルA8（Anet A8）です．Prusa i3と名前は付けていませんが，構造はPrusa i3のコストダウン版といったところでしょうか．

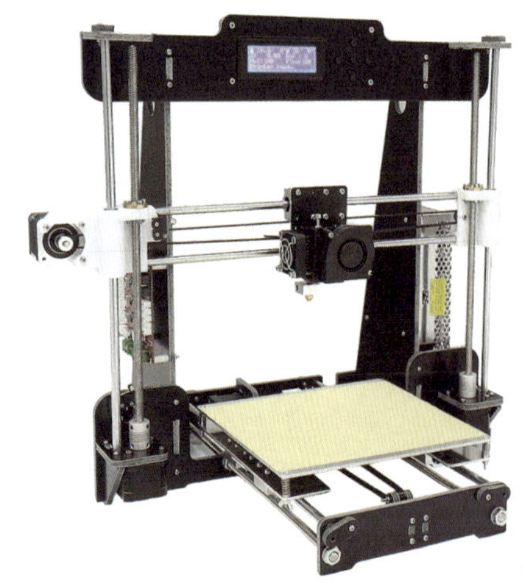

Anet A8 の完成写真

Chapter 2 購入

それでは，発注から荷物到着～内容物確認までを順を追って見て行きましょう．

2-1. 注文する

今回はbanggoodという中国のネット通販（モール）を利用しました．ここは電子部品や3Dプリンタの部品が豊富に取り扱われており，部品の名前などが分からなくてもジャンル別の検索で容易に見つける事ができます．

支払いはPayPalが使えるので中国企業やショップからのクレジットカード情報流出の心配はありません．商品の到着までは2～4週間程度掛かります．

価格が気になる場合やbanggoodで見つからない場合にはAliExpressを利用すると安い商品を見つけられる事がありますが，ショップの程度や商品の品質はピンきりといった感じです．

AliExpressの自動翻訳は酷いので，言語は英語に切り替えて内容を確認した方が良いでしょう．支払いはクレジットカードになりますが，品物が届いて認証しないうちは，AliExpressからショップにお金が支払われる事はなく，クレジットカード情報はAliexpress内で管理されます．クレジット決済が心配な場合には小口決済用の口座を用意し，必要最小限の預金を入れて使うようにしておけば安心でしょう。

banggood，AliExpressどちらも商品配送の追跡は安価な商品ではオプションになります．2万円以上の商品なら標準で追跡が可能となっていると思いますが発送方法，送料なども発注時によく確認してください．

最近ではAmazonでも多くの製品やパーツが即日入手が可能になってきています．

Amazonから購入の場合には取扱会社と発送元を確認してください．Amazon直販やAmazon.co.jpからの発送品は安心ですが，ショップが出店しているマーケットプレース（Amazon Market Place）の中には残念な事に悪質なショップもあります．

ショップの信頼度を調べる際に注意して欲しいのは，ショップの商品の評価はメーカー品であればそのショップが扱った商品とは限らないという事です．商品ではなくショップ名をクリックしてショップの評価や所在地を確認してください．特にショップの評価が二分している場合には，故意に評価を上げる操作が行われている可能性も考えられます．悪い評価の理由もチェックすると良いでしょう。

日本で購入できると思ったら商品は中国から送られて来たという経験をする事もあります．これらの中には個人によるドロップシッピングのケースもあり，商品のトラブル時には面倒な事になります．

2-2. 荷物が届くまでに

Chapter 1. 機種選択の「組み立ての難易度を知る」でも紹介しましたが，今回の商品は「Anet a8 assembly」などで検索すると，組み立てのPDFファイルや動画が見つけられます．まずはそれらを見て，組み立て手順などを頭に入れておきましょう．商品が届いてからの作業が楽になります．きっと…

2-2-1. 追加で用意したいパーツ

部品表を確認すると．残念な事にネジ類にスプリングワッシャーが付属していません．

振動がネジの緩みの原因となるので，緩み防止のためにスプリングワッシャーは是非加えたいものです．

スプリングワッシャーとセットで使いたいのが平ワッシャーです．これらを100個単位で購入しておくと良いでしょう．

材質は鉄は錆るので避け，錆びる事のない真鍮製をお勧めします．

3mm用スプリングワッシャー　真鍮 / ニッケルメッキ　またはニッケルクロムメッキ
3mm用平ワッシャー　真鍮 / ニッケルメッキ　またはニッケルクロムメッキ
これらを用意しておきました．

スプリングワッシャー

平ワッシャー

この他，スイッチ，ヒューズ付きACインレットと3A小型管ヒューズ．ホットベッドパワー拡張モジュール基板（P-365）を手配しておきました．

2-3. 荷物が届いたら

中国が春節などの大きな休暇の時期でなければ2～4週間程度で注文した商品が届きます．国内発送なら数日でしょうね．

荷物が届いたら箱を見回し，凹みなどがないか確認します．

今回，外箱にぶつけた跡の凹みがあったので，一応開封前に撮影しておきました．この後荷物の中身に問題が発生していた場合には直ぐにクレームという事になります．

箱の角に凹みが…　ちょっと心配です

2-3-1. パーツ確認

今回は組み立て作業と撮影のためのスペースの確保が必要だったため，某所の会議室を数回に渡り借りる事にしました．そのため1回あたりの作業時間も限られ，2018年年末に開始して完成は年越し後となってしまいました．

筆者「さ，始めましょうか」

いよいよ開梱の儀．やっぱりわくわく，ドキドキしますよね．…と思ったら．

mako「開けていいよ」

…って，ヲイヲイ，結構冷めてますよね～

私の方が部品大丈夫かな，うまく動いてくれるかなとちょっぴり不安だったりのスタートでした．

今回購入のAnet A8ですが，マニュアルと必要なアプリは付属のmicroSDカードの中に入っています．残念ながら日本語のマニュアルは付属しておらず英文のマニュアルになってしまいます（中国語の得意な方はそちらもありますが）．まぁ，日本の市場なんてそのボリュームから考えても大して期待されていないのでしょうね．

今回はmakoさん，ネットで入手した組み立てマニュアル『A8 3D Printer Installation Guide』を印刷して用意していました．関心関心．

チェックポイント

発泡スチロール3段にビッシリと部品が入っています．
欠品，傷，破損などがないかパーツリストと合わせながら確認します．

自分の時は結構大雑把なチェックでしたが，makoさんはしっかりチェックしてくれました．

モーターにはプーリーやフレキシブルカプラ（Z軸リードスクリュー接続）が初めから取り付けられているので，それを固定するイモネジが付いているかなども忘れずに確認しましょう．
私が以前購入したモデルでは発泡スチロールが割れており，イモネジが外れて行方不明という事故が発生していましたが，何とか箱の隅から発見する事ができました．
これに気付かなかったら，さっさと外箱は処分して，イモネジも行方不明になっていたかもしれません．

マイクロスイッチやファン，ブロワーなどはコネクタが付いて，ピンコンタクトがしっかり差し込まれている事も確認します．

リードスクリューやガイドロッドは曲がっていないか，平らなテーブルの上で転がして確認します．

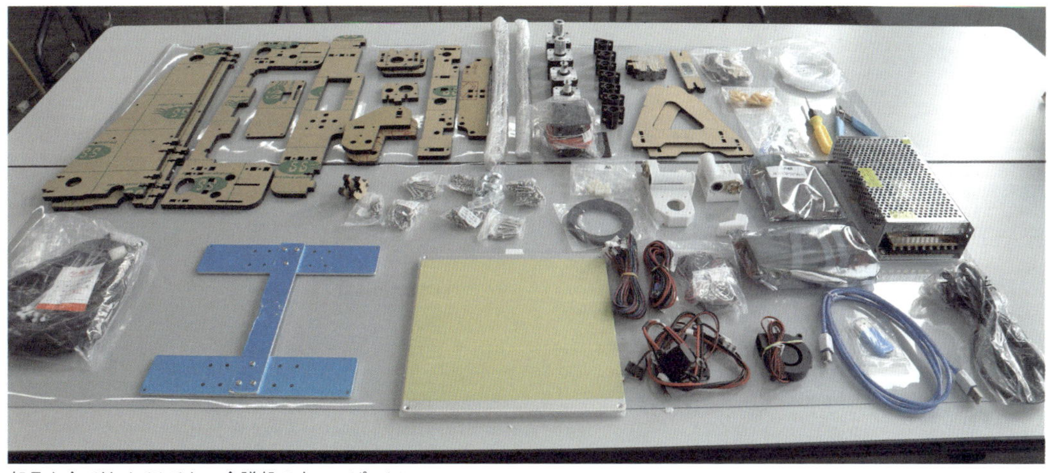

部品を全て並べてみると，会議机の上いっぱいに…

どうやら部品に問題は無かったようです．ほっ．

工具も付いてはいるけれど…

ドライバが2本付属していますが，どちらもなべ小ネジ2.6mm以下用です．握りの部分が細く3mm，4mmのなべ小ネジに使用した場合，ネジ頭の十字穴にピッタリと噛み合わないため，ネジ穴が滑りやすく締めにくいので3mm，4mmの十字穴に合う2番（#2）のドライバを別に用意しました．

ドライバの先端を上に向け，なべ小ネジの頭を下に差し込み，角度を少し傾けてみます．サイズの合ったネジならすぐに落ちてしまう事はありません．確認してみてください．（鉄ネジで磁石付きのドライバでない場合に限ります）

また，8mmナット用のスパナは肉厚が薄いため作業性が悪いです．こちらも150mmのモンキーレンチを100円ショップで入手しておきました（価格は200円＋税でした）．これで作業性は格段にアップします．

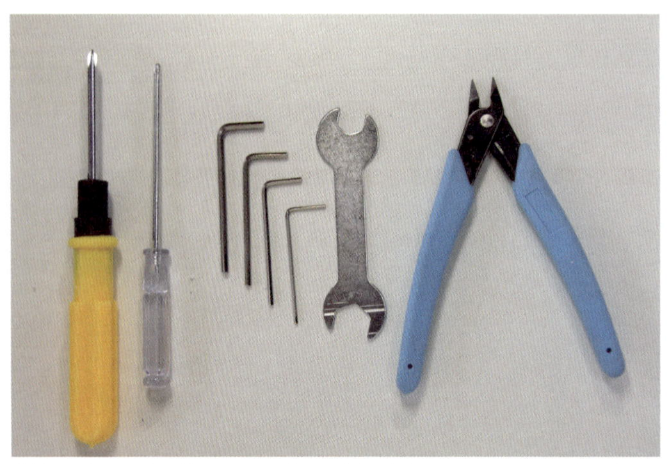

付属の工具．肉厚の薄いスパナは使いにくく，あくまでオマケといったところ．
ドライバも 3mm のなべ小ネジには使えません

●今回，新たに用意した工具

プラスドライバ

#2（3 ～ 4mmのプラスネジ用）シャンク全長100mm程度　握り（グリップ）の材質はお好みで選んでください．

#2（3 ～ 4mmのプラスネジ用）シャンク全長40mm程度（柄の短いドライバもあると便利）

※ドライバ先端が交換できるビット交換式は作業性が悪くなるので持ち運び用途などでなければお勧めできません．

モンキーレンチ　150mm程度（8mmナット用スパナでも良い）

COLUMN

TFカードって何？

パーツリストを見て「あれ？」と思った方もいるかもしれません．
「8GB TF card and card reader」と言う記述です．

近年，中国での商標の無断使用などに対する圧力のためか，今まで「microSDカード」と呼ばれていたメモリーカードが「TF card」と記述されるようになっています．microSDと名乗るためにはロゴの使用料などをSDカードアソシエーションに支払わなければならない訳ですが，これを嫌ってmicroSD規格の元となったSanDiskの商品名である「TransFlash」の頭文字「TF」を使うようになったようです．

microSDカードと名乗ってはいませんが，その形状はmicroSDカードそのもの．しかし，形状についても登録されているでしょうから，かなりグレイな気もしますが…

Chapter 3 組み立て開始

『A8 3D Printer Installation Guide』を見ながら組み立てを開始します．
以降の工程を大きく分けると次のようになります．

・筐体組み立て（電気部品の組み付け含む）
・電気関連配線（電源，制御基板の配線）
・確認，調整，動作チェック

組み立てに慣れている人であれば1日で組み上げる事も可能かと思いますが，無理をせず1日目に組み立て，2日目に電気の配線，動作チェックと分けた方が良いかもしれませんね．

3-1. 筐体組み立て

作業をするテーブルは広く平らな場所で行ってください．平らでないと3Dプリンタの底面部の水平を出す事ができません．

作業を始めてまず最初にやる事は筐体となるアクリル板の裏表に貼られている保護シート剥がし．これ，私のプリンタ組み立てでも実に難儀した作業で，これが無ければ1日で完成できたのでしょうが，途中で心が萎えてしまい，配線は間違いのないように翌日にする事にした経緯があります．

今回，組み立ての主な作業はmakoさんにやって頂く事にしていたのですが，このシール剥がし作業を任せたままだと直ぐに飽きられてしまいそうだったので手伝ったのですが，それでも音を上げていたmakoさんでした．

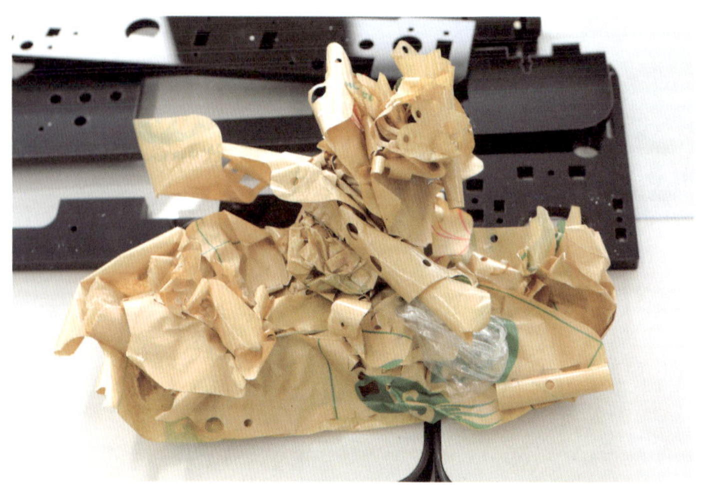

剥がしたシールの山．いや～しんど

ネジは8mm程のアクリル板にネジの通るスリットとナット部分が十字架のような形状に加工されており，板同士が固定される部分はほぞ穴とほぞの組み合わせで固定時の強度を上げています．

この隙間にナットを入れ，組み合わせた一方の穴からネジを差し込んで固定するのですが，部品にはスプリングワッシャーが付属していません．スプリングワッシャーはスプリングを締め付ける事で反発力が働き，ネジが緩み易くなるのを防ぎます．特に3Dプリンタのように振動が発生する物には欠かせない部品です．実際に私が組んだ3Dプリンタを稼働して数ヶ月後にチェックしてみたら，緩んでいるネジがあちこちに見つかり，増し締めをしました．素材がアクリルの組み合わせなので，強く締めすぎるとアクリルが破損する恐れもあるので締め加減には注意してください．

という事で3mm，4mm，8mmのスプリングワッシャーを事前に用意してネジと一緒に使用しました．

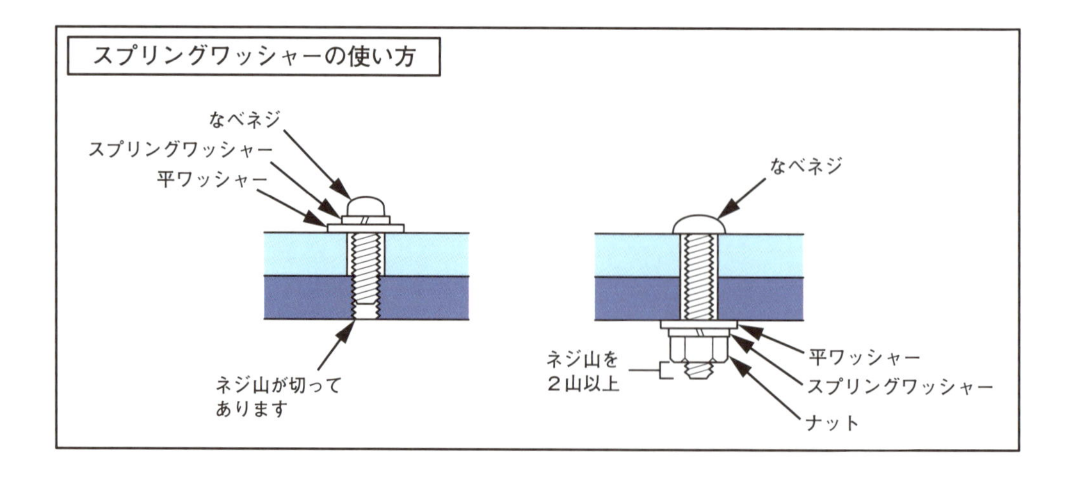

作業の注意点

・作業は平坦な台の上で.

・プリンタの稼働を始めて何ヶ月か経過したら，ネジの緩みがないか確認し，ネジの増し締めを行ないます．その後にヘンケルLOCTITEのようなネジ緩み止め剤を使用するのも良いでしょう.

3-2. Y軸駆動部

主要構造を組み上げ，底面部を構成する部品を取り付けます.

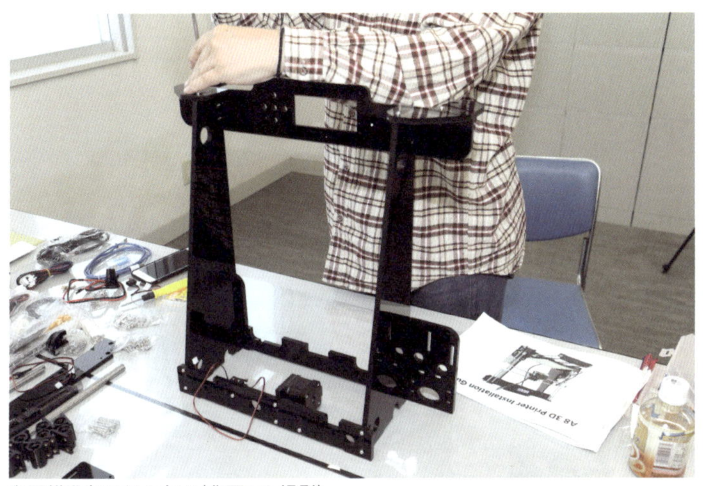

主要構造部の組み立て（背面から撮影）

背面プレートにY軸用モーターとY軸リミットスイッチを取り付けます.

このキットではモーター4個は同じものですが，取り付けられたプーリーはX軸用とは取付方向が逆になっているので間違えないようにします．また，プーリーを固定するイモネジがしっかり締め付けられているか，取り付ける前に確認してください.

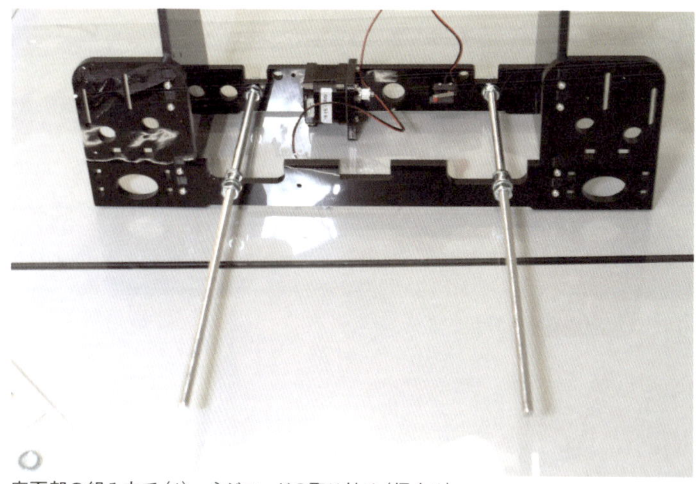

底面部の組み立て（1） ネジロッドの取り付け（仮止め）

Y軸の補強に2本のネジロッド（ネジ棒）が使われ，背面プレート，前面プレートを中央の大きなプレートに固定します．

ネジロッドを固定する時，筐体の底面に接する部分が均等に机の面に接するように組み立て，筐体が捻れる事がないようにネジロッドの締め付けには注意が必要です．またネジロッドに曲がりがある場合には歪みが生じます．

底面部の組み立て（2） 背面から撮影 前面プレートを取り付けネジロッドを固定．平らなテーブルの上でガタがない事を確認したらガイドロッド，リニアベアリングを取り付けます

ネジロッドを固定した後，前後のプレート間に2本のガイドロッドをプレートの穴から差し込みます．途中まで差し込んだらガイドロッドに2組ずつ，リニアベアリングを挿入してロッド押さえ用のプレー

トを取り付けたら，ホットベッド固定用のH字型のキャリッジプレートを取り付けます．

キャリッジプレートを取り付ける時，リニアベアリングがスムーズに前後に移動できる事を確認します．リニアベアリングを1個ずつ順に固定して行くと，どうしてもこの部分のスライドが固くなってしまいます．リニアベアリングの4本ずつのネジ全てを軽く締めて，前後に移動して重くならない事を確認しながら各ネジを締め付けて行きます．

キャリッジプレートを一番後に移動した時にリニアベアリングの1個がリミットスイッチのヒンジレバー部分に当たり，カチッとスイッチが入る音がする事を目と耳で確認してください．結構間違いやすい部分です．（最初は方向を間違えて取り付けてしまいました）

2018年後半のモデルはリニアベアリングの外枠がアルミダイキャスト製でしたが今回は樹脂成形（エンプラ）に変更されていました．このように中国製の製品では部品の変更などがよくあるようです．

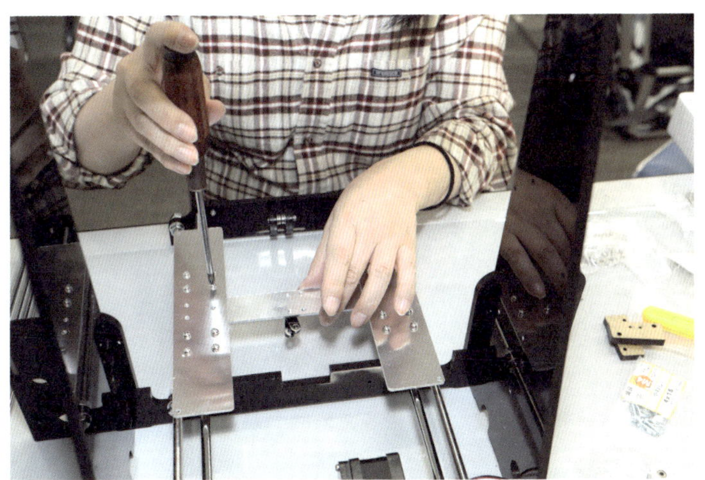

底面部の組み立て（3）　キャリッジプレートの取り付け．取り付け後，スムーズに動く事を確認します

作業中，ガイドロッドを直に手で触れると指紋がサビの原因となる事があるので，作業用の薄い手袋などを使用すると良いでしょう．もし素手で作業する場合には作業後にアルコールやエタノールなどで指紋や皮脂をきれいに拭き取る事をお勧めします．

作業の注意点まとめ

・ネジロッドは組み立ての時に1個ずつネジを締め付けず，部品の取り付けに必要なネジを付けたら，歪みなどのない事を確認しながら，全てのネジを均等に締め付けて行く．
・リニアベアリングは1個ずつネジ固定せず，4個を軽く取り付けた後に動きを確認しながらネジ止めを行う．
・既に組み付けられた部品も，ネジの締め具合など均等になっているか必ず確認する．
・マイクロスイッチに取り付けられたケーブルにはそれぞれコネクタ側にタグが付けられているので，取り付けるスイッチを間違わないようにする．

3-3. Z軸駆動部

筐体の左右のZ軸モーター固定板，モーターサポートを組み付け，Z軸モーターを固定します．この時，ケーブルの引き出し方向に気を付けてコネクタの向きを決めてください．このキットでは背面側にケーブルを引き出す穴が開いています．

X軸モーター用ケーブルは片側に付けられているタグの捺印を確認し，左右で長さが異なるので間違わないようにしてください．ケーブルタグは制御基板側に，コネクタの取り付けは方向を間違わないようにして，奥までしっかり差し込んでください．

左モーター取り付けとフレキシブルカプラの取り付け位置を調整

右モーター取り付けとフレキシブルカプラの取り付け．フレキシブルカプラの位置を調整

Z軸モーターの軸（径5mm）には異径変換のフレキシブルカプラが取り付けられています．軸は6～7mm程度差し込んだ状態に調整し，2箇所の六角穴付きネジ（通称イモネジ）でしっかりと締め付けます．筐体に取り付ける前に調整しておいた方が良いでしょう。

Z軸の左右スクリューロッド，ガイドロッドを取り付ける前にZ軸のリミットスイッチを仮取り付けします．

Z軸リミットスイッチ　スクリューロッド，ガイドロッドを取り付けてしまうと作業が大変

Z軸リミットスイッチ　仮止め中（ネジ1本行方不明）

ナットサポートのX軸のガイドロッド（8mm）が通る穴が固くないか確認してください．硬い場合には穴の内面を均等に丸ヤスリを軽く掛けるなどして，差し込みが容易な状態にしておきます．直径8.2mmのドリルでザクリを行うのも良いでしょう．

（実際の作業ではX軸のガイドロッドの差し込みが硬く，ドリルを用意していなかったので，Z軸を組み立てる前にX軸ガイドロッドを取り付ける事になってしまいました.)

ナットサポートの上部にある真鍮製の「送りネジナット」の取り付けネジをナットサポート取り付け前に緩めておきます.

ガイドロッドを筐体上部固定板の8mmの穴に上から通し，ナットサポートのリニアベアリングを通しZ軸モーターサポートのガイドロッド受け穴に差し込みます.
次にスクリューロッドを上から差し込み，ナットサポートの送りネジナットに回しながら差し込んで行きます.
フレキシブルカプラへの取り付け作業がし易い長さに達したら，スクリューロッドをフレキシブルカプラに6～7mm程度差し込み，2個のイモネジでしっかり固定します.
フレキシブルカプラの中心部分には10㎜程度の隙間ができるように取り付ける事になります.

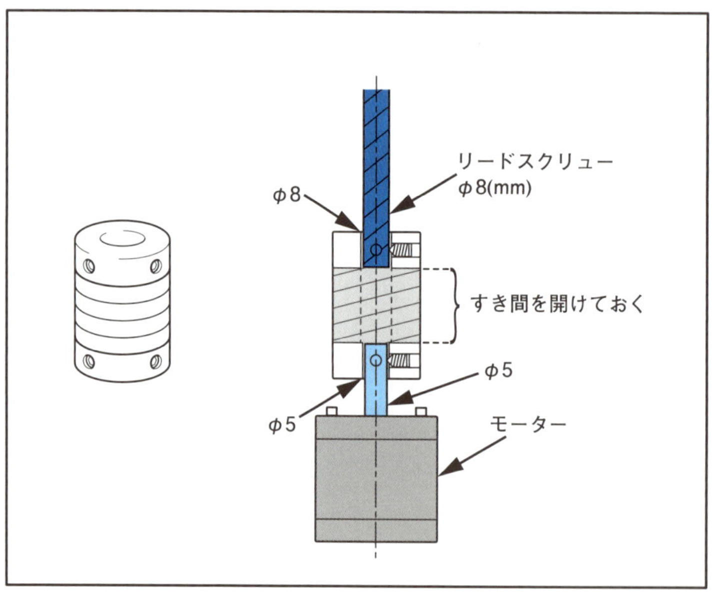

フレキシブルカプラの結合イメージ（断面図）

フレキシブルカプラを手で回してナットサポートを下に移動します．下まで来たら緩めておいた送りネジナットの固定ネジを締め付けます.
反対側のナットサポートも同様に取り付けます.

実は最初の組み立てではX軸を組み立てた後Z軸が重く，Z軸の組み立てまで戻って何度か調整し直しました.
X軸にガイドロッドを差し込む際に硬かった事や，送りナットネジを一旦緩めて調整するといった事が抜けていた事も問題だったようです.

このX軸の組み立ては筐体組み立て時の重要なポイントの一つと言えるようです.

作業の注意点まとめ

・ガイドロッドをスクリューロットより先に取り付ける.
・ナットサポートの送りネジナットの固定用ネジは緩めておく.
・ナットサポートのX軸ガイドロッド用の穴(8mm)にガイドロッドが軽く通る事を確認する.
・フレキシブルカプラの中心には隙間ができるように固定する.

3-4. エクストルーダー

ここで採用されているのはモーターとヒーターが一体になったダイレクトエクストルーダーです.
この組み立てが意外に手こずってしまいました.

まず,エクストルーダーをX軸パイプのリニアベアリングに固定するための金具の折り曲げ角度が直角になっていなかった事です.
歪んだままでは印刷ノズルの軸がホットベッドに対して垂直ではなくなってしまいます.何とか押しつぶす感じで曲げて調整してみました.

冷却ファン取り付け前のエクストルーダー　取り付け金具が歪んでいる!　板金加工のいい加減さを感じます

エクストルーダーにはヒートシンクとその外側にはファンが取り付けられています.この放熱器はヒーターの熱が上に伝わり,ベンチュリーパイプ(ノズルスロートパイプ)の上部でフィラメントが溶けてしまう事を防ぐ目的があります.多少はモーターの冷却効果もあるのかもしれません.
このファンの方向が吸い込みか吐き出しかどちらに向ければ良いか迷ってしまいます.吐き出しでも吸い込みでもどちらでも問題は無さそうですが,わざわざファンガードが取り付けられているので,ファンのモーターが固定されている側(製品シールが貼られている側)が押出機側という事で,吐き出しで良いでしょう.

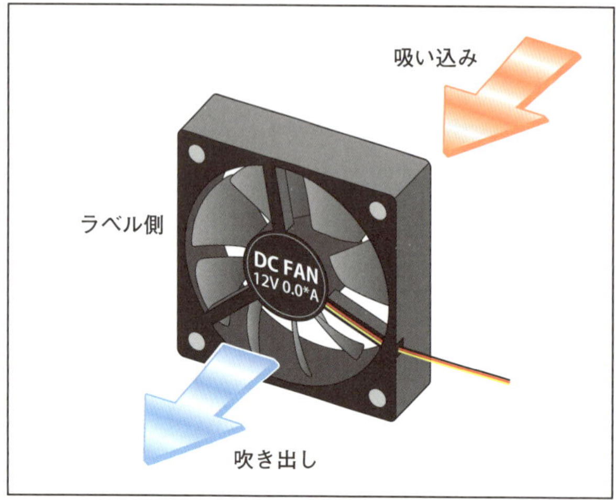

DC ファンの風の方向

ヒートブロックに印刷ノズルとベンチュリーパイプをしっかりと取り付け，稼働中に落下するような事故が起きないようにしなければなりません.

組み立てが手こずった原因は，エクストルーダーをX軸への取り付け金具に共締めしなければならないためでした.

組み上がったエクストルーダーはガイドロッドに差し込んでおいたリニアベアリングに固定します.

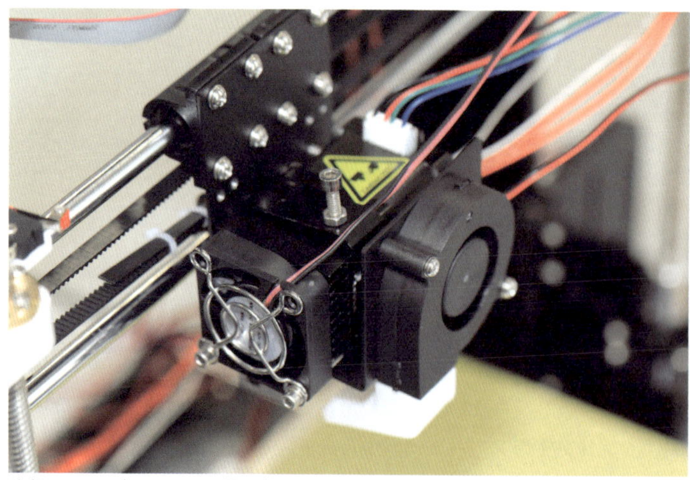
冷却ファン，ブロアファンが取り付けられ完成したエクストルーダー

スクリューロッドの左右にX軸用のガイドロッド取り付け用のナットサポートを取り付け，ガイドロッドを挿入します.

スクリューロッドを手で回転させた時にナットサポートがスムーズに上下に動く事を確認してください.

3-5. X軸駆動部

左右のナットサポートの高さが同じになるように，フレキシブルカプラを手でゆっくり回して高さを調整します.

X軸のガイドロットは正面右側のナットサポートから差し込み，エクストルーダーを固定するためのリニアベアリングを挿入し，左のナットサポートに差し込み固定します.

X軸のガイドロッドが差し込まれた状態でZ軸モーターのフレキシブルカプリング部を同一方向に回転して，スムーズに下端から上端まで移動できる事を確認します．この動きが硬い場合には全体の歪みがないかなど徹底的なチェックと調整が必要です.

動きの確認が済んだらX軸モーターを取り付け，右のナットサポートのプーリーとの間にタイミングベルトを通し，エクストルーダーにタイミングベルトを固定します.

最後に左用のナットサポートにX軸用のリミットスイッチを取り付けます.

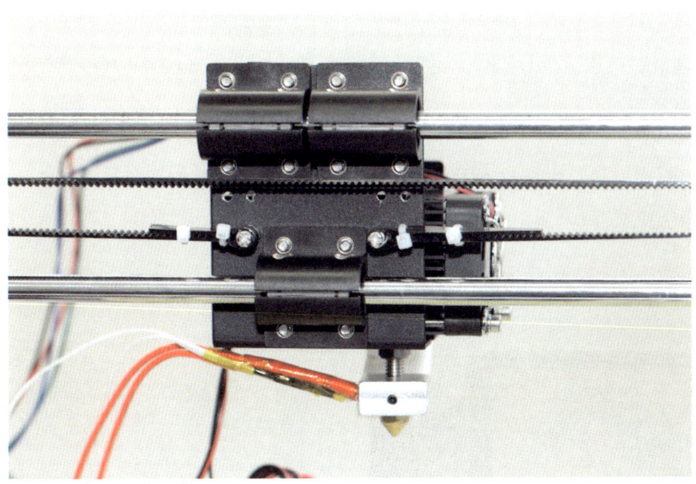

タイミングベルト取り付け

タイミングベルト取り付け用のパーツを印刷して取り付けました．調整中にベルトを取り外す必要が何度かあり，簡単に取り付け，取り外しができるので便利になりました

3-6. LCD取り付け

機構部品の組み立てもほぼ終わり，LCDをメインパネル上部に取り付けます．

残念な事に取り付けネジが皿ネジとなっており，見た目に安っぽく感じられます．

このような部分にはトラスネジか，バインドネジ，パネル面に皿モミをしてあるのなら丸皿ネジを使うべきでしょう．仕上がりの見栄えが違ってきます．（パネルの四隅の固定には丸皿ネジとローゼットワッシャーなどが使われます）

筐体の裏側にはスペーサーを通し，基板を入れナットで固定した後，保護用のパネルを取り付けます．

配線のフラットケーブルはまだ取り付けません．

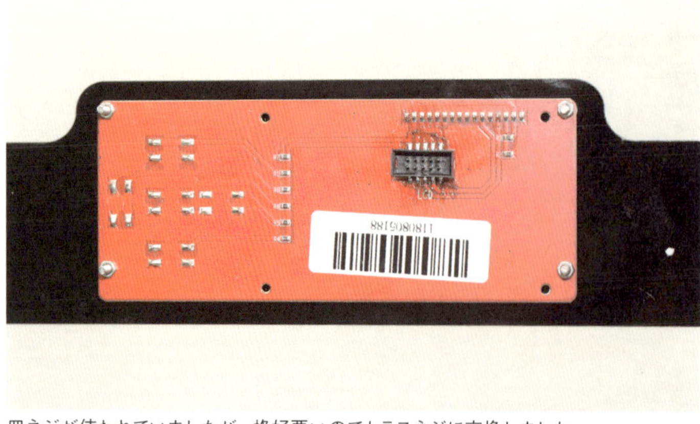

皿ネジが使われていましたが，格好悪いのでトラスネジに交換しました

3-7. 制御基板の取り付け

筐体, 左サイドにmicroSDカードソケットを上に, 端子台がある方を下にして制御基板を取り付けます.
(マニュアルではマザーボードと書かれていますが, 本書では制御基板と表記します)

秋, 冬の乾燥した時期には静電気が発生しやすく, 基板の部品などに触れると破損する場合があります.

制御基板は静電防止袋に入れられています. 不用意に手で触れる事は避けてください.

アルミサッシの窓枠や大きな金属製の物に手を触れて, 静電気を放電してから作業を行ってください.

ちなみに今回, 作業時にテーブルの上に敷いたビニールマットは静電対策済みの製品です.

身体の静電気を放電してから, 緑の端子台を下にしてにして取り付ける

Chapter 4

電気配線

機構部の組み立ても終了し，いよいよ電気周りの配線に突入です．

4-1. スイッチング電源

4-1-1. スイッチング電源の配線

まずはスイッチング電源の配線から…という所で大きな落とし穴が．付属の電源ケーブルにはヨーロッパ仕様の大きなコンセントプラグが!! 変換コネクタも付いていません!! こういった所が中国製なんですよね．ヨーロッパ向けとアメリカ，日本向けはコンセントプラグ仕様を分けて発送するといった気配りに欠けています．

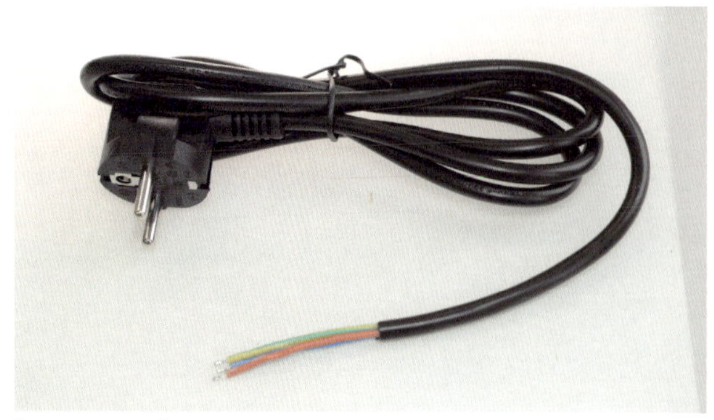

「こりゃあかん！」

キットでは電源の入力となる一次側はACコンセントのケーブルをスイッチング電源に直付けで，スイッチもヒューズも付きません．流石にスイッチング電源にヒューズが入っているとは言えちょっと問題ですよね．

まずはスイッチ，ブレーカー付きのOAタップなどを用意して一時しのぎをするという方法があります．3Dプリンタが完成したら，電源入力部改造用のパーツなどを用意すれば良いのではないでしょうか．

そんなわけで今回はスイッチ，ヒューズホルダ付きのACインレットとインレット用のコネクタ付きACケーブルを用意し，取り付け用の仮パーツを私のプリンタで作成しておきました．勿論，ヒューズ(3A)を入れておくのも抜かりありません．

さて，採用されているスイッチング電源の入力はヨーロッパ向けの220Vとアメリカ向けの110V入力に対応し（やはり日本なんかは眼中にないのです）出力は12V20A（240W）です．電源の横に切り替えスイッチが付いているので，110Vに切り替えて使用します．この電源を100Vで使用するので電源の効率は少し落ちてしまいますね．

スイッチング電源の端子部

スイッチング電源の入力電圧切替スイッチ

4-1-2. AC入力側の配線

使用した「スイッチ，ヒューズホルダー付きACインレット」は型番：DB-14-Fという製品で，販売元によるとUL規格品との事ですが，配線の金属部分は背面に露出し，圧接されている部分も金属の肉厚が薄いせいか脆弱な感じを受けます．これまで使ってきたJIS規格品とは大きな隔たりを感じてしまいます．

使用するヒューズはガラス管ヒューズの直径5.2×20mmの小型のタイプ．ヒューズの定格電流はスイッチング電源の出力が240Wという事から変換効率を80%とするとAC側は約3Aのヒューズが必要になります．

$$\text{AC側電流（A）} = \frac{\text{出力電圧} \times \text{出力電流}}{100\ \text{(V)} \times \text{効率 (\%)}}$$

大きすぎるヒューズを入れてしまうと，せっかくのヒューズの効果が台なしになってしまいます（AC入力側の電流が分かっている場合には指定の電流のヒューズを使用してください）．

ACインレット周りの配線は下図を参照してください（配線方法は幾通りか考えられます）．ACインレットDB-14-Fの端子はファストン・タブと言われるもので，ファストン端子を使えばハンダ付けを行わずに端子の圧着のみで配線が可能になります．圧着器がない場合には端子にハンダを流し込んで圧着代わりにする方法があります．

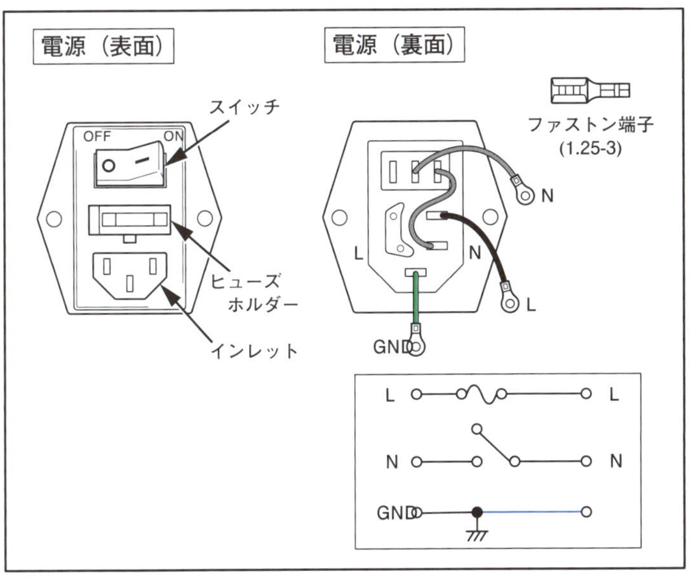

AC インレット配線

AC インレットとスイッチング電源の配線．取り付けカバーは別途作成（図とは配線が異なります）

ただし，このACインレットに使われているファストン・タブは国内で広く用いられている250シリーズ（幅6.4mm）より小型の187シリーズ（幅4.8mm）で入手性が悪かったため，配線に1.25sqの線材を直接ハンダ付けをする事にしました．端子部分には熱収縮チューブを被せて端子部分が手や他の金属やなどに触れても問題のないように処理しました．

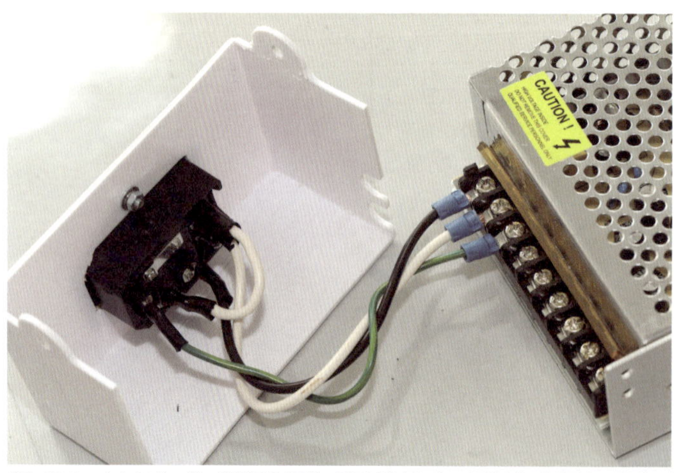

AC インレットとスイッチング電源の配線．取り付けカバーは別途作成（図とは配線が異なります）

スイッチング電源のAC入力側には丸型の圧着端子を使用します．とりあえずAC電源ケーブルをスイッチング電源に直結という人も同様の方法をお勧めします．

スイッチング電源の端子配列は製品によって異なる場合がありますので，刻印を良く確認して配線を行ってください．L　N と記されている端子がACの入力，SGはシャーシグランド線の配線，出力＋，COM間がDC12V出力端子となります．

DC側の出力＋，COM端子は3個ずつ共通になっているので，どの端子との組み合わせでも問題ありません．

一般的な配線に使用する色は以下のようになります．

- **AC入力**　L：黒　N：白　GND：緑
- **DC出力**　＋：赤　COM：黒

AC入力側の配線が済んだら，スイッチング電源の動作確認を行います．（出力DC12V側にはまだ接続しません）

4-1-3. スイッチング電源の動作確認

① テスター（デジタルマルチメーター）を用意します．

② 電源横の切り替えスイッチが110Vとなっている事を確認します．

③ ACインレットとスイッチング電源の接続が済んだら，インレット用のコネクタ付きACケーブルを接続し，コンセントに差し込んで電源スイッチを入れます．

異音，異臭などがしたら，すぐにコンセントからケーブルを抜いて，配線ミスなどがないか確認します．

④ スイッチング電源側のAC入力端子の電圧を測定し，AC100V前後である事を確認します．

⑤ DC出力側の電圧がDC12Vとなっている事を確認します．電圧が高めだったり低い時にはアジャスト（ADJ）のボリュームを細めの＋ドライバ（柄が絶縁されているものが良い）でゆっくり回し，出力がDC12Vに近くなるように調整します．

⑥ 調整が済んだら電源を切り，ACケーブルをコンセントから抜きます．

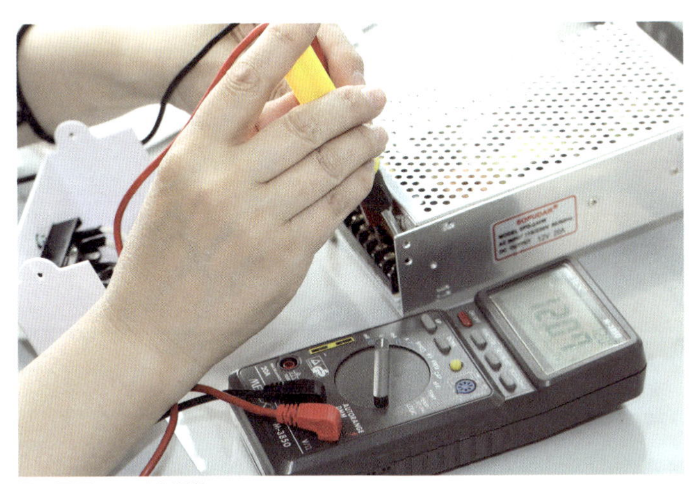

電源電圧チェックと調整

4-1-4. スイッチング電源の取り付け

スイッチング電源の出力側＋（+V）に赤，－（－V，COM）に黒の（付属パーツの中で一番太い）線材を接続し制御基板の電源入力端子に接続します．メーカーによりスイッチング電源の端子配列は異なりますので電源に付いている銘版をよく確認してください．

電源ケーブルの配線が済んだら，スイッチング電源を筐体の指定位置に取り付けます．

スイッチング電源は本来アクリルの筐体に直接固定されるのですが，放熱を考慮して手持ちの金属製スペーサーを使い15mm程浮かせて取り付けました．これだけで電源周りの空気の対流は良くなるでしょう．

スイッチング電源の取り付け．筐体から15mm程離してある

4-2. 制御基板の電源入力

制御基板側には付属のスペーサーを入れ筐体に取り付けます．電源入力端子（Power）の極性は基盤のシルク印刷をよく確認してから接続してください．＋－を逆に接続すると制御基板を破損します．＋－を充分確認してください．

ここで「え～～!!」な驚きの事態が発生．

圧着端子付きのケーブルを電源入力の端子台にネジを締め付けていると，緑色の端子台全体がぐるりと右回りに回転するではありませんか!!

端子台の裏側の金属が通る部分に隙間があり，端子台自体の基板に対する位置決めをする突起部がない事などから，端子を締め付ける力がそのまま肉厚が薄い金属部分に加わり変形を生じ，端子台が回ってしまったのです．

左（緑）が使用されていた端子台．端子台裏側の空間が金属部分を変形させる原因になっています
右（黒）は国内メーカーの端子台．金属部分の厚みもあり，信頼性が高い

このような状態では端子部分のハンダが剥離して接触抵抗が上がり，発熱，発火の原因となってしまうのでこのままにしてはおけません．
コネクタは以前のバージョンの物とは変更され，いくらか良くなったかと思ったのですが…

この緑色の端子台は回転しないように固定しながらネジを締め付ける必要があります．

もし，回転してしまったら端子の状態を確認してください．歪みを元に戻し，少なくとも端子台のハンダ付け部分をハンダ鏝で加熱し，ハンダを少し流し込むといった修復が必要です．

そこで，予定していた配線作業を中断し，数日後に秋葉原に代替部品を探しに出かける事になってしまいました．
問題の端子台を取り外し，丈夫な国産の部品に交換しました．真ん中のエクストルーダー用の端子台は取り付け位置を合わせるために新たに穴を開け，隣のパターンが接触しないように一部を剥がして取り付けています．

大胆に制御基板を改造してしまったmakoさん，（あれ？　まだ動作確認できないうちに改造したら保証が…）凄い勇気というべきか．
まぁ最悪，基板のみの入手も可能なようですが…　良い子は慎重に対応を．

大胆にもボードの動作チェック前に端子台を交換．
端子間隔が異なるため，新たに穴を開け，一部の配線をジャンパーしています

この端子台のトラブルは多く発生していたようで，いつの間にかメーカーでの改修が行われていました．

現在は大きめな6連の端子台に交換されたため，ドライバでネジを締め付けたら端子台が回転してしまった，などという問題は発生しないでしょう．

最新の制御基板では端子台が交換されました

4-3.LCDディスプレイの接続

LCDディスプレイ（スマートコントローラ）をフラットケーブルで制御基板に接続します．コネクタには配線の1ピンの位置を示す三角マーク，極性ガイド，極性キー溝などによりコネクタの取り付け方向が決められています．マザーボード，LCDディスプレイのマーキング，コネクタの極性ガイドを確認して接続してください．

制御基板の接続先はLCDと印刷された側になります．

フルグラフィック・スマートコントローラを搭載したモデルA6では2本のフラットケーブルを接続する事になるので，接続先を間違えないようにしなければなりません．

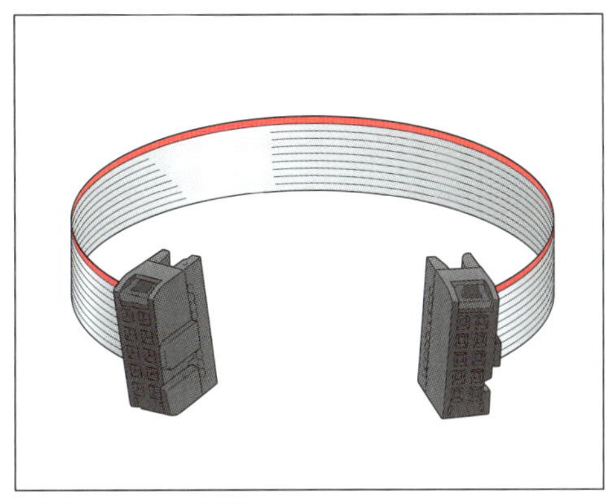

コネクタには極性を間違えないよう，誤挿入防止用の出っ張りがある

最低限，制御基板の電源とLCDを接続すれば，制御基板の基本的な良否を判定できます．

4-4.その他の配線

mako「電気系の配線の説明が不親切だよね～」

と嘆いた程，配線に関しては説明らしい説明がありません．

参考になるのは制御基板にコネクタの接続先の名前が書かれただけの図が1枚あるだけなので「ちょっと～」と感じてしまうかもしれません．

それでもゆっくりと確認すれば，接続先を理解できると思います．

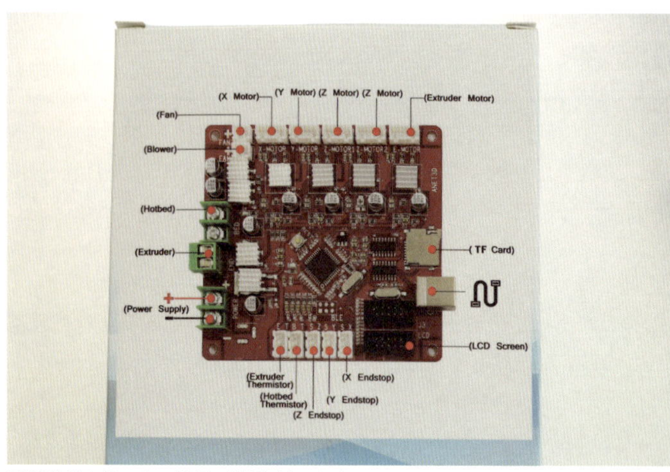

制御基板の箱の裏に端子の説明があります

続いて以下のコネクタの配線を行います.

マイクロスイッチやファンなどのケーブルの先端に取り付けられたハウジングコネクタの根本に付けられたタグを頼りに，制御基板の箱裏のコネクタ名が書かれた図面を参考に接続して行きます.

ここで使用されているハウジングには誤挿入防止用の出っ張りがあり，制御基板側のベース付きポストを良く確認して奥まで差し込んでください.

Anet A8では以下のような名称になっています.

部品名称	基板シルク印刷
マイクロスイッチ　X軸	X Endstop
マイクロスイッチ　Y軸	Y Endstop
マイクロスイッチ　Z軸	Z Endstop
エクストルーダーの温度センサ	Extruder Thermister
ヒートベットの温度センサ	Hotbed Thermister
クーリングファン(40×40)	40×40Fan
ブロアワーファン	50×15Fan
ホットベッド用ケーブル	BED（右が＋）

モーター，エクストルーダーのヒーターはこの時点ではまだ接続しません.

ヒートベットのコネクタ側の接続もまだ行いません.

4-5. 制御基板の動作確認（その1）

ここでは制御基板の基本動作確認，リミットスイッチの動作確認を行います．
作業は以下のような流れになります．

① パソコンの準備	USBドライバのインストール Pronterfaceのインストール（「Part 7 ソフトウェア編」（P-329）を参照）
② プリンタの電源	電源を入れる ブザー音の確認 ファンの動作確認 LCDの表示確認（1行目の温度表示を確認） 電源を切る
③ USBケーブル	USBケーブルを3Dプリンタに接続しパソコンの電源をオン（電源を入れた状態でも問題なし） Pronterfaceを起動 3Dプリンタの電源を入れる
④ Pronterface	シリアルポートを接続
⑤ リミットスイッチ	Pronterfaceのコマンドでリミットスイッチの動作確認，接続先確認． 3Dプリンタの電源を切る

4-5-1. パソコンの準備

準備としてパソコンがWindwos10より以前のOSで，アップデートが行われていない場合には，キットに付属のmicroSDメモリの中のSoftware＞CH340G Driveフォルダにある CH340G_windows.zipを解凍してCH341SER.EXEを起動し，ドライバのインストールを行ってください．最新のWindows10ではこのドライバはインストールされています．また，Macの場合にはCH341SER_MAC.ZIPのドライバをインストールします．

次に3Dプリンタ制御ソフト，Pronterfaceをインストールします．プリンタに付属のRepetir-Hostにも同様のリモート操作機能がありますが，今回の操作性ではPronterfaceの方が上でしょう．

Pronterfaceの初期設定をプリンタに合わせて設定します．詳細は「Part 7 ソフトウェア編」を参照してください．

4-5-2. プリンタの電源を入れる

ピーピーとLCDボードに搭載されたブザーが鳴り，LCDディスプレイのバックライトが点灯して起動メッセージが表示され，エクストルーダーのファンが動き出すので確認します．

この時，異音や焦げ臭い匂いがしない事を確認します．また，制御ボードに接続したケーブル（特に電源）が加熱していないかなども確認してください．

もし，ファンではなくブロアが回転している場合には，ファンとブロアのコネクタを挿し違えているので電源を切って挿し替えてください．ブロアは電源投入時に動作する事はありません．

ファン（左）とブロア（右）

LCDディスプレイ画面の最上段にエクストルーダーとホットベッドの温度（ほぼ室温）が表示されます．両方共表示されている事を確認しましょう．表示されない場合には温度センサの配線を確認してください．

4-5-3. USBケーブルを接続

以上を確認したら，3Dプリンタの電源を一旦切ります．

付属のUSBケーブルを制御基板とパソコンのUSBコネクタに接続し，パソコンの電源を入れ，起動を待ちます．

パソコンが起動したら3Dプリンタの電源を入れます．

4-5-4. Pronterfaceを起動

Pronterfaceのアイコンをクリックして，プログラムを起動します．

4-5-5. シリアルポートを接続

Pronterface画面左上の［Port］ボタンをクリックします．

COMポートが正常に動作していれば，ボタンの右隣に接続されているCOMポートが自動的に選択表示されます．また，COMポートが分かっている場合には［ v ］ボタンでCOMポートを選択する事もできます．

隣に表示されている［115200］は通信速度で3Dプリンタの初期設定と同じ速度になっています．

COMポートを設定したら［Connect］ボタンをクリックします．

左側（GUIホストのPronterface）のグレイアウトしていた制御パネルが通常色の表示に変わります．

通信が正常に行われれば，右（コマンドラインホストのPronsole）のコンソールに制御基板の情報など通信内容が表示されます．

3Dプリンタの電源が先に入っている場合，シリアルポートを認識できない場合があります．

4-5-6. リミットスイッチの動作確認

3Dプリンタで印刷を開始すると印刷ノズルを規定の位置（ホームポジション）に戻すホーミングが行われます．

リミットスイッチはホームポジション（印刷の基準となる位置）を検出するためのスイッチです．スイッチが動作しなかったり，接続先を間違えた場合には，モーターがホームポジションで停止せず，回転し続ける事で異音と振動を発生し，モーターやドライバICに負荷を掛けてしまい，故障の原因になります．

事前にリミットスイッチの動作確認を行っておけば，このようなトラブルは避けられます．

①3個のスイッチが押されない状態に，エクストルーダー，ホットベッドをゆっくりと手動で移動しておきます．

②Pronterfaceの右側のコンソール（Pronsole）の下に「M119」と入力し［Send］ボタンをクリックします．

M119 [Send]

③コンソールの上側に以下のように表示されます.

```
>>>M119
SENDING:M119
ok 0
x_min:L y_min:L z_min:L       <---  ここを確認
ok0
```

因みにAnet A6では以下の様になります.

```
>>> M119
SENDING:M119
Reporting endstop status
x_min: open     <---  ここを確認
y_min: open     <---  ここを確認
z_min: open     <---  ここを確認
```

④ 次にX軸のリミットスイッチのみを手で押して,②と同様に「M119」を入力します.

```
>>>M119
SENDING:M119
ok 0
x_min:H y_min:L z_min:L       <---  ここを確認
ok0
```

Anet A6では以下の様になります.

```
>>> M119
SENDING:M119
Reporting endstop status
x_min: TRIGGERED  <---  ONにしたスイッチのみこのように変わります
y_min: open
z_min: open
```

⑤ 同様にY,Zのリミットスイッチを順に押して,「M119」を入力し,押しているスイッチのみH(TRIGGERED)になればリミットスイッチの配線,動作共に問題がない事を確認できます.

押したスイッチと異なる部分がH(TRIGGERED)になった場合には配線が入れ違っているので正しく

挿し替えてから，もう一度「M119」で確認してください．

4-6. 制御基板の動作確認（2）

モーターの動作，ホーミング，ヒーターの動作を確認します．

作業は以下のような流れになります．

① モーターの接続	モーターに接続されたハウジングを制御基板に接続します．
② ホットベッド（ビルドプレート）の高さ調整	
③ モーターの動作確認	パルスモータの動作確認と接続先に間違いがないか確認します． 各モーターのホーミング，全体のホーミング動作を確認します．
④ 温度センサ動作確認	ホットベッド，ヒートブロックを加熱して温度センサをチェックします．

4-6-1. モーターの接続

電源を落とし，コネクタ・ハウジング側に付けられたタグを確認しながらモーターの配線を制御基板に接続します．

4-6-2. ホットベッド（ビルドプレート）の高さ調整

電源を入れる前に以下の調整を行っておきます．

正しく行われないと，ノズル先端でホットベッドを削るといった悲惨な事になります．

ホットベッドの取り付け作業にエクストルーダーが邪魔な場合には，左右のZ軸モーターのフレキシブルカプラを両手で均等に回してX軸全体を上に移動しておきます．

（1）ホットベッドの取り付け

キャリッジプレートにホットベッドを3mmの皿ネジで取り付けます．

通常の使用方法では下側の蝶ネジを押さえながら，上からドライバで調整するのですが，従来はキャリッジプレートにもネジが切られており，蝶ネジは緩み防止用だったようです．

ただ，この方法ではホットベッドの上にガラス板を敷いたり，ビルドプレートシート（プラットフォームシート）を貼ると上からドライバでネジを回す事はできなくなってしまいます．

ガラス板の使用やプラットフォームシートを貼る予定の人は，次のように取り付けを行ってください．

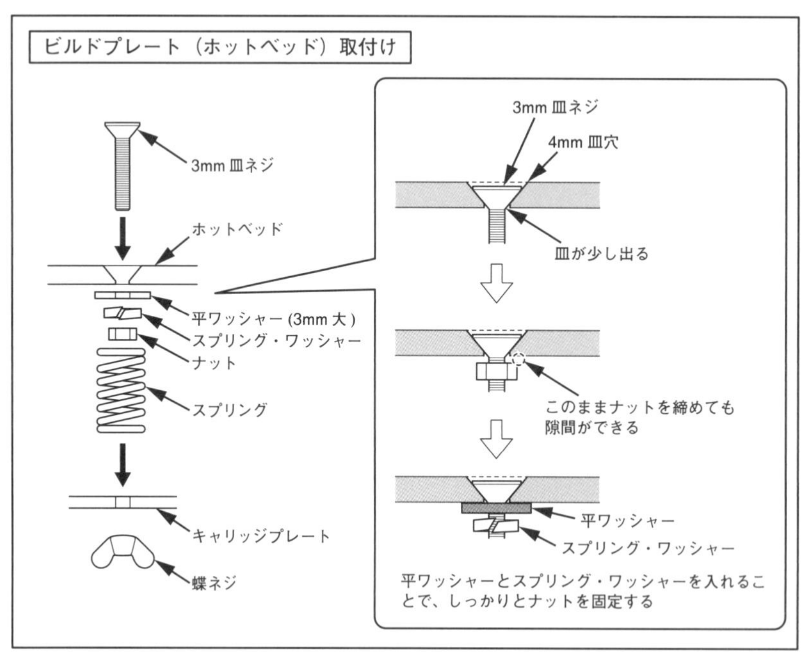

ナットは緩まないようにしっかりと取り付けます．高さの調整は下に取り付けた蝶ネジで行います

ホットベッドの表側（耐熱マスキングテープが貼られている側）の四隅にある皿穴に指定の皿ネジを通し，下側から平ワッシャー，スプリングワッシャーの順に通してナットを締めます．この時，ナットがしっかり締まり，ネジの軸方向がホットベッドに対して垂直になっている事を確認します．傾いてしまうと，キャリッジプレートの穴に通し難くなってしまうからです．

ホットベッドの四隅の皿穴は4mm用の皿もみがされており，3mmのネジを使用すると皿の根元部分が下に出してしまい，ナットのみではホットベッドとの間に隙間ができ，しっかり固定できません．

これを防ぐために平ワッシャーを１～２枚挟み，自然に皿ネジが垂直に固定されるようにします．

手で根元まで締めた後，小型のモンキーレンチでナットを固定し，プラスドライバでネジを締め付けます．モンキー側を回す場合には力が入りやすいので締める力加減に注意してください．

皿ネジが固定されたらスプリングを通して，ネジの先端をキャリッジプレートの穴に通し，蝶ネジで固定します．

プリンタが完成したら蝶ネジに取り付けるノブ，スプリングブッシュなどを試し運転がてら作成してみると良いでしょう．スプリングブッシュはキャリッジプレート側のみでOKです．

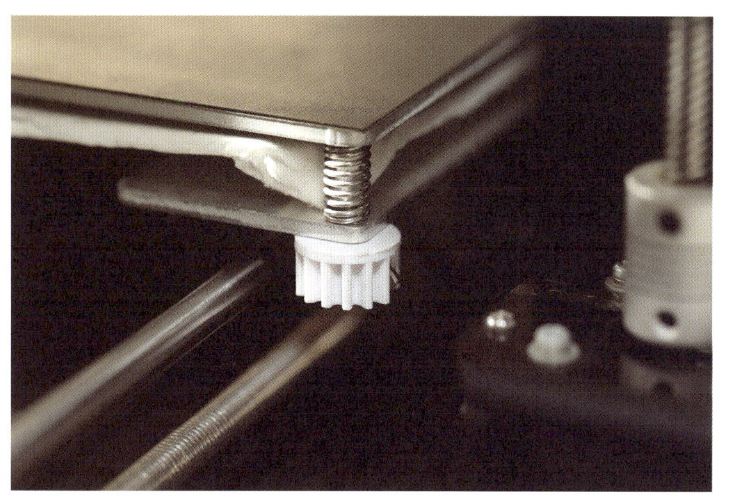

アルミのキャリッジプレートとホットベッドの間の白いものは断熱材です
（写真は Anet A6）

● モデルデータ　https://www.thingiverse.com/thing:2404133

（2）蝶ネジ（高さ調整ネジ）を回して，ホットベッドを下げる

下方向から右回しで蝶ネジを締め，ホットベッドを下げます．

（3）印刷ノズルの先端を降ろす

Z軸モーターの根元のフレキシブルカプラを左右均等にナットサポートが下がる方向に回し，印刷ノズルの先端がビルドプレートに触れる手前で停止します．この時ナットサポートの下端までの左右の高さを測り，高さが同じになるように（X軸が水平になるように）調整します．

（4）Z軸ホーム用マイクロスイッチの高さ調整

Z軸左側のモーターの後方に取り付けたマイクロスイッチの高さを，マイクロスイッチがナットサポートの下部で押されてカチリと音がする位置で固定します．しっかりとマイクロスイッチの付いたプレートを固定し，スイッチの取り付けが緩まないようにします．

4-6-3.モーターの動作確認

モーターがソフトウェアの指示通りに動作するかの確認を行います．

3DプリンタとUSBケーブルで接続した状態でパコソンの電源を入れ，起動してから3Dプリンタの電源を入れます．

3Dプリンタが起動したら制御ソフトPronterfaceを起動します．

前回起動時と同じCOMポートが表示されているのを確認し，［Connect］ボタンをクリックします．

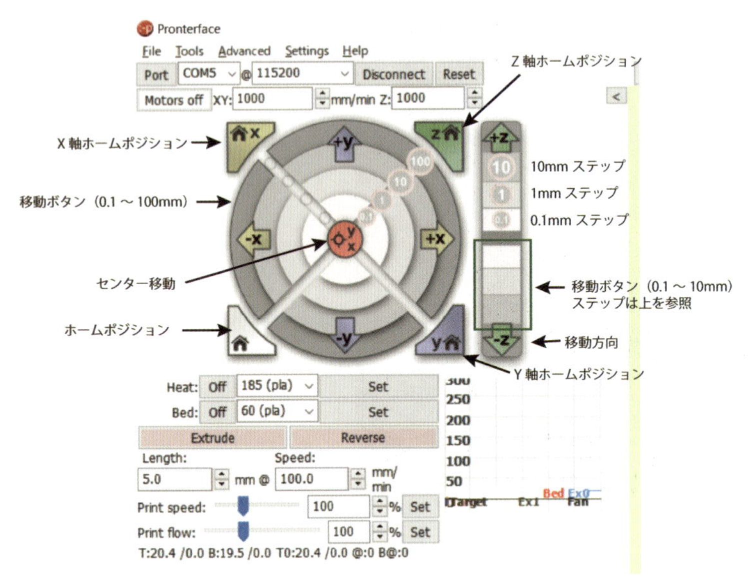

Pronterface で各モーターを任意の方向，距離を動かす事ができます．
マイクロスイッチの動作を確認しないうちはホームボタン，センター移動ボタンは使わないでください

コントロールツール上に書かれている数字は移動距離です．

起動時にエクストルーダーのある位置が仮のホームポジションとなり，その位置より－（マイナス）方向には移動できません．**ホームポジション（家のマーク）を選択すればホームポジションの位置がリセットされますが，この操作はまだ行わないでください．**

今回，製作したAnet1.0のバージョンではいずれかのモーターの起動時にX軸のオフセット（左端からホットベッドの左端まで）が自動的に行われるようです．

以下の動作確認で指定と違うモーターや方向に動いている場合にはすぐに停止し，配線を再確認してください．

非常時には［Reset］ボタンを押すか，3Dプリンタの電源を切ってください．

+xの10の円弧内をクリックし，エクストルーダーが右に10mm移動するのを確認します．（移動距離は大まかで良い）

-xの10の円弧内をクリックし，エクストルーダーが左に10mm移動するのを確認します．

+yの10の円弧内をクリックし，ホットベッドが手前に10mm移動する事を確認します．

-yの10の円弧内をクリックし，ホットベッドが手前に10mm移動する事を確認します．

+zの10をクリックし，エクストルーダーが上に10mm移動する事を確認します．

-zの10をクリックし，エクストルーダーが下に10mm移動する事を確認します．

家マークxをクリックし，エクストルーダーが一旦右端まで移動し，ホットベッド左端まで戻って停止

する事を確認します．
家マークyをクリックし，ホットベッドが奥まで戻り停止する事を確認します．
家マークzをクリックし，z軸用マイクロスイッチまで下がり，停止する事を確認します．

それぞれのホームポジションの停止時にはマイクロスイッチで停止した後，少し戻り，位置決めをしなおして停止します．
ここまで順調にくれば大きな山は越えた事になります．

4-6-4. 温度センサ動作確認

Pronterfaceのモーター制御で＋Z ⑩を数回クリックして，エクストルーダーをホットベッドから少し離れた位置に移動させます．

Pronterface画面左の下側にグリッド表示があり，ここに温度センサをモニターして表示します．ここをクリックすると大きな温度グラフ（Temperature graph）が表示されます．

Bed，EX0で表示されたラインがホットベッド，エクストルーダーのヒーターの温度で，ほぼ室温となっている事がわかります．
温度センサが接続されていないと，エラーになりプリンタが停止状態のまま，動作させる事ができません．

（1）ヒーター（ヒートブロック）動作確認

Heat:と書かれている右の［Off］の右［v］をクリックして［185(pla)］を選択します．
次［Set］をクリックしてグラフの温度が上がる事を確認します．
液晶画面を見て１段目左側に「**/185」と表示され，＊＊の温度が徐々に上がってくればOKです．
ヒートブロックに手のひらを近づけると，温度が上昇する事がわかります．（火傷をしないように気を付けてください）
温度変化を確認できたらHeat:の隣の［Off］をクリックして確認を終了します．

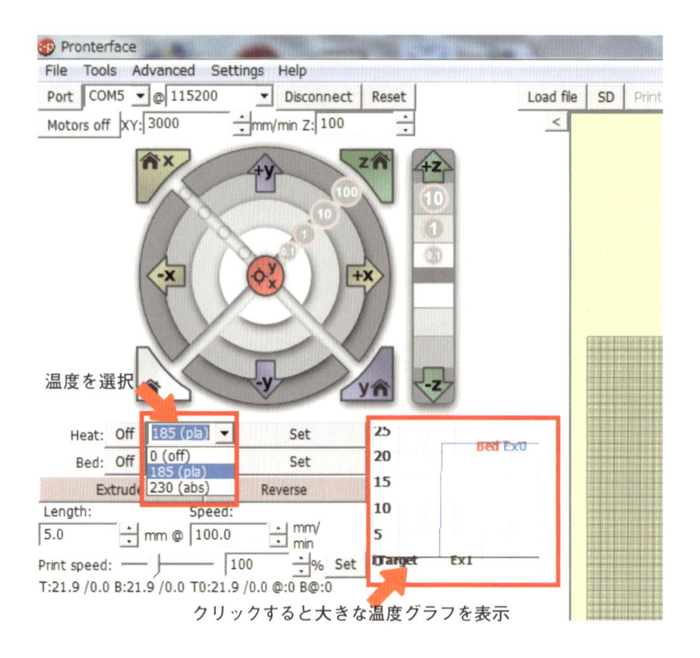

（2）ホットベッド動作確認

ここで制御基板に接続した電源のコネクタをホットベッドのコネクタに接続します．

実は，ホットベッドの配線はコネクタの付いたケーブルを制御基板の右から３組目の端子台に接続する事になりますが，消費電流の多いホットベッドの配線を制御基板から取り出すと，基板の入力側に大きな負荷が掛かる事になり，コネクタの接触不良などは制御基板の焼損に繋がるリスクが増えてしまいます．

そこで今回はパワーモジュール拡張基板を事前に購入して使用しました．これにより制御基板の電源コネクタに流れる電流を分散し，基板の焼損リスクを低減できます．

改造方法の詳細は「Part 9 機能アップ編」（P-365）を参照してください．

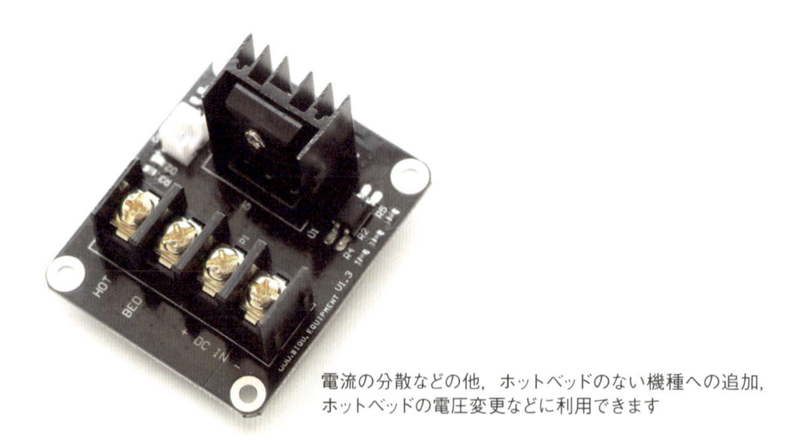

電流の分散などの他，ホットベッドのない機種への追加，
ホットベッドの電圧変更などに利用できます

さて，Pronterfaceによる動作確認の続きです．

Bed:並びの［Off］の右［v］をクリックして［60(pla)］を選択して表示します．
次[Set]をクリックしてグラフの温度が上がる事を確認します．
液晶画面を見て１段目右側に「**/60」と表示され，＊＊の温度が徐々に上がってくればOKです．
ホットベッドに手のひらをかざし温度が上昇する事がわかります．（火傷をしないように気を付けてください）
温度変化を確認できたらBed:の隣の［Off］をクリックして確認を終了します．

4-6-5. 配線仕上げ

配線が済んだら，これらをまとめます．

（1）DC電源，Z軸右モーター，Y軸モーター，Y軸リミットスイッチ

Y軸のタイミングベルトの下側を通り，ベルトに引っかからないようにまとめます．
要所をネジ棒にタイラップで固定します．

（2）エクストルーダーの配線

エクストルーダーの配線は，エクストルーダーが右下から最上部の左右どこにあっても配線が引っかかったり邪魔にならないような固定位置とそこからの長さを調整します．
今回はケーブルクリップで液晶左上のネジと共締めしました．

（3）ホットベッド配線

ホットベッドが一番手前から一番奥まで移動してもケーブルが引っかからないようにまとめ，ケーブルを止める位置を決めます．
制御基板を取り付けた上部にある穴を通すと良いでしょう．

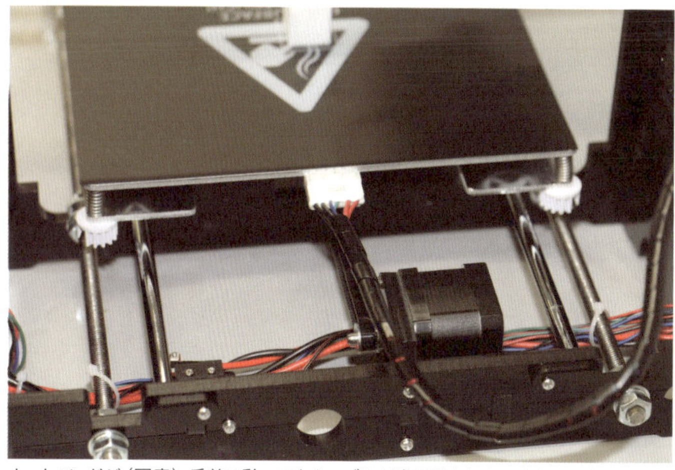
ホットベッドが（写真）手前に動いてもケーブルが巻き込まれないように，上から下ろすように配線します

（4）X軸モーター，リミットスイッチ配線

エクストルーダーを上下した時に引っかからない位置に固定しておきます．

（5）制御基板周り

配線が飛び出して左側のX軸モーターなどに引っかからないように処理します．
適当な位置にコンベックスを貼りケーブルを固定すると良いでしょう

制御基板周りの配線．ケーブルについているタグと制御基板の入った箱の裏の写真を参考にコネクタを接続します

（6）配線の束線など

配線を束ねたりする仕上げは，問題無く印刷ができる事を確認した後に行います．

Chapter 5 印刷

印刷手順は次のようになります．

① ホットベッドの高さ調整	印刷頻度に応じて定期的に確認，調整
② モデルの作成（STL 形式）	モデル自作，またはサンプルやフリーのデータをダウンロードなど
③ モデルのスライス（g-code 形式）	印刷用のデータに変換
④ 印刷	モデルの印刷
⑤ でき上がりの確認	

印刷に関しては「Part 8 印刷編」（P-334）も参考にしてください．

5-1. ホットベッドの高さ調整

印刷前に印刷ノズル先端とホットベッドの隙間の調整を行います．

最初の状態ではホットベッドのプレート表面の保護も兼ねて，3Dプリンタ用定着テープが貼られていましたが，今回は手持ちのホットベッドステッカーを用意しており，ホットベッドの取り付けの後に表面に貼り付けました．

最初に四隅の蝶ネジ（ノブを取り付け済）を締めて，印刷ノズルの一番下の位置より少し低くなるようにしておきます．

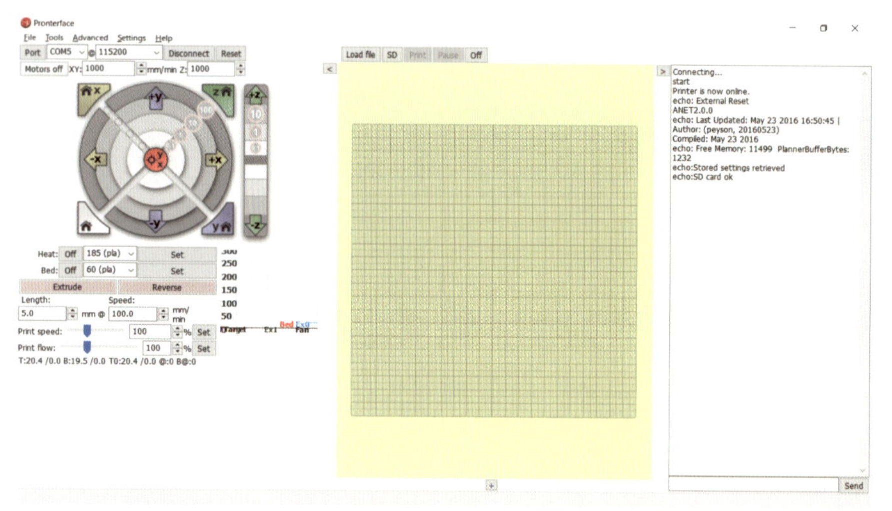

Pronterfaceの操作画面

Pronterfaceを起動して画面左の操作パネルでエクストルーダーをホームポジション（左手前）に戻した後，（50,50）付近に移動します．コピー用紙（0.07mm）を載せてホームポジション側の蝶ネジを調整して，用紙を動かした時にガサガサとわずかに引っかかる程度まで徐々に高さを調整します．

次にX軸を右側に＋100程度移動し，右手前の高さを調整します．
次に（50,50）に戻し，Y軸を＋100程度動かし左奥の高さを調整します．
そこからX軸に+100に移動し，右奥の高さを調整します．
ここまで済んだら，Pronterfaceの円中央をクリックして，エクストルーダーをホットベッドの中央に移動します．
本来なら四隅の高さの調整が済めば，中央も高さが合うはずですが，ホットベッドは真っ平らという事はなく，多少の歪みがあるようで，今回のキットでは中心が若干盛り上がり気味のようでした．（Anet A6の場合も同様でした）
ホットベッドの四隅の蝶ネジを均等に調整します．

次に中心から前後左右50～100mmほど移動してそれぞれの隙間を確認し，ホットベッド全体の傾き具合を把握しながら，コピー用紙の厚さに調整して行きます．
コピー用紙を挟んだままエクストルーダーの移動を行い，用紙が一緒に動く状態ではベッドとの隙間が狭すぎます．
ホットベッドの準備が整ったなら，エクストルーダーにフィラメントをセットします．
レバーを押し下げながら，小さな穴にフィラメントを差し込んで行きます．
U字ベアリングのガイドローラーとモーター軸に取り付けたドライブ・ギアの間を抜け，印刷ノズルにつながるノズルスロートの入り口から入るように，フィラメントを真っ直ぐに伸ばし，慎重に差し込みます．無事，フィラメントがノズルスロートの入り口にたどり着けば力もいらず，6cm程度差し込む事ができます．

フィラメントの経路．下がノズル側

この辺りまで準備ができると，makoさん，早く印刷をしたいようです．

5-2.モデルデータの準備

キットにはテスト印刷用にPLAのフィラメントが付属しています．フィラメントの量が少なく，時間の関係もあるのでテスト印刷に2cm四方，肉厚2mmで上部に開口部のある小さな箱を作図し，STL形式のファイルで出力しておきました．

箱状にする事で，印刷時間を短縮し，まずは基本的な印刷動作状態を把握できます．

今回はAutodesk Fusion 360で制作しましたが，3D-CADに不慣れな方は「Part7 ソフトウェア編」(P-305) で紹介している「Thinkercad」の方が容易なのでこれでキューブ状のモデルを作成しても良いでしょう．

また，付属のサンプル（Print Model STL）から形状のシンプルなデータを選択して使用しても良いでしょう．

このSTLデータは純粋に3Dの形状を保存したデータで，このままでは印刷できません．

このデータをスライサーと呼ばれるソフトで印刷データに変換します．

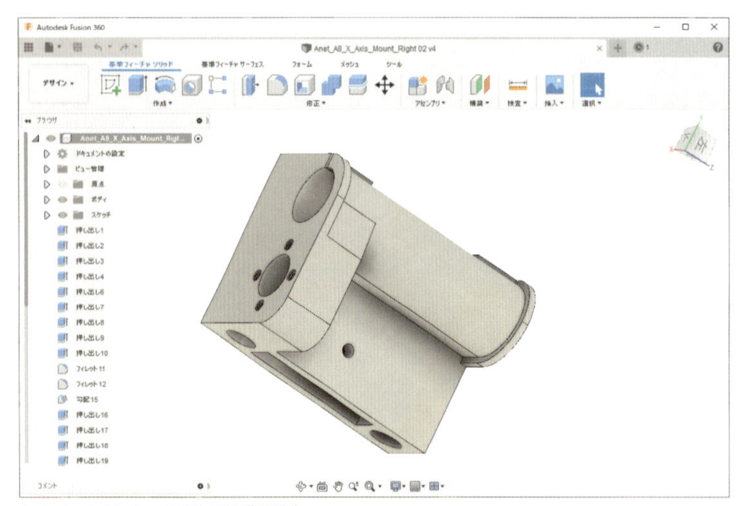

Autodesk Fusion 360での作図例

5-3. スライス（Gコード変換）

スライサー（Gコード変換ソフトウェア）で3D-CADデータを文字通り水平にスライスした状態のデータに変換します.

3DプリンタはこのGコードに変換されたデータを元に印刷を行います.

この時，作成したデータにはホットベッドや印刷ノズルの温度，印刷精度，移動速度などの印刷情報が含まれます.

ここではプリンタに付属しているCuraというアプリを利用し，付属のmicroSDカード（USBアダプタ付き）にデータを書き込みます.

ただし，プリンタに添付されているCuraは32bit版の古いもので各種設定項目も多く，使用する場合には付属マニュアルの設定値を参照してください.

パソコンが64bitの場合には最新版をダウンロードしてセットアップを行ってください.

最新版では多くの設定値がマテリアルの種類や印刷精度などを選べば自動的に設定されるようになっており，大変使いやすくなっています.

詳しくは「Part 7 ソフトウェア編」（P-301）を参照して初期設定を行ってください.

5-4. 安全確認

3Dプリンタは高熱を持つ部部が多く，火傷や発火など事故を起こす危険性がありますので，細心の注意を心がけてください．

5-4-1. 火の元に注意

3Dプリンタの稼働部周辺には，本体に引き込まれる可能性のある物は置かないように気を付けてください．

可燃性スプレーの使用，シンナーなど有機溶剤の引火物，可燃物を近くに置いたままにしたりしないようにしてください．

スイッチ，ブレーカー付きのテーブルタップがあると理想的です．

5-4-2. 動物，子供に注意

猫や犬など動物を室内で飼っている場合には3Dプリンタのある部屋に入れないようにしましょう．

また，子供がいる場合にも動作中の3Dプリンタに触れたり，電源ケーブルを足に引っ掛けたりしないように気を付けてください．

5-4-3. ネジの緩み確認（メンテナンス）

3Dプリンタは稼働中にモーターの振動が発生します．この振動はネジの緩みの原因になりますので，使用頻度に応じて定期的にネジの緩みがないか確認し，緩みがある場合は増し締めを行ってください．筐体のネジの緩みは振動の要因となり，印刷品質の低下にもつながります．

ただし，アクリル製のボディ構造の場合にはネジを締め付け過ぎると破損の原因になりますから注意してください．

また，電気系統のネジの緩み，特に電源系，ヒーター系は発熱による発火などの原因となりますので定期的に確認してください．

5-4-4. ヒートブロック周辺の確認（メンテナンス）

エクストルーダーのベンチュリーパイプ，ヒートブロックのガタつき，印刷ノズルの緩みなどがない事を確認してください．緩みやパイプの破断などで加熱中の部品が脱落すれば，火傷や火事などのリスクとなります．

5-5. 印刷

キットのおまけに付いてきたフィラメントでテスト印刷です.

フィラメントをエクストルーダーに取り付けます. この時, フィラメントが絡まないようにしてください.

印刷にはスライスしたデータを保存したmicroSDカードを3Dプリンタの制御ボードに差し込んで, プリンタ上部のメニューから選択する方法や, 動作確認で使用したPronterfaceやプリンタに付属のRepetir-Hostなどホストソフトウェアと呼ばれるジャンルのソフトから, USBケーブル経由で印刷データを送り込んで印刷する方法があります.

まずは基本という事で3Dプリンタ単独での印刷に臨みました.
データは付属のメモリカードを使ったため, そのままでは選択メニューに表示されるデータ数が多いので, できればまっさらなmicroSDカードを用意して, データを書き込んだ方が良いでしょう.

画面操作(スマートコントローラ)

操作パネル

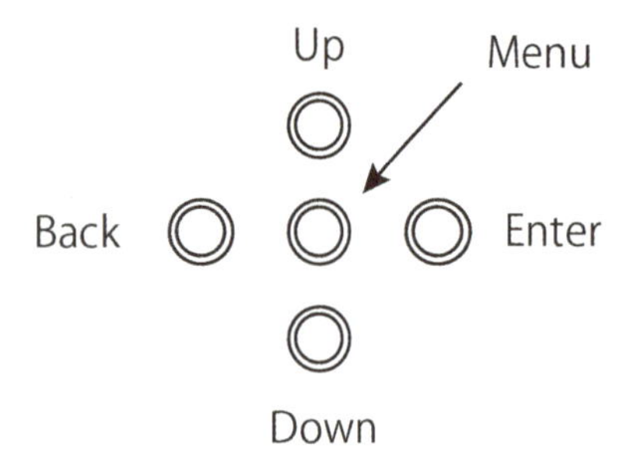

中央(Menu)ボタンをクリック	メニューを表示します.
下(Down)ボタンをクリック	「SD Card」行が選択できるまで下(Down)ボタンをクリックします.
右(Enter)ボタンをクリック	microSDカードの操作内容が表示されます.
下(Down)ボタンをクリック	「Print file」行が選択できるまで下(Down)ボタンをクリックします.
右(Enter)ボタンをクリック	microSDカードの操作内容が表示されます.
下(Down)ボタンをクリック	印刷したいデータ名まで下(Down)ボタンをクリックします.
右(Enter)ボタンをクリック	ホットベッド, 印刷ノズルの温度が設定値に達すると, ホーミングが始まり, 印刷を開始します.

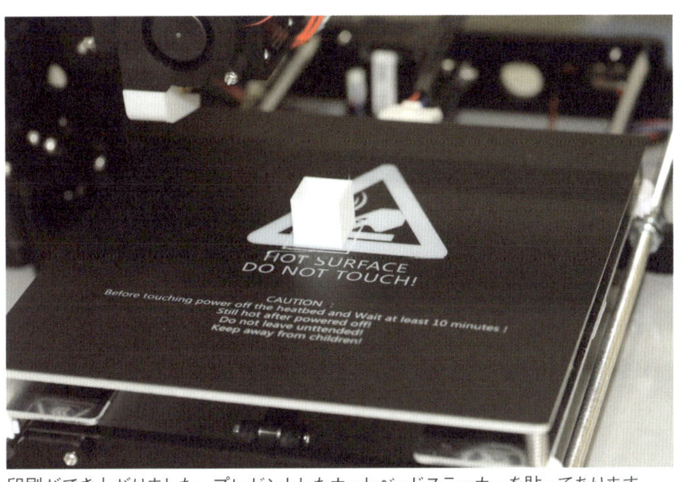

印刷ができ上がりました．プレゼントしたホットベッドステッカーを貼ってあります

印刷が終了してもすぐに電源を切らないでください．エクストルーダーのヒーターの温度が30度ぐらいまで下がってから切るようにに心掛けてください．

これはエクストルーダーのノズルスロートの上部でフィラメントが溶けてしまうのを防ぐためです．ノズルスロートの上部でのフィラメント溶融はフィラメント詰まりの原因になります．

ヒーターを初めて通電する場合，金属部分が焼けるまで強い匂いが発生しますので，換気を行ってください．

5-6. 印刷物の確認

印刷のでき上がりを確認します．

正面，横面の状態．大きさが指定通りになっているかなど仕上がりを確認します．

キットでは設定通りの寸法になると思いますが，完全自作の場合にはモーターのマイクロステップ数の設定，ギア比の選択，ベルトの選択，ファームウェアの設定などにより，寸法が変わってしまう場合があるので寸法確認は必須です．

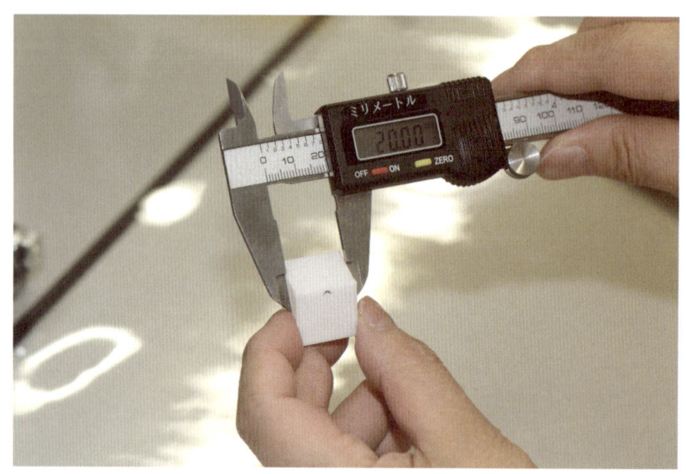

デジタルノギスで大きさを確認します

5-7. 組み立ての感想

組み立てた3Dプリンタが印刷を開始すると，makoさんの目が印刷ノズルの動きを追っていました．

mako「（バラバラの）パーツを見た時，これが本当に動くのかって思ったけど，動き出した時にはほんと感動！」

単なる部品から組み上がって動き出すというのは本当に感動もの．それが自分の手で苦労して組み立てたとなれば尚更ですよね．

mako「それにしても，配線関係は分かりにくかった～」

確かに組み立てについてはマニュアルにイラストで詳しく書かれているのですが，配線の参考になるのは制御基板の箱裏の印刷とケーブルのタグだけですから，電気周り全体の接続関係が分からないと悩んでしまうかもしれませんね．

筆者「ちょっとトラブルが発生したけど，無事に印刷できてほっとしています．お疲れ様でした」

mako「次はCNCですよね？」

筆者「えっ（汗；」

Chapter 6

トラブルシューティング（組み立て，起動編）

組み立てや配線などに慣れていないユーザーにとって面倒なのが，トラブル時の原因究明でしょう．

本章ではトラブルの代表的なケースを取り上げました．印刷上の問題は「Part 8 印刷編」（P-333）を参照してください．

6-1. プリンタの電源を入れると液晶画面に"■■■■"しか表示されない

表示がおかしい場合にはまず，液晶パネルに接続されているフラットケーブルがしっかり差し込まれているか，接続先に間違いがないかを確認してください．接続先に間違いがなければ以下に進んでください．

一旦プリンタの電源を落とし，制御基板の12Vの電源入力と液晶ケーブル以外を全て外し，電源の極性に間違いがない事を確認したら再度電源を入れて起動できるか確認してください．

起動できない場合，これはとても不幸なケースと言えます．ここで想定される原因は

・制御基板そのものが故障し動作していない
・プログラム（ファームウェア）が起動していない
・ファームウェアがインストールされていない
・LCDの故障

以上のいずれかです．

メーカーにクレームを入れ，LCDと制御基板を一緒に交換して貰うようにしましょう．

Arduinoをある程度使いこなせる人は，ファームウェアのインストールを試してみるのも良いかもしれません．詳しくは「Part 6 ファームウェア編」（P-257）を参照してください．

6-2. 印刷開始が遅い

各温度センサの温度がそれぞれ印刷用に設定された温度に達しなければ次の動作には移行しません．LCDに表示された設定温度，実際の温度を確認してください．（ファームウェア，スライサーによる動作の違いによる場合もあります）

冬場など室温が低い時はホットベッドの温度がなかなか上がらない場合があります．室温を上げるようにしてください．

3Dプリンタの周囲に風除けを設置してください．ダンボールなど可燃物を使用する場合には熱源に触れないように安全対策を行ってください．

ホットベッドの背面に耐熱性断熱シートを入れるといった対策も有効でしょう．（「Part 9 機能アップ編」（P-364）参照）

印刷開始までのプロセスは以下のようになります．（ファームウェアによっては異なる場合があります）

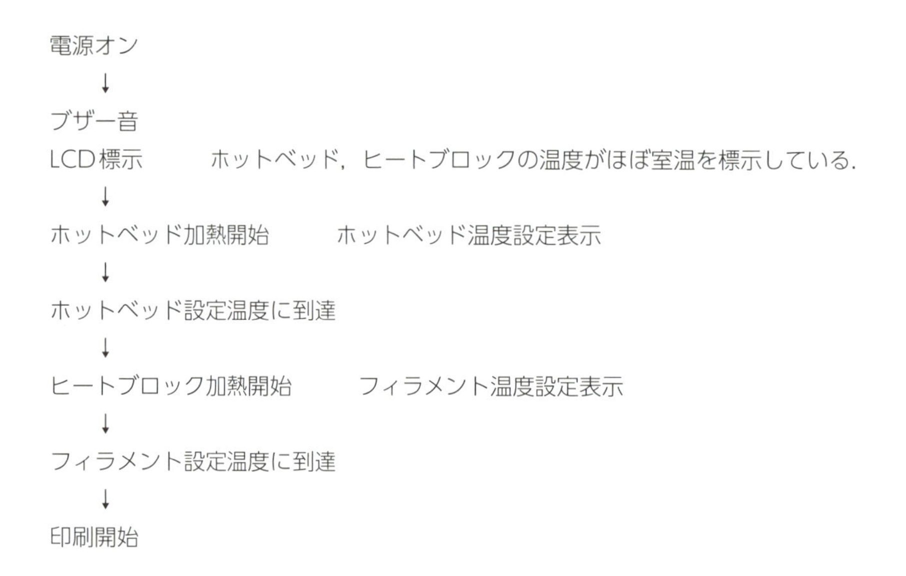

設定温度が表示されているのに温度が上がらないという場合にはヒーターの断線を，ヒーターの温度が上がっているのに動作しない場合には温度センサ（サーミスタ）に異常がないかなどを確認してください．（起動時の温度表示確認）

6-3. 異臭がする

ヒーターを入れていない状態で異臭がするのは，電源系の配線ミス，ヒーター配線のショートなどによるトラブルが考えられます．制御基板への配線ミスは破損に繋がります．

すぐにプリンタの電源を切り，配線ケーブルが加熱していないかを確認してください．

その他，スイッチング電源の初期不良などで異臭が発生する場合もあります．

ただし，ヒートブロックのヒーターを加熱している場合には異臭が発生します．

ハンダ鏝でも新規のヒーターや鏝先を交換した場合などにも異臭が発生します．

これらは金属部分がある程度焼けると臭いも出なくなりますので，暫くの我慢です．

フィラメントも加熱されると臭いを出しますが，こちらは電気系とは異なった臭いです．

PLA樹脂の場合には植物性由来の原料という事もあってか，甘い感じの香りです．フィギュア作成でよく利用されているABS樹脂はプラスチックが焼けるような「クサい！」といった感じで，こちらは換気が必要です．

6-4. エクストルーダーを上下移動した時に異音がする

この異音の原因はZ軸モーターの回転に対する負荷が高い事が考えられます．

負荷が高くなる要因としてはZ軸（スクリューロッド，ガイドロッド）の垂直とX軸（ガイドロッド）の水平の関係が保たれていない事です．

筐体全体が平らな場所に設置されている事を確認してください．

接地部分に隙間が生じていない事を確認してください．隙間が生じている場合には筐体全体が歪んでいる可能性があります．フロントパネルからリアパネルまでを固定しているネジ棒が曲がっている場合には歪みが発生します．

これらの歪みを取り除いてください．

X軸を支える左右のナットサポートが同じ高さになっているか確認してください．

Z軸モーターを取り付けたプレート上部からナットサポートまでの高さを確認します．

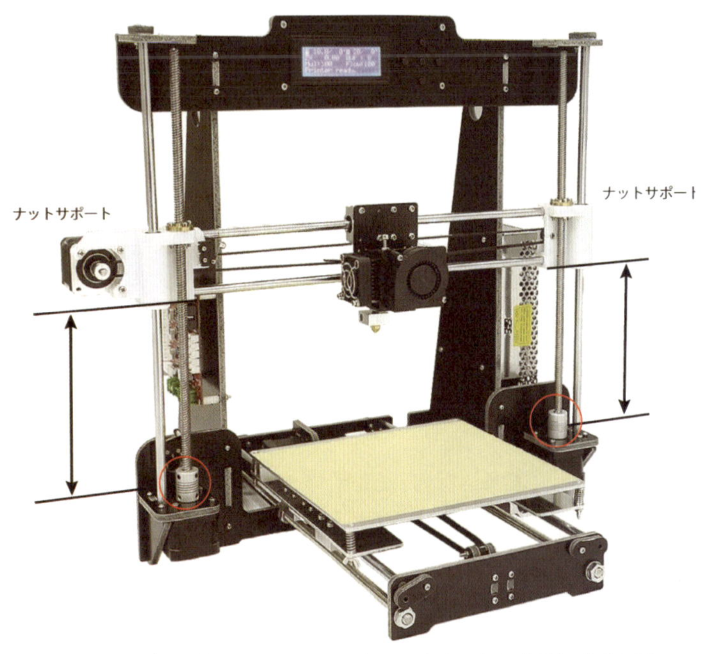

左右のフレキシブルカプラを回してナットサポートの左右の高さが同じになるように調整します

ナットサポートのX軸のガイドロッドの取り付けが固い場合，ナットサポートの間隔を適正に調整するのが難しくなります．そのような場合はナットサポートのX軸ガイドロッド取り付け穴を8.2mm程度のドリルでザグリをして，ガイドロッドが通りやすくしておきます．

6-5.動作が不安定

コネクタの差し込みが不完全，電源のネジの締め付けが緩くなっている，といったケースでは動作が不安定になります．

また，1次側（AC入力側）のケーブルのハンダ付け不良（いわゆるイモハンダ），圧着端子の圧着不良などでも同様の現象が発生します．

ネジの締め付けにはネジ頭の溝に合ったドライバを使ってください．小さめなドライバでは力が入りにくく，溝を削る（ナメる）原因となります．

Part 6
ファームウェア編

ファームウェアは制御用マイクロコントローラに書き込む制御プログラムです．

このソースファイルの中の設定ファイルを必要に応じて変更し，Arduino IDEを使用して用意されたソースファイルすべてを一緒にコンパイルし，書き込みを行います．

Chapter 1

Arduino IDEの導入

Arduino IDE は AVR マイクロコントローラ，ATmega シリーズ，及び ARM コア・マイクロコントローラ，SAM シリーズを搭載したマイクロコントローラボードなど，Arduino シリーズ用の無償の開発環境です．プログラム初心者向けの C 言語ライクで簡易な表記を可能にした Arduino 言語でのプログラム開発が可能です．（C，C++ での記述も可能です）

また，プログラムの書き込み機能の他，シリアル通信のモニタ機能も持っています．

1-1. ダウンロード

Arduino IDEのダウンロードは，以下のARDUINOのサイト（イタリア）からダウンロードします．

https://www.arduino.cc/ にアクセスし，上部のメニューバーから［SOFTWARE］→［DOWNLOADS］をクリックしてダウンロードページを開きます．

画面の表示幅が狭い場合にはメニューバーが表示されません．この場合には画面上右端のメニューアイコン（白い3本バーのアイコン）をクリックしてメニューを表示し，［SOFTWARE］をクリックし，更に表示される［DOWNLOAD］をクリックしてください．

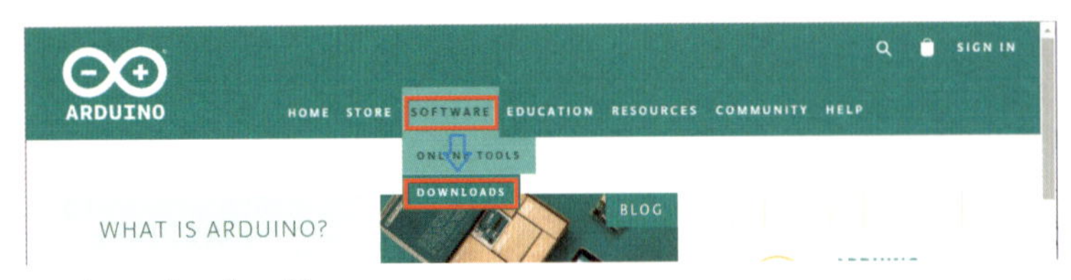

Arduino.cc トップページ

スクロールアップして"Download the Arduino IDE"が表示されたら，その下のブロックの右側にあるリストの中からWindows環境の場合には下のいずれかを選びクリックします．

Windows Installer，for Windows XP and up（インストーラー版）

Windows ZIP file for non admin install（ZIP圧縮版）

一般の人にお勧めするのはインストーラ版です．

PCスキルをお持ちの方，Arduino IDEのバージョン管理をしたい方にはWindows ZIP圧縮版を使用すると良いでしょう．好きな場所に解凍してバージョン毎に切り替えて使用する事ができます．ただし，Arduinoのドライバのインストールは行われないので別途インストールする必要があります．

Microsoftストア版の"Windows app"は使わないでください．

Max OS X版は10.8以降が対象になります．
Max OS X 10.8 Mountain Lion or newer

Download the Arduino IDE

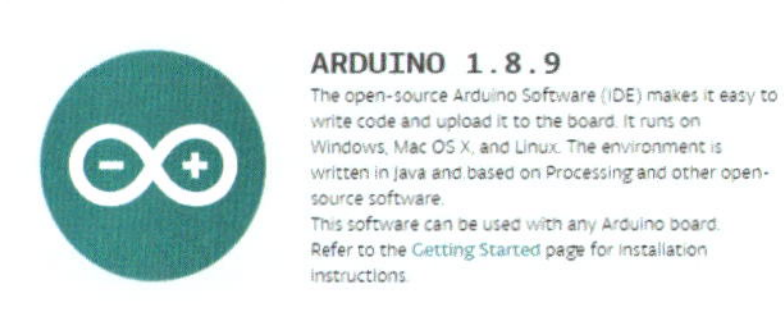

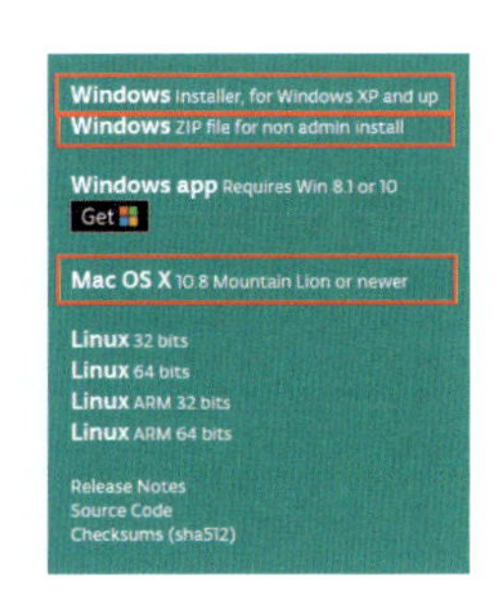

ダウンロードする Arduino IDE の選択

ダウンページの"寄付（Contribute）"の画面が表示されたら，画面下の［JUST DOWNLOAD］をクリックしてダウンロードを実行してください．ダウンロードが始まります．

寄付をされる方は，右側の［Contribute & DOWNLOAD］をクリックして手続きを行ってください．4～5分程度でダウンロードが終了します．

Contribute to the Arduino Software

Consider supporting the Arduino Software by contributing to its development. (US tax payers, please note this contribution is not tax deductible). Learn more on how your contribution will be used.

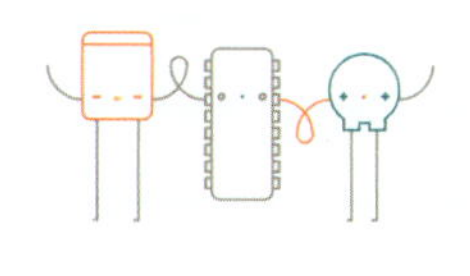

SINCE MARCH 2015, THE ARDUINO IDE HAS BEEN DOWNLOADED 32,703,545 TIMES. (IMPRESSIVE!) NO LONGER JUST FOR ARDUINO AND GENUINO BOARDS, HUNDREDS OF COMPANIES AROUND THE WORLD ARE USING THE IDE TO PROGRAM THEIR DEVICES, INCLUDING COMPATIBLES, CLONES, AND EVEN COUNTERFEITS. HELP ACCELERATE ITS DEVELOPMENT WITH A SMALL CONTRIBUTION! REMEMBER: OPEN SOURCE IS LOVE!

$3 $5 $10 $25 $50 OTHER

JUST DOWNLOAD CONTRIBUTE & DOWNLOAD

寄付（Contribute）の画面

1-2. インストール

ダウンロードが済んだらインストールを行ないましょう．以後，Windowsインストーラー版で手順を解説します．

① ダウンロードしたファイル"arduino-1.x.x-windos.exe"をダブルクリックします．
(".exe"（拡張子）はWindwosの初期設定では表示されません．)

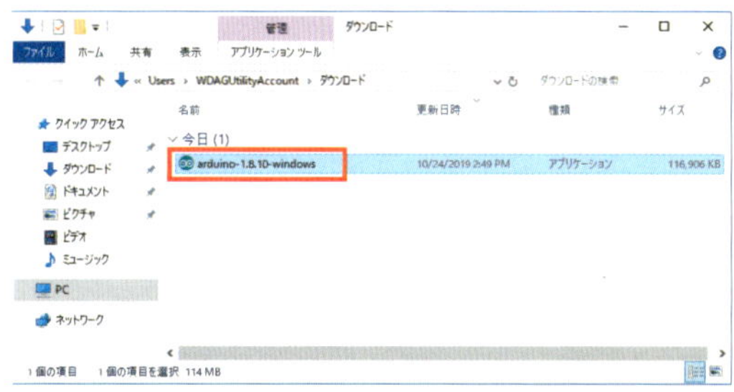

ダウンロードされたファイルをダブルクリック

② "License Agreement"ダイアログ画面が開きます．右下の［I Agree］をクリックします．

ライセンス契約画面

③ "Install Option"ダイアログ画面が開きます．全ての項目にチェックが入っているのを確認し，［Next>］をクリックします．

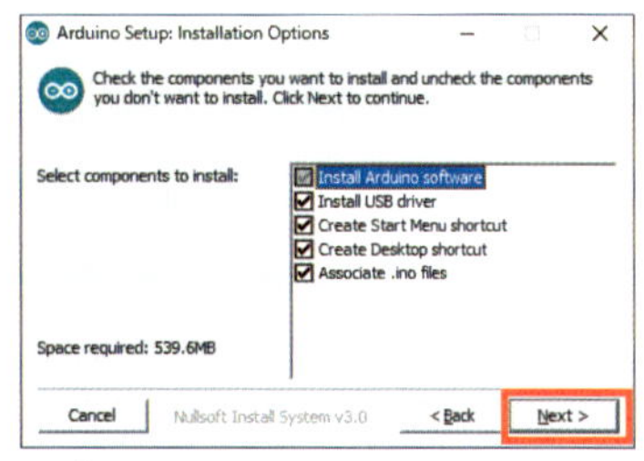

オプションインストール画面

④ "Installation Folder"ダイアログ画面が開きます．保存先を確認し［Install］をクリックします．

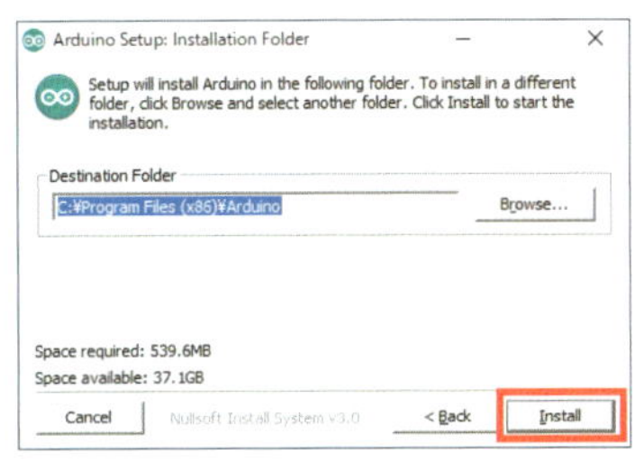

インストールフォルダ画面

⑤ "Installing"ダイアログ画面が開き，プログレッシブバーが左から右へと増えて行きます．
プログレッシブバーの青色が右端まで届くとインストールが終了します．
［Show details］ボタンをクリックすると，インストール中のファイル名が表示されます．
終了するまで暫く待ってください．

インストール画面

⑥ インストール中，USBドライバをインストールするため「Windowsセキュリティ」の「このデバイス ソフトウェアをインストールしますか？」画面が3回表示されます．
「"xxxx"からのソフトウェアを常に信頼する(A)」にチェックが入っている事を確認して［インストール(I)］をクリックしてください．
"xxxx"は"Adafruit Industries"，"Arduino sri"，"Arduino LLC"となります．（ver.1.8.9現在）

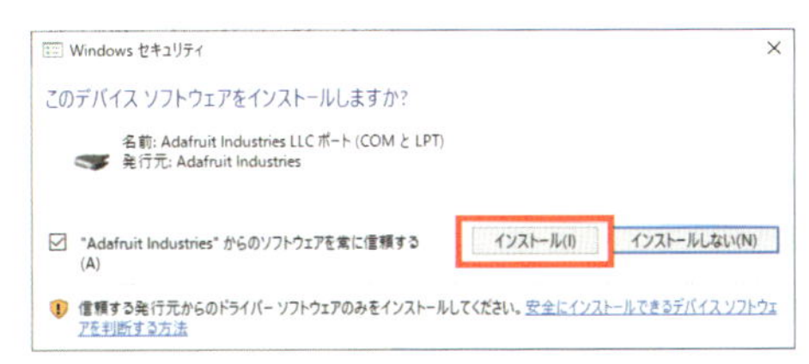

Windows セキュリティ画面

⑦ インストールが終了すると"Installing"ダイアログ画面下の［Close］ボタンが有効になるので，［Close］ボタンをクリックしてダイアログボックスを閉じ，インストールを終了します．

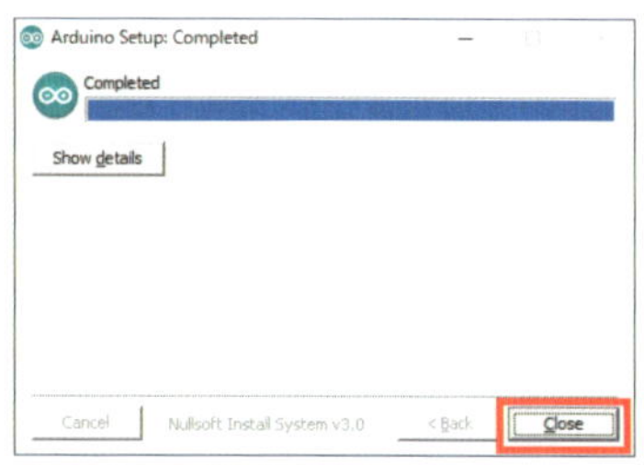

インストール終了画面

デスクトップ画面にArduinoアイコンが追加されている事を確認してください．
以上でArduino IDEのインストールは終了です

Arduino 起動アイコン

⑧ 起動時に以下のような"Windwosセキュリティの重要な警告"ダイアログが表示された場合には，プライベートネットワークをチェックし，パブリックネットワークのチェックを外した後，［アクセスを許可する(A)］ボタンをクリックしてください．

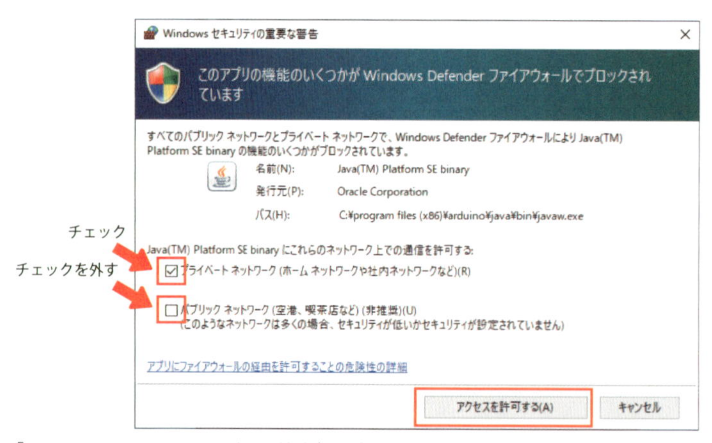

「Windwos セキュリティの重要な警告」の許可

1-3. ライブラリの導入

Marlinファームウェアでフルグラフィックボードを接続する場合には，Arduino IDEの導入後にグラフィックライブラリ"U8glib"の最終更新版をインストールします．
"U8glib"の後継版"U8g2"が発表されていますが，Marlin 1.1.80は"U8g2"に対応していません．プログラムを新規に作成する場合には"U8g2"が推奨されています．
"U8glib"を例にライブラリの追加手順を解説します．

① Arduino IDEを開き，［スケッチ］メニュー→［ライブラリをインクルード］で開かれるライブラリリストの一番上にある［ライブラリを管理］をクリックして［ライブラリマネージャ］を開きます．
ここでは直接GitHubなどからダウンロードしたライブラリファイルを［.ZIP形式のライブラリをインストール...］を使い，ライブラリに追加する事もできます．

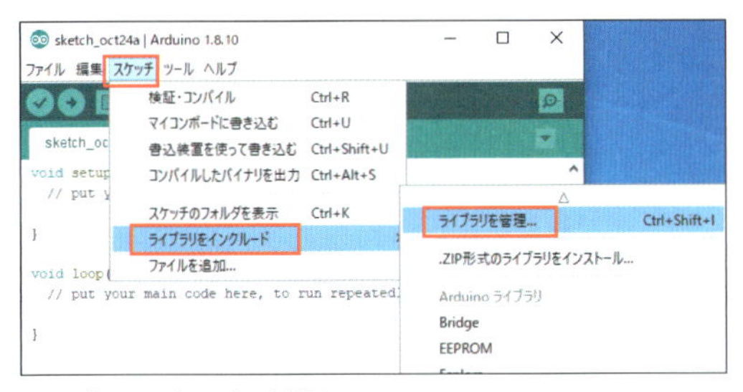

ライブラリマネージャを開く

② ［ライブラリマネージャ］が開いたら検索入力に「U8glib」と入力します．
U8glibが検索されるのでマウスポインタをこの欄に移動し，表示された［インストール］ボタンをクリックします．
検索で見つからないものはライブラリファイルを入手し，上記の［.ZIP形式のライブラリをインストール...］を使い，ライブラリに追加して，［ライブラリマネージャ］からインストールします．

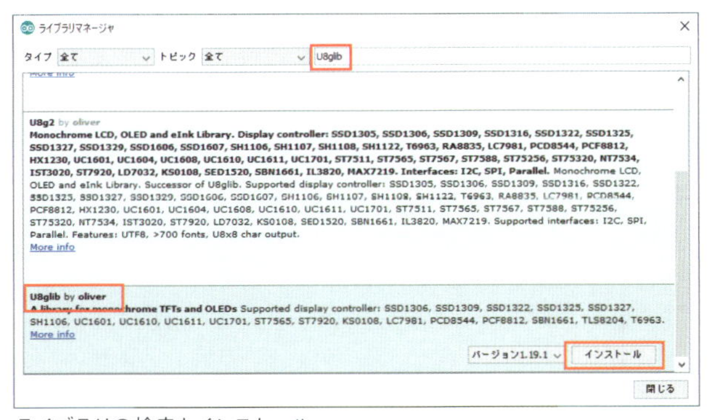

ライブラリの検索とインストール

③「スケッチ」メニュー→［ライブラリをインクルード］をクリックして「U8glib」が提供されたライブラリとしてリストの下の方に追加されている事を確認します．

ライブラリの確認

1-4. ボード定義の追加

Arduino IDEでファームウェアやプログラムを書き込むためにはターゲットボードを選択し，設定しなければなりません．

このボードリストには市場で多く利用されているArduinoシリーズ製品は登録されていますが，新しい製品やSAMシリーズなどリストに登録されていないものもあります．

これらの書き込みターゲットの選択リストへの追加方法には幾通りかあります．

1-4-1. ボードマネージャによる導入

初期状態で登録されていないArduinoの製品はボードマネージャからボード定義を登録する事ができます．

ARMが搭載されたArduino Dueを例にボードマネージャの導入手順を解説します．

①「ツール」メニューを開き，［ボード:" **** "］をクリックします．
　表示されたボードリストの上に移動し［ボードマネージャ ...］をクリックして開きます．

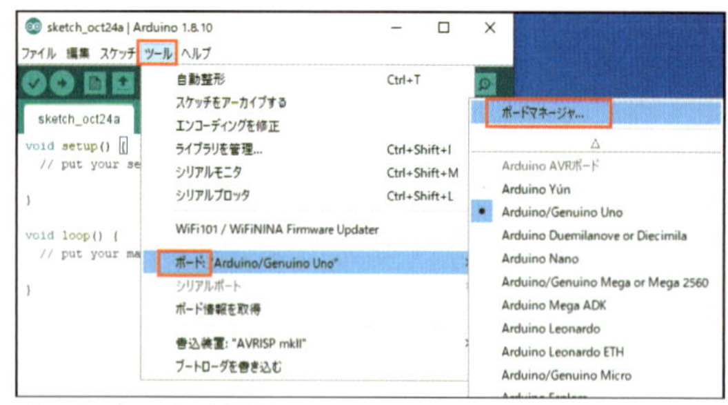

ボードマネージャを開く

② [ボードマネージャ] の検索ボックスに「Arduino Due」と入力すると"Arduino SAM Boards(32-bits ARM Cortex-M3) by Arduino"が表示されます．

マウスポインタを移動すると [インストール] ボタンが表示されるので，クリックするとボード定義のダウンロード，インストールが開始されます．

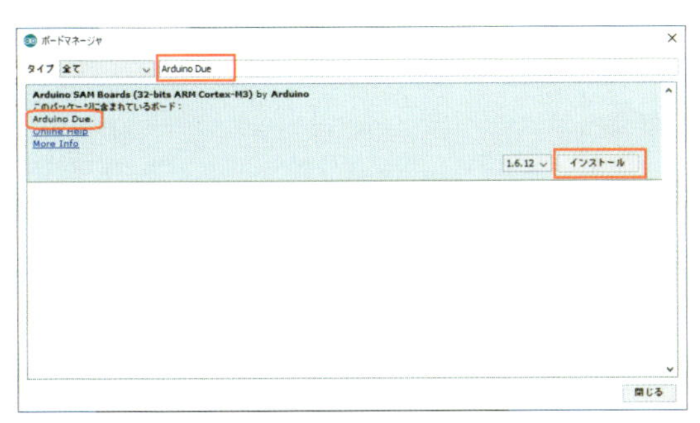

ボードマネージャで検索

③ インストールが終了したら再び「ツール」メニューを開き，[ボード:" **** "] をクリックします．

リストの中の「Arduino ARM(32ビット)ボード」項目に「Arduino Due (Programming Port)」，「Arduino Due (Native USB Port)」が追加されている事を確認できます．

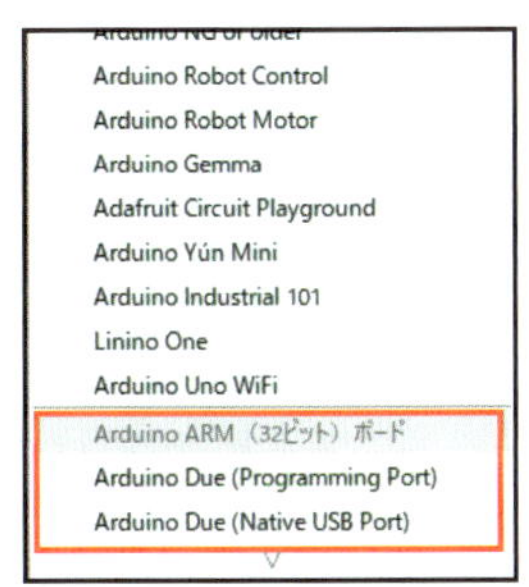

ボードマネージャ追加の確認

1-4-2. 追加ボードマネージャのURL追加による方法

ボードマネージャに無いArduinoシリーズ以外の製品でも登録できるものがあります．

Wi-Fiを搭載したESP-WROOMのシリーズなどはボードマネージャへの追加設定を行う事で，Arduino IDEでのプログラミングが可能になります．

このような製品はGitHubにライブラリのアドレスが公開されいます．

ESP-WROOM 02（ESP8266）とESP32のボードの追加URL例です．

http://arduino.esp8266.com/stable/package_esp8266com_index.json

https://dl.espressif.com/dl/package_esp32_index.json

①「環境設定」を開き，[追加のボードマネージャのURL:] 欄に公開されているアドレスを入力し [OK] ボタンをクリックして環境設定ダイアログを閉じます．

複数のアドレスを入力する場合には","（半角カンマ）で区切ってアドレスを入力します．

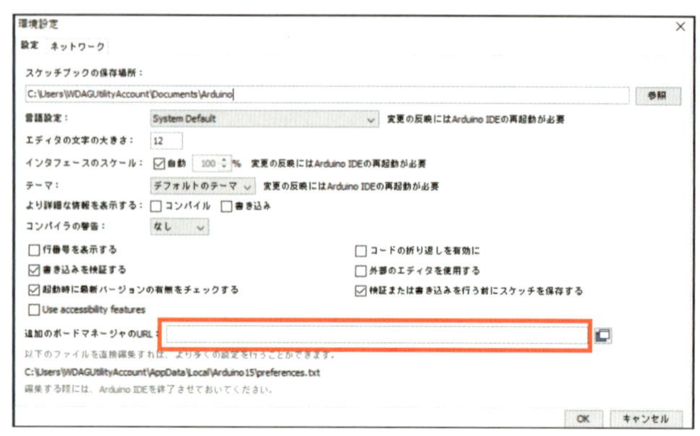

追加のボードマネージャの URL に入力

複数のアドレスを入力する場合には，［追加のボードマネージャのURL:］欄右のボタンをクリックすると，複数行の入力がしやすいダイアログが表示されます．

複数のアドレスを容易に追加できる

②［ボードマネージャ］を開き，登録したボードを検索します．
表示されたリストにマウスポインタを表示に移動すると［インストール］ボタンが表示されるのでクリックしてボード定義のインストールを開始します．

③インストールが終了したら再び「ツール」メニューを開き，［ボード:" **** "］をクリックします．
リストの中にインストールを行ったボードが追加されている事を確認できます．

1-4-3. 定義ファイルのコピー

GitHubに定義ファイルが公開されている場合には，そのファイルをダウンロードして導入する方法があります．それによりArduino以外のボードやAVRデバイスの開発やプログラムの書き込みができるようになります．（プログラムの書き込みには，プログラムライター（プログラマ）が必要な場合があります）

Arduino IDEでAVR（ATtinyシリーズ）の開発を可能にするATTinyCoreを例に設定方法を解説します．

① ATTinyCoreの定義ファイルを公開しているサイト（下記アドレス）を開きます.
https://github.com/SpenceKonde/ATTinyCore

② [Clone or download ▼] ボタンをクリックして開くダイアログの [Download ZIP] をクリックしてボード定義ファイルをダウンロードします.

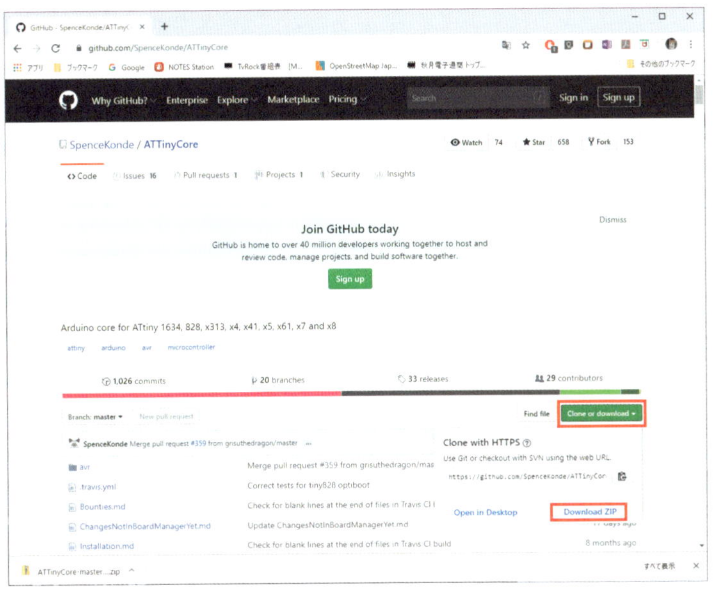

GitHub からのダウンロード方法

③ ダウンロードした"ATTinyCore-master.zip"ファイルを任意の場所に解凍します.

④ 解凍した"ATTinyCore-master"フォルダをドキュメントの中のArduino下に"hardware"フォルダを作成してそこにコピーします.

⑤ Arduino IDEを再起動した後,「ツール」メニューを開き,［ボード:" **** "］をクリックすると，リストに"ATTinyCore"が追加されてデバイスを選択できるようになります.

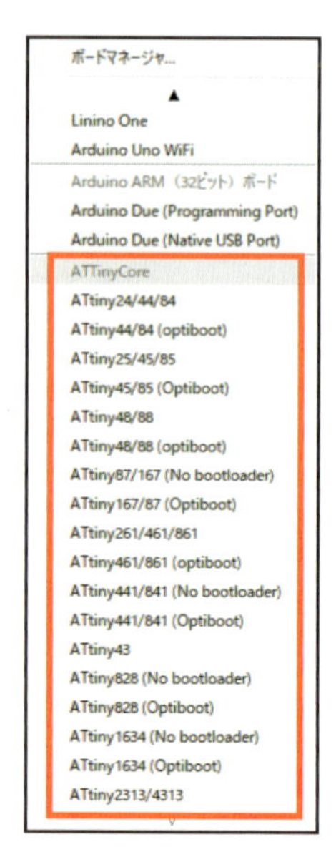

ボードに "ATTinyCore" の
デバイスが選択可能になります

1-5. アップデート

Arduino IDEのアップデートはインストーラ版は上書きインストールが可能です．環境設定はそのまま引き継がれます．

登録されているボードマネージャ及びライブラリの更新時にはArduino IDEのウィンドウ左下に通知が表示されます．通知をクリックしてボードマネージャまたはライブラリマネージャを開き，検索入力欄左のタイプのプルダウンメニューから「アップデート可能」を選択する事で，アップデート対象がリスト表示されます．アップデートしたい項目にポインタを移動して［インストール］ボタンをクリックしてインストールを行います．

ライブラリのアップデート通知．［ライブラリ］をクリックするとライブラリマネージャが開きます

ライブラリ関連はライブラリマネージャ画面から，以前のバージョンへロールバックが可能です．

ボードマネージャには未導入のボードなども表示されますが，使用していないボードは更新が表示されてもインストールの必要はありません．

Arduino 1.8.9とArduino 1.8.10ではコンパイラgccのバージョンが異なります．ドライバソフトなどがこのバージョンの違いによりエラーを起こす場合があります．

Arduino IDEのインストーラ版のダウンバージョンの場合には一旦，［すべての設定］→［アプリと機能］で削除し，再起動後に再インストールを行ってください．

AtmelStudioがインストールされている場合には，gccパスが変わっている場合がありますので確認してください．

1-6. 環境設定

1-6-1. スケッチブックの保存先

Arduinoではプログラムファイルの事を「スケッチブック」と呼んでいます．スケッチブックの初期設定での保存場所は以下の通りです．保存場所は環境設定で変更する事ができます．

C:¥Users¥user_name¥Documents¥Arduino

スケッチブックにはスケッチ名のフォルダが作られ，その中に「スケッチ名.ino」で保存されます．
同一フォルダ（同一パス）にある".ino"，".h"，".cpp"，".c"などは関連ファイルとして一つのウィンドウに複数のタブで開かれます．
スケッチはテキストファイルなのでメモ帳やテキストエディタで開いて編集する事ができます．
大きなプログラム開発にはVisual Studio Codeを使うのも良いでしょう．

1-6-2. ライブラリの保存先

ライブラリは以下のパスにライブラリ名のフォルダが作られ，保存されます．

C:¥Users¥user_name¥Documents¥Arduino¥libraries

1-6-3. ボード定義ファイル保存先

ボード定義ファイルは以下のパスに"hardware"フォルダを作成してそこに保存します．
初期状態では"hardware"フォルダは作られていません．
複数のボード定義ファイルを保存する事ができます．

C:¥Users¥user_name¥Documents¥Arduino¥hardware

1-6-4 環境設定などの保存先

AppDataフォルダパスは隠しファイルになっているので，エクスプローラの「表示」メニューを開き［□隠しファイル］にチェックを入れてください．

C:¥Users¥user_name¥AppData¥Local¥Arduino15¥preferences.txt

COLUMN

RepRapの理念がここに

私はテスト印刷で動作確認を済ませ，フィラメント購入後にはすぐに3Dプリンタの部品を作り始めていました．

なぜ早々に部品制作かと言うと，私の購入した"Anet A6"が実は悲惨な状態だった事にあります．

ビルドプレートを前後に可動するY軸モーターをリアパネルに固定するアクリルのサポートパーツのレーザー加工がひどい事になっていたのです．切断面が垂直になっていないため，リアパネルに取り付けると斜めになってしまう状態でした．このまま取り付けるとモーターの向きが変なことになってしまいます．

クレームをつけて部品を取り寄せるにも時間が掛かるだろうから，取り敢えずモーターを束線バンドで固定し，Y軸モーターを固定する部品データを準備してすぐに部品の印刷に取り掛かったわけです．

印刷が済んだら仮の部品を取り外し，作成したY軸モーターマウンタにモーターを取り付け，無事リアパネルに固定することができました．

ここから既にRepRapの理念である3Dプリンタで3Dプリンタを作る（？）第一歩がスタートしたと言えるようです．

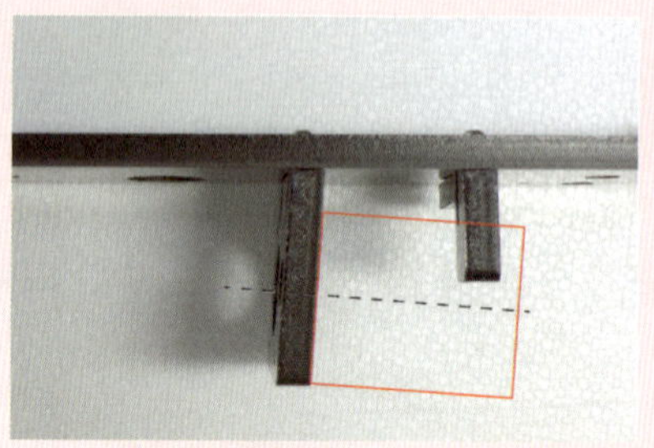

曲がってます

Chapter 2 ファームウェアの書き込み

Arduino IDEを使用したファームウェアの書込手順を解説します.

2-1. USB経由の書き込み

通常，Arduino AVRボード，Arduino ARMボードはArduino IDEインストール済みのPCとUSBケーブルの接続でMarlinなど3Dプリンタ用のファームウェアを書き込む事が可能です.
Arduino IDEを使用し，USB接続でファームウェアを書き込む手順を解説します.

① ファームウェアをアクセスし易い場所に解凍します.
Arduino IDEの初期の保存先はドキュメントのArduinoフォルダになっています.

② Arduino IDEを起動し，「ファイル」メニューの［開く］をクリックし，ファームウェアの保存先の「ファーム名.ino」をクリックして開きます．Marlinの場合には「Marlin.ino」です.
少し待つと，関連するファイルすべてを開いたウィンドウが新たに開くので，先に開いていたウィンドウは閉じてください.

③「ツール」メニューの［ボード:" **** "]をクリックして開くリストの中から，ターゲットに合わせて"Arduino/Genuino Mega or Mega 2560"または"Arduino Due (Programming Port)"を選択します．(Mega 2560またはArduino Due互換の回路の場合)
再度，「ツール」メニューを開き，ボード名が選択したボードになっている事を確認します．ボードが正しく選択されていないとコンパイルでエラーが発生します.
※Anetのボードはボードマネージャでの導入が必要になります．詳細は「1-4-3 定義ファイルのコピー」(P-266) を確認してください.

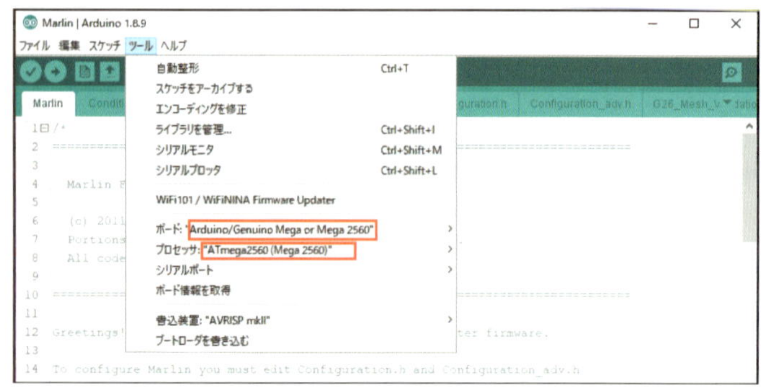

ボードの選択とプロセッサの選択．使用するボード名を選択し，プロセッサの選択に間違いが無いか確認します

④「ツール」メニューの［シリアルポート］をクリックして，接続されたターゲットボードのCOMポートを選択します．

Arduino mega2560の場合には「COM* (Arduino/Genuino Mega or Mega 2560) 」を選択します．（*は任意のcomポート番号です．）

再度，「ツール」メニューを開き，［シリアルポート］が選択したCOMポートになっている事を確認します．

Arduinoのボードの場合，［ボード情報を取得］をクリックすると「ボード情報」ウィンドウが開きます．

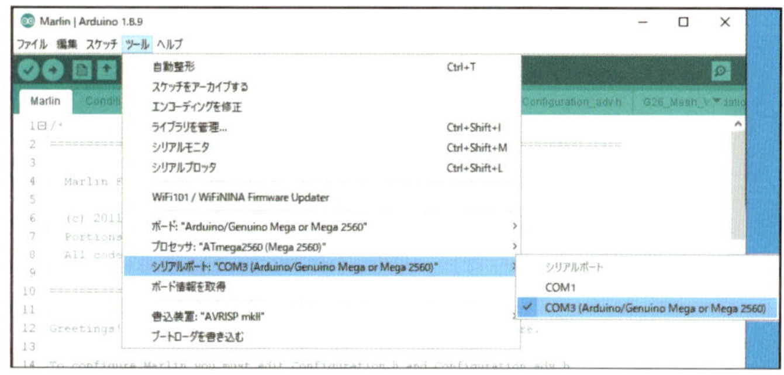

シリアルポートの選択

⑤［検証］ボタンをクリックして正常に終了するのを待ちます．

必要なライブラリがインストールされていない場合には，ライブラリの追加を行い．再度検証を行ってください．

検証ボタン

⑥ 検証が正しく終了したら［書き込み］ボタンをクリックします．
　コンパイルが行われ，書き込みが終了するのを待ちます．
　書き込みは以前のプログラムに上書きされます．

書き込みボタン

2-2. Arduino ISPを使用した書き込み

3Dプリンタの制御基板上のマイクロコントローラが破損して交換を行った場合や，何らかの原因でブートローダが壊れてしまった，といった場合にはUSB接続での書き込みができません．

このような場合にはICSP（In Circuit Serial Programming）による書き込みが必要になります．
制御基板上には基板を製作した後，ファームウェアを書き込むために書き込み用の信号（MISO，MOSI，SCK，Resrt，Vcc，GND）を引き出した6ピンのピンヘッダが取り付けられているか，その回路パターンが用意されています．
このように部品実装した回路基板上で書き込みを行う事をISP（In-System Programming），またはICSP（In Circuit Serial Programming）と呼びます．
このICSPを使用してプログラムを書き込むためには，PCにプログラマを接続し，プログラマのケーブルをICSP端子に接続して書き込みを行います．

Arduinoブートローダの書き込みを行っておけば，USBケーブルからファームウェアの書き込みが可能になります．

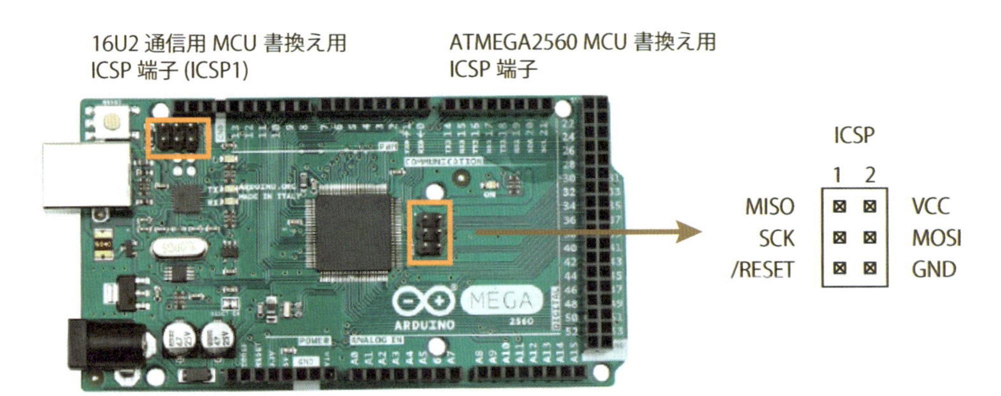

ICSP ピンヘッダ信号名

2-2-1. プログラマ

AVRシリーズに使用可能なプログラマではAtmel AVRISP mkIIが安かったのですが，AVRプログラマの現行品はATMEL-ICE-BASIC（AVRシリーズとSAMシリーズのデバックと書き込みに対応）に代わり価格もアップしてしまいました．

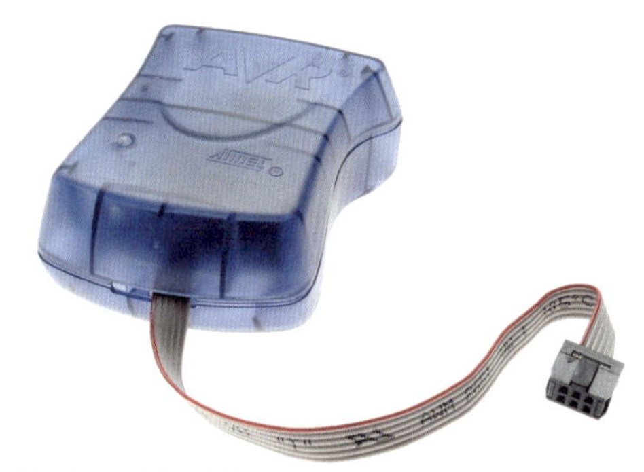

Atmel AVRISP mkII

Atmel AVRISP mkIIの互換品が格安で販売されていますが，ドライバのダウンロードやインストールには手間が掛かるので，ATmegaやATtinyシリーズにプログラムを書く必要があるという人以外にはプログラマの購入はお勧めしません．

このプログラマ用ドライバのダウンロードには"Atmel Studio 7"を最初にインストールして，そのダウンロードツールでAVRISPドライバのダウンロードや"libusb"でのデバイスのインストールを行うなど，PCスキルも求められます．

そこで手軽な方法としてはArduino Uno R3（互換機の場合にはシリアル変換にATmega16U2を搭載した互換性の高い製品をお勧めします）をプログラマとして使用する方法（Arduino as ISP）が公開されています．

URL https://www.arduino.cc/en/tutorial/arduinoISP

COLUMN

AVRライタの電源給電について

以前購入したAtmel AVRISP mkIIの互換製品ではケース内基板上のジャンパーによりターゲットへの供給電圧が切り替え（3.3V↔5V）られるようになっていて，初期設定が3.3Vになっていました（AVRマイクロコントローラへは5V必要）．これらを使用時に確認する必要があります．また，ATMEL-ICE-BASICはプログラマからターゲット基板への電源が供給されないので，ターゲット基板に別途電源の供給が必要になります．

COLUMN

Arduino Uno r3 互換機

Arduinoのスタンダードモデルとも言えるのがATmega328Pを搭載したArduino Uno r3です．純正モデルも3千円程度まで価格が下がりましたが，中国製互換機は500円程度の製品まで販売されています．

その大きな違いは永久保証の有無．価格が500円程度なら壊れたら買い直しても良いと考えるか，やっぱり安心を買うかの違いになりますね．

もう一つ，USBシリアルインターフェースが純正と同じATmega16U2（TQFP，四角いチップ）を採用しているか，中国製CH430（16ピンDIP）が搭載されているかの違いがあります．

機能，性能とも異なり，CH340の場合には別途専用ドライバのインストールが必要になる場合があります．互換機でもUSBシリアルインターフェースにはATmega16U2を搭載したものが安心かもしれません．ATmega16U2（古いUnoでは8U2）を搭載したボードはRESETボタン近くにICSP2の6ピンヘッダが付いています．

2-2-2. Arduino ISP

Arduino ISPはArduino Uno r3 にインストールする事で，Arduino Uno r3をAVRマイクロコントローラ用のプログラマに変身させます．

これによってICSP経由でAVRマイクロコントローラにブートローダとファームウェアを書き込む事ができます．

Arduino Uno r3へのArduino ISPのインストール手順を解説します．

① Arduino Uno r3をUSBケーブルでパソコンに接続したらボード上の電源LEDが点灯している事を確認し，Arduino IDEを起動します．

②「ファイル」メニューを開き，[スケッチ例] から [11.ArduinoISP] を選択し [ArduinoISP] をクリックします．

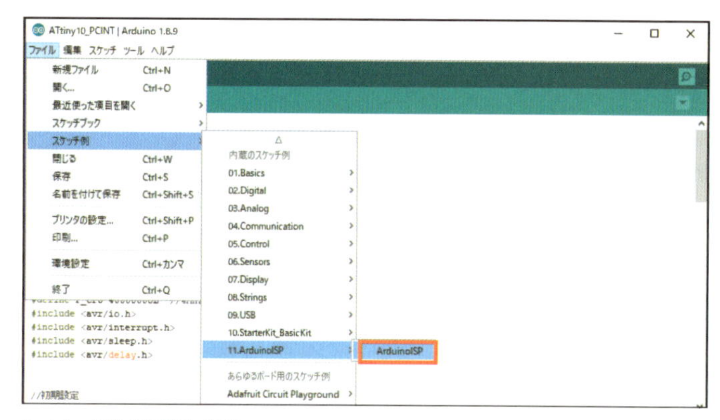

ArduinoISP を選択します

③ プログラムArduinoISPが読み込まれた新しいウィンドウが開くので，先に開いていたウィンドウは使用しないので閉じます．

④「ツール」メニューをクリックして［ボード:" **** "］をクリックし，［Arduino AVRボード］リスト欄の［Arduino/Genuino Uno］を選択します。(初期設定 **** は任意のボード名です)

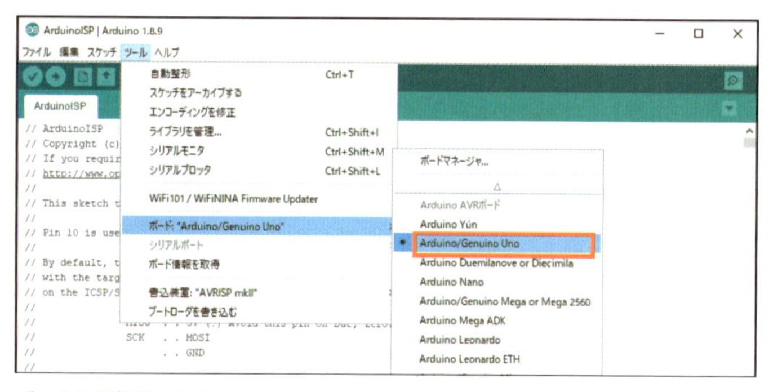

ボードの選択をします

⑤「ツール」メニューをクリックして［ボード:"Arduino/Genuino Uno"］と変更された事を確認したら，その下の［シリアルポート］の［COM*("Arduino/Genuino Uno")］をクリックして選択します．(*は任意のcomポート番号です．)

シリアルポートの選択でCH340を使用した互換品では，このようにボード名が表示されない場合があります．

表示されているデバイスが複数あって判別できない場合にはデバイスマネージャを開き，ポートに接続されたデバイスの「USBシリアルデバイス（COM*)」のCOMポート番号を確認してから選択してください．

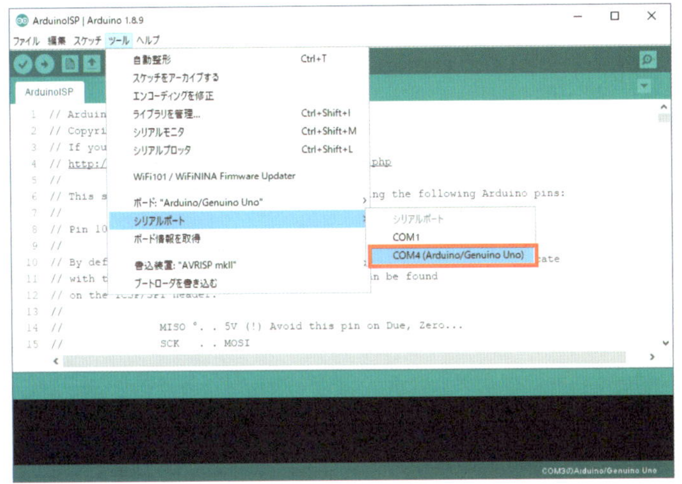

シリアル通信の設定を行います

⑥ ここまで準備ができたら，［検証］ボタンをクリックして下部メッセージエリアにエラーが表示されていない事を確認します．

検証でエラーが出た場合には，COMポートの設定やボードの選択などに間違いが無いか確認してください．

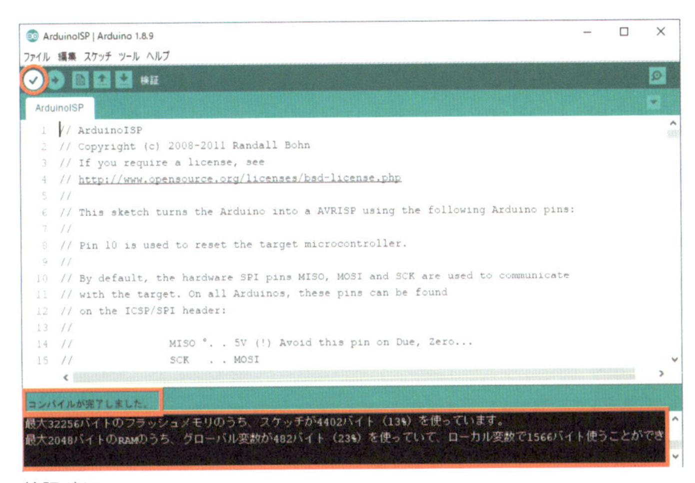

検証ボタン

⑦ エラーがなければ，［書き込み］ボタンをクリックして "ArduinoISP" プログラムを書き込みます．

書き込みボタン

⑧ 終了メッセージでエラーメッセージが出ていない事を確認します.

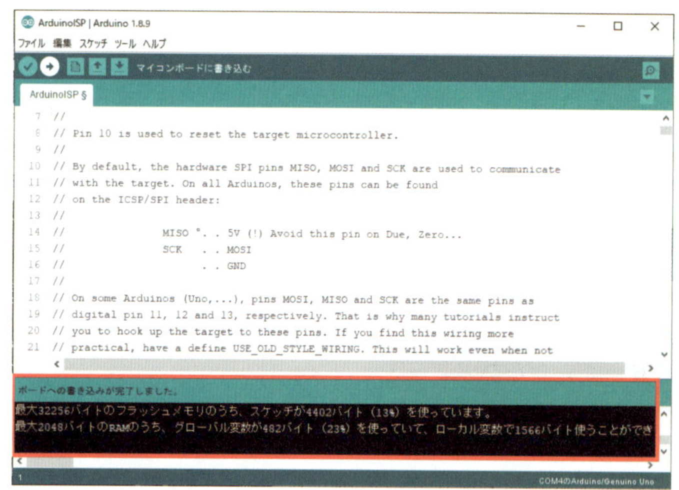

メッセージを確認する

以上でArduino Uno r3のArduino ISPプログラマ化ができました.

2-2-3. Arduino ISPの接続

Arduino ISP化したArduino Uno r3と制御基板のICSPとの接続を解説します.
Arduino Uno r3から取り出すICSP関連の出力は以下のピンから取り出します.

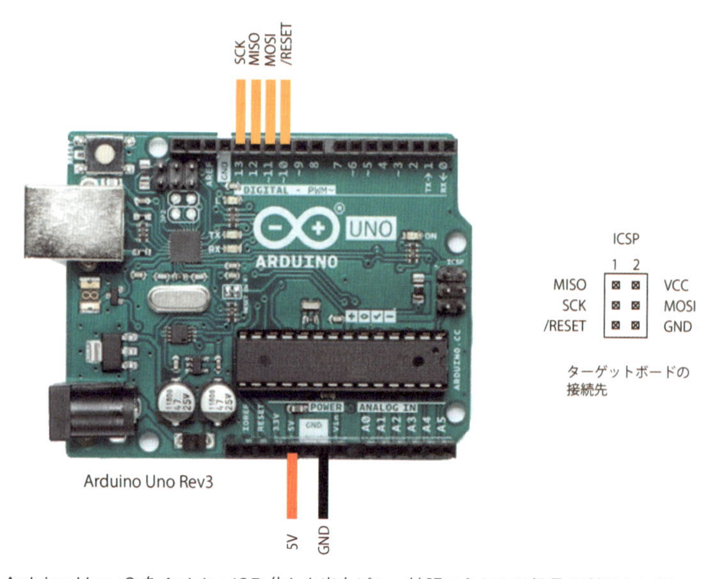

Arduino Uno r3 を Arduino ISP 化した出力ピン. 拡張コネクタの信号を利用した例

Arduino Uno r3 を Arduino ISP 化した出力ピン．Arduino Uno 上の ICSP ピンを利用すれば /RESET のみを拡張コネクタから取り出すだけで，他の配線は 1 対 1 に接続できます

Arduino Uno r3と制御基板のICSP間の同じ信号名同士を接続しますが，接続は最初にGND，各信号線，最後にVcc（5 V）を接続します．（ターゲットがArduino Dueの場合にはターゲットの電源は接続しない事）

接続を外す場合には逆の順番となりますがArduino Uno r3のUSBケーブルを外してしまえば順番はかまいません．

ターゲットがARMのSAMシリーズの場合には制御基板の電源を供給し，Uno r3（ライター）側のVccは接続しません．接続に間違いが無いか確認した後，制御基板の電源を入れてください．

Vccの代わりにUno r3の3.3V端子と接続する方法はありますが，電流が取れないので注意が必要です．

信号の接続には「ブレッドボード・ジャンパーワイヤ（オス－メス）またはブレッドボード・ジャンパー延長ワイヤ（メス－メス）」が接続に便利です．

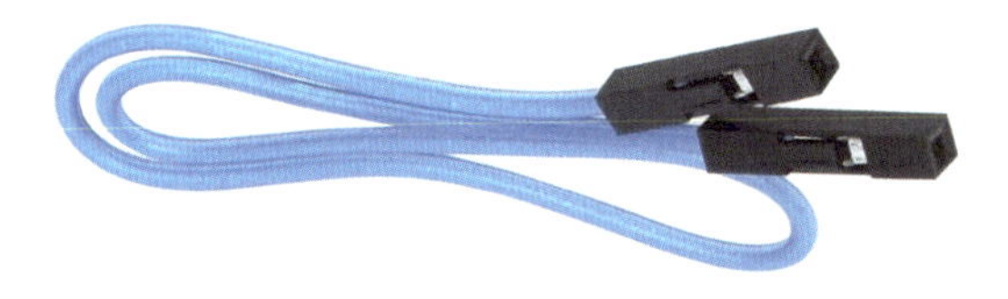

ブレッドボード・ジャンパーワイヤ（メス－メス）の例．ピンヘッダ同士の接続に使用できます．オス－メスが用意できなければ，メス－メスの片方にピンヘッダ程度の太さのメッキ線などがあればそれを片側に差し込み，拡張コネクタに接続できます

Anetの制御基板にはICSPの端子が設けられていませんが，J3コネクタに出力されています。

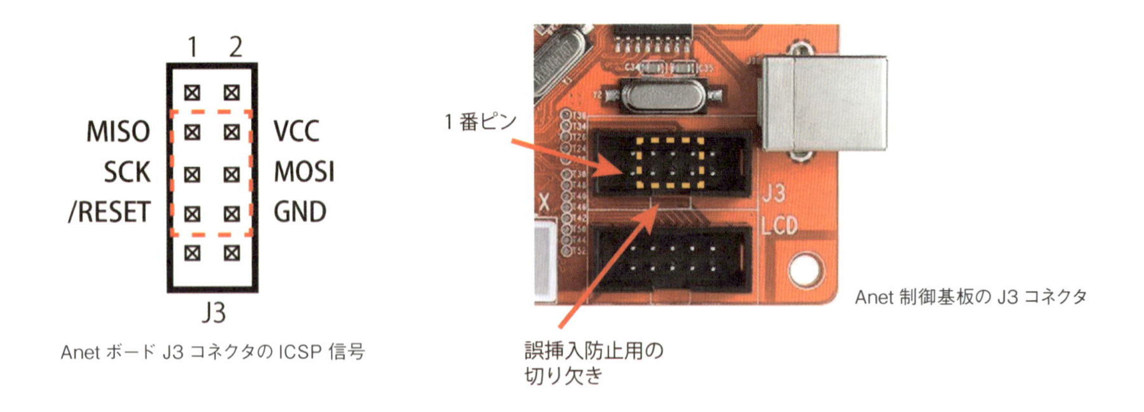

Anet ボード J3 コネクタの ICSP 信号

Anet 制御基板の J3 コネクタ

回路図は以下のURLに公開されています．
AnetボードのLCDコネクタ，J3コネクタの信号線はRepRapとの互換性がありません．
 https://github.com/ralf-e/ANET-3D-Board-V1.0

2-2-4. Arduino ISPでの書き込み

Arduino ISP化したArduino Uno r3とターゲットのICSPを接続してからのArduino IDEでのファームウェアの書き込み方法を解説します．

①「ツール」メニューの［ボード:" **** "］をクリックして開き，メニューの中からターゲットに合ったボードを選択します．

②「ツール」メニューの［書込装置:" **** "］をクリックして［Arduino as ISP］を選択します．

"as"が付いています．［Arduino ISP］と間違わないようにしてください．

③「ファイル」メニューを開き，ファームウェアを開きます．
Marlinファームウェアの場合には"Marlin.ino"ファイルをクリックしてください．

④［検証］ボタンをクリックして正常に終了するのを待ちます．

⑤ 検証が正しく終了したら［書き込み］ボタンをクリックます．
コンパイルが行われ，書き込みが終了するのを待ちます．
書き込みは以前のプログラムに上書きされます．

Chapter 3 Marlinファームウェアのカスタマイズ

Marlin ファームウェアは様々なメーカーの機種，自作などにおいてもカスタマイズが可能なように工夫が凝らされています．

3-1. カスタマイズファイル

Marlinのカスタマイズは "Configuration.h"，"Configuration_adv.h" の２つのファイルの変更により行います．

コメント行には各設定の詳細が記されています．

定数の有効化，無効化，定数値の変更，定数論理型（true，false）の変更によって多くの機能を設定します．

拡張性を持たせた定数なども用意されています．

3-2. バージョン1.1.9 定義ファイル

Configurationを元にイチから設定を行うのは大変なので，以下のディレクトリに各機種向けの定義ファイルが用意されており，それらのファイルを上書きする事で簡単に対応できます．

目的の機種名フォルダにある２つの設定ファイルをコピーし，Marlinディレクトリに上書きする事で，各機種に対応したMarlinファームウェアを準備する事ができます．

Arduino IDEで "Marlin.ino" を読み込むと，このディレクトリにあるファイルが全て読み込まれ，コンパイルして書き込む事ができます．

解凍したディレクトリ構造（Marlin-bugfix-1.1.9）

```
Marlin-bugfix-1.1.9
 |--Marlin
    | --Marlin.ino （Arduinoスケッチファイル）
    | --*.h    （ヘッダーファイル）
    | --*.ccp （C++ファイル）
    | --example_configurations （メーカー定義ファイルフォルダ）
        | --メーカーフォルダ
             | --機種フォルダ
                  | --Configuration.h
                  | --Configuration
```

3-3. バージョン2.0.x定義ファイル

バージョン2.0.xでは"Configuration.h", "Configuration_adv.h"を除く定義ファイルがsrcフォルダ下に機能毎のフォルダに分類され，すっきりしています.

メーカー定義ファイルは¥config¥exampleフォルダ下にあり，これをコピーして¥Marlinフォルダに上書きする事でメーカー対応が可能です.

解凍したディレクトリ構造（Marlin-bugfix-2.0.x）

```
Marlin-bugfix-2.0.x
 |--buildroot
 |--config
 |   |--default                （初期設定環境ファイル）
 |   |--examples               （メーカー定義ファイルフォルダ）
 |       | --メーカーフォルダ
 |            | --機種フォルダ
 |                 | --Configuration.h
 |                 | --Configuration
 |--data
 |--docs
 |--Marlim
 |   |--lib
 |   |--src
 |   |-Configuration.h（環境ファイル）
 |   |-Configuration_adv.h（環境ファイル）
 |   |-Marlin.ino             （Arduinoスケッチファイル）
 |-platformio.ini    （プラットフォーム設定ファイル）
```

フォルダ構造の変更の他，動作するプラットフォーム（AVR，ARMなど）が設定されたプラットフォーム設定ファイル（platformio.ini）が追加されています．

テキストエディタで開いてみると，使用できる動作環境が増えている事が確認できます．

COLUMN

そんなケースに

評価用に試作した手作りの基板．または，なぜか基板のまま売り出されているメーカー製デバッガやツールなど，そのまま使用していると，静電気で壊してしまわないか，あるいは，どこか金属に触れてショートして壊れてしまわないかなと，心配になってしまいます．

そんな時，専用のケースを作って入れておけば，リード抵抗やコンデンサなどが散らばった作業机の上でも安心して使用することができます．

ユニバーサル基板で作った物でも専用ケースを作って入れておけば完成度はアップ．長く使う事ができるでしょう．

USBasp 用ケースを作成．AVR の書込に活躍しました

PC-LINK2 用うす～いケース

評価用の自作基板もケースに入れて置けば，完成度がアップ

Chapter 4

Configファイルの読み方

Config ファイル（環境ファイル）の読み方，設定の変更方法に関して解説します．
Config ファイルは半角，英数字，文字記号で記述します．

4-1. コメント記号　//

//（読み：ダブルスラッシュ）から右側がコメント行になります．
このコメントを読めばどのような設定なのか，どのように設定するのか，内容を把握する事ができます．
#define文の後ろ（右側）にコメントを追加する事ができます．

```
#define USE_XMIN_PLUG
    ↓
#define USE_XMIN_PLUG // X軸のホーミングセンサー有効です
```

コメントは全角文字で記述する事ができます．
//の前に全角スペースは入れないでください．エラーになります．

#define文を無効にしたい場合，コマンドの前に//を付けコメント行にします．
不要な定義全体をデリートしないでください．コメント行にする事で無効化します．

無効となっているコマンドを有効にする場合には//を削除します．

例　Z_MIN_PROBE_USES_Z_MIN_ENDSTOP_PIN
　　Z軸のベッドプローブ（Zプローブ）を有効にする．（Z-MINピン接続の場合）

```
//#define Z_MIN_PROBE_USES_Z_MIN_ENDSTOP_PIN
    ↓
#define Z_MIN_PROBE_USES_Z_MIN_ENDSTOP_PIN
```

これでオートレベリングが有効になり，関連する複数の設定を行います．
印刷ノズルからのプローブの位置やノズルの先端からの高さの差などの登録を行います．

4-2. コメント記号　/*　*/

2つの記号の間がコメントになり，プログラムに影響は与えません．

```
/*　←この間がコメント行になります→　*/
```

改行を含んだ複数行をコメントにする事ができます．そのため，複数行に渡る解説やメモ行に用いる事ができます．

```
/*　コメント
  コメント
  コメント
*/
```

環境ファイルの半分以上はコメント行になっています．
単一行のコメントには//が用いられます．

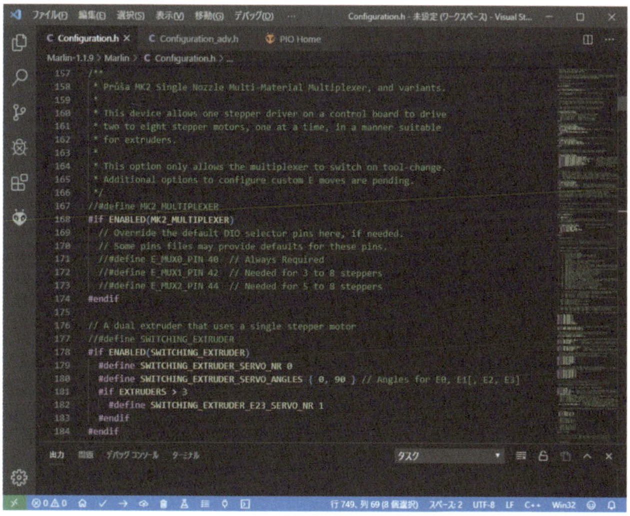

Configration.h の一部．緑色表示の部分はすべてコメントとなっています

4-3. #define文

コンフィギュレーションファイルの中ではたくさんの #define ***** といった記述を目にします.

#define文はプログラム中で用いる記号定数を定義し，プログラムをコンパイルする時に最初にまとめて記号定数の設定を行います．この真っ先に処理する機能を「プリプロセッサ」と呼びます

この機能により，分割された複数のプログラムに分散した機能の変更を"Configuration.h", "Configuration_adv.hファイルで集中管理します.

#define文の記述は以下の通りです

```
#define    定数名 （定数値）
```

定数名のみを宣言する事で，この名前の機能を有効にする，といった事が行われています.

また定数値には整数（integer)，浮動小数点（float，double，実数)，文字列，論理型などが対象となります.

プリプロセッサ命令の構文は途中で改行する事はできません.

文末に；(セミコロン）は付きません.

4-4. 論理型の設定　true (真)，false (偽)

#defineの定数値を論理型にした設定例です.

以下の例では"ENDSTOP"の信号論理を反転（INVERTING）する(true)か，反転しない(false)かの設定に論理型が用いられています.

ここでは"false"となっているので信号の論理は反転しません.

入力された正論理の信号（信号がLow→Hightとなった時）にアクション（この場合はモーターの停止）します.

```
#define X_MIN_ENDSTOP_INVERTING false
```

信号の使い方を負論理で使いたい場合は"false"を"true"に書き換えます.

マイクロスイッチの配線を変更して，通常はON，ホーミング時にマイクロスイッチが押された時にOFFになるようにN.C. - COM端子を使用し，Vcc，X-MINをコネクタで接続したようなケースです.

```
#define X_MIN_ENDSTOP_INVERTING true
```

4-5. その他の定数値

#defineの定数値に 1，-1 を使用している場合もあります．コメントに設定方法の詳細が書かれているので良く確認を行ってください．

```
// Direction of endstops when homing; 1=MAX, -1=MIN
// :[-1,1]
#define X_HOME_DIR -1
```

この設定ではホーミングの方向が -1 なのでMIN側を指定しています．

ホーミングをMAX側に変更する場合位は -1 を 1 に変更します．（この場合，MAX側にリミットスイッチが取り付けられ，X-MAXコネクタに接続されていなければなりません）

-1は無効に設定するケースでも用いられています．

以下，定数値に整数を設定する例とアドレスを設定する例です．

```
#define X_MICROSTEPS       16  // マイクロステップ数
```

```
#define DIGIPOT_I2C_ADDRESS_A 0x2C  // ポートのアドレスを設定
```

Chapter 5

ファームウェアの種類

3D プリンタは SD メモリカードに保存した G コード（M コマンド）を読み出したり，USB によるシリアル通信で G コードを受け取り，モーターや温度の制御をする事で印刷を行います．このG コード，M コマンドを解読しながら 3D プリンタのメカニズムを制御するための組込みプログラムの事を「ファームウェア」と呼びます．

ファームウェアを選択するための主な要件は，

- G コード，M コマンドの互換性が高い事
- メンテナンスが続けられている事
- 使用するハードウェアと互換性が得られる事
- 拡張性がある事

などが挙げられます．

以下に公開されているファームウェアの概要を紹介します．

5-1. Marlin

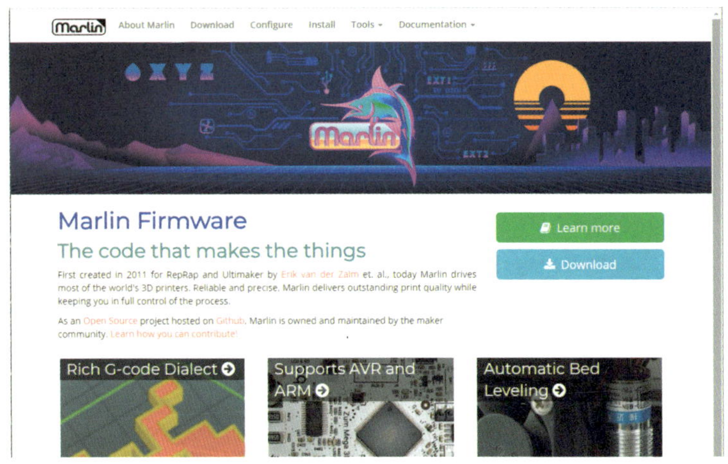

http://marlinfw.org/ のトップページ

MarlinはRepRapとUltimakerのため，2011年にCNC制御向けファームウエアのGrblと3Dプリンタ向けファームウエアSprinterから最初のバージョンが作成され，Arduino Mega 2560とRAMPS 1.4を基本プラットフォームとしたオープンソース3Dプリンタファームウエアとして機能拡充が図られてきました．

32bit ARM Coreを搭載したマイクロコントローラボードArduino Dueにも対応し，現在も活発にメンテナンスが行われています．

多くの設定機能を持ち拡張性に優れている事から，世界中の多くの3Dプリンタに搭載されています．Marlinのファームウェアにはこの多くの機種に対応した設定ファイルを用意しており，すぐに機種に合った設定を反映する事ができます．その上で，さらに設定をカスタマイズする事ができます．

どのような設定ができるかは，Marlinのホームページのメニューバー「Configure」のリンクに詳しく解説されており，キーワードで検索できるので，ファームウェアにMarlinを搭載したい場合には目を通す事をお勧めします．

Marlinファームウェアのバージョンは以下の通りです．

Marlin 1.1.x：AVR専用のバージョンでAVR専用版の最終リリースとなります．現在の最新版はMarlin 1.1.9で，今後もバグフィックスは継続されます．このバージョンでは，環境ファイル設定ツール"marlin firmware configuration tool"を利用する事ができます．

AVRはAtmel社（現在，microchip社に吸収）で開発されたRISCベースの8bitマイクロコントローラ（MPU）．主にATmegaシリーズ（ATmega2560や1284など）が搭載された制御基板が対象となります．

Marlin 2.0.x：デルタ方式の登場などによる高度な計算処理や付加機能が求められるようになり，Atmel SAM（AtmelのARMコア）搭載のArduino Dueへのサポートが加わりました．

32bitのARMコアベースの制御ボードへのフルサポートを目的に開発が続けられています．勿論，Arduino IDEがサポートするArduino mega2560も引き続きサポートされます．

開発：2011～
直近更新：2018/09/30
ドキュメント：http://marlinfw.org/
GitHub：https://github.com/MarlinFirmware/Marlin/tags

5-2. Repetier-Firmware

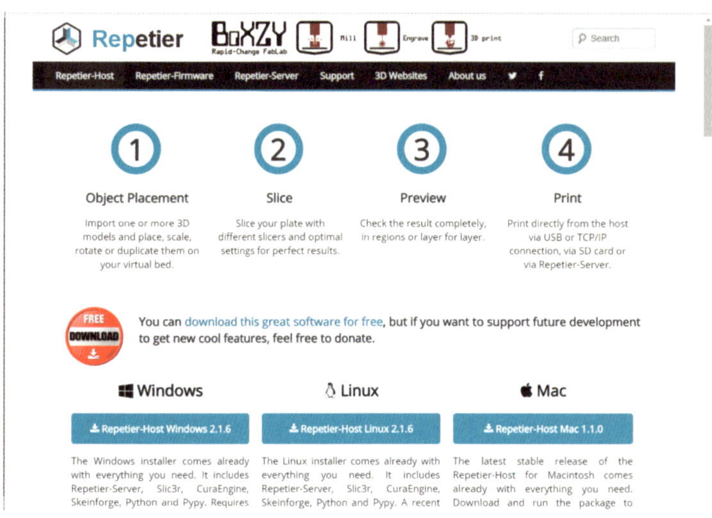

Repetier.com のトップページ

RepRap 3DプリンタPepRap Mendel向けにArduinoベース用のファームウェアとして開発され，Arduino Mega 2560のほか，ARM Cortex-M3のArduino DUEにも対応可能です．

Sprinterファームウェアの書き換えをベースに，速度向上，印刷品質向上などの改良が行われています．

主要な設定パラメータの変更は再コンパイルせずに簡単に変更する事ができるなど，機能強化が図られました．

チュートリアルに沿ってステップ・バイ・ステップで各種設定を進めて行く事で，最終的にユーザーの環境にカスタマイズされたファームウェアが作成されます．

Repetierソフトファミリーにはホストソフトウェアとして Repetier-Host，Repetier-Serverがリリースされています．

開発元：Hot-World GmbH & Co. KG（ドイツ）
開発：2011 ～
直近更新：2018/09/30
ライセンス：GNU GPL V3
ドキュメント：https://www.repetier.com/
GitHub：https://github.com/repetier/Repetier-Firmware

5-3. klipper

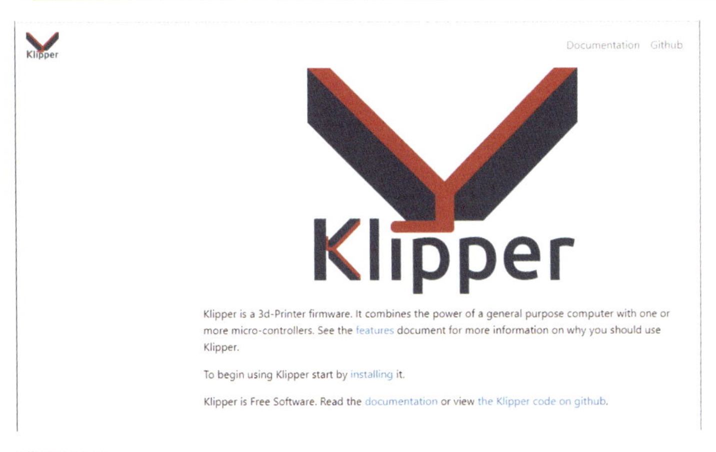

klipper.org

Klipperは多くの標準的な3Dプリンタ機能をサポートします．

例えばRaspberry Piのような安価なプロセッサを利用しても，3Dプリンタに指定された時間にステップを実行させる事ができるホストコントローラ用のファームウェアです．

8ビットAVRマイクロコントローラでも，毎秒175Kステップを超え最新のマイクロコントローラでは毎秒500Kステップを超える処理速度が得られ，3Dプリンタに高速にデータを転送し，より高速で正確なステッピングモーターの制御を可能にします．

また，3DプリンタのMCUはARM，AVRに対応可能し，マルチプロセッサに対応する事ができます．

ホストソフトウェアOctoPrintと連携するので，ウェブブラウザを通してプリンタ制御を行う事ができます．

直近更新：2018年9月
ライセンス：GNU GPL v3
https://www.klipper3d.org/
GitHub：https://github.com/KevinOConnor/klipper

5-4. Teacup Firmware

Teacup Firmware はARMベースのコントローラーに移植された最初のファームウェアで，RepRap互換の制御基板で動作します．

簡素なC言語によるクリーンなコード設計で100％整数演算を使用し，割り込みでの長い演算操作を最小限に抑えパフォーマンスと安定性を得ています．

環境設定ツールが用意され，各機種への移植性を高めています．

Teensy3, HBox and NXP LPC1114ベースのコントローラに組み込まれています．

開発：2015～

ドキュメント：https://reprap.org/wiki/Teacup_Firmware

● GitHub：https://github.com/Traumflug/Teacup_Firmware

5-5. APrinter

APrinter はRepRap 3Dプリンタおよびその他のデスクトップCNCデバイス用にC++を使用して，大量のテンプレートメタプログラムをイチからプログラミングしたポータブルファームウェアシステムです．

Webベースの設定システムを使用して，特定のマシンの上位レベルの機能を設定しますが，異なるコントローラボードをサポートするための下位レベルの設定も定義できます．AVR，ARMに対応していますが先進的な機能をサポートするためにはARMを使用した制御基板の方が良いようです．

開発：2015～

直近更新：2019/1/2

● GitHub：https://github.com/ambrop72/aprinter

5-6. RepRap Firmware

MarlinとRepRap FiveD_GCodeをベースにRepRapPro Ltdによって開発され，RepRapProによるオープンソースのOrmerod，Mendel，およびHuxley 3Dプリンタキットで使用されました．

ATSAM（Microchip ARM マイクロコントローラ ）向けにオブジェクト指向で高度にモジュール化されています．

開発：2013～

● GitHub：https://github.com/reprappro/RepRapFirmware

5-7. Smoothieware

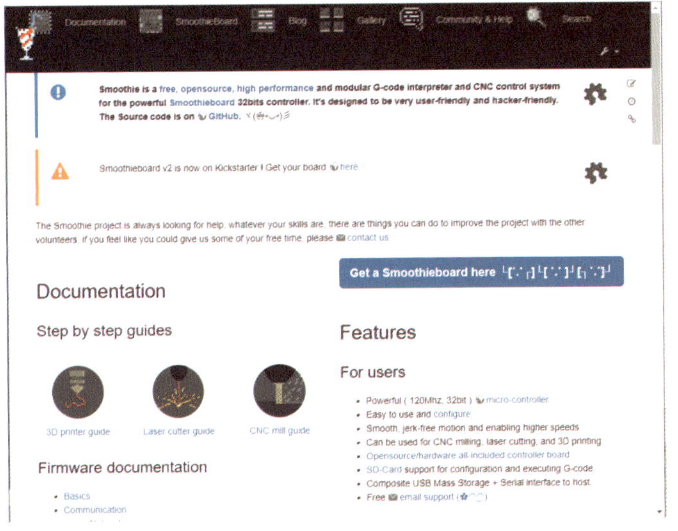

Smoothieware.org のトップページ

NXP社のARM Cortex-M3コアのLPC1768を搭載したSmoothieBoard，Smoothie On A Breadboard，R2C2 RepRap Electronics，Azteeg X5 mini用のファームウェアです．

CNCフライス盤，レーザーカッター，および3Dプリントに使用する事ができます．

通信はUSBの他，UART，Bluetooth，Wi-Fi，LANがサポートされています．

開発：2016～

ドキュメント:http://smoothieware.org/

● GitHub：https://github.com/Smoothieware/Smoothieware

5-8. Redeem

1GHzのARM Cortex-A8を搭載したBeagleBone Blackと制御ボードReplicapeのためのファームウェアです．

OctoPrintも同時にインストールされ，インターネットに接続し，Webサーバーとして機能します．

カメラで映像を送りながらストレス無しでデルタ型の印刷を行う事ができます．

開発者はアニメオタクなのか，タッチパネルモニターのフロントエンドにmangascreen．ソフトウェアパッケージにKamikaze，Umikazeなどと名付けられています．

開発：2015～
ドキュメント：http://wiki.thing-printer.com/index.php?title=Redeem
GitHub:https://bitbucket.org/intelligentagent/redeem/src/master/

5-9.Sailfish

Sailfishは，もともと制作者名からJetty Firmwareとして知られていたMakerbots用のファームウェアです．古いハードにはMakerbot G4 Firmware（2012年に終了）を採用していたようですが，新しいものはMarlinのフォークとMakerbot G4 Firmwareに基づいたSailfishになりました．
ネーミングはMarlinを意識したように感じられますね．

開発：2011～
直近更新：2017/12/29
ドキュメント：http://www.sailfishfirmware.com/doc/
GitHub：https://github.com/jetty840/Sailfish-MightyBoardFirmware

COLUMN

ドレスアップで慣れる

3Dプリンタは作ったけれど，何を印刷しようかなと迷ったら，あなたのプリンタのドレスアップパーツ作りから始めてみましょう．
まずはビルドプレートの高さ調整用ノブやエクストルーダーボタンなど使い易さをアップする小さなパーツから作ってみます．小さな物なら自分で部品を設計してみるのも良い経験になりますし，印刷時間も短い事から失敗してもリトライしやすいですからね．
STLデータ作成時の温度や速度など基本設定で問題が無いかなど体験でき，少しずつ自分なりの設定にチューニングする良い機会にもなるでしょう．
やがてブレースのような大きな補強用パーツやベルト用のテンショナーなどにチャレンジすると良いでしょう．

Chapter 6 その他のファームウェア

すでに非推奨となっているものなど，参考として挙げます．
以下のファームウェアは既に開発が終了し，非推奨となっているものです．

FiveD
Gen2OnABoard
Generation 2 firmware
Generation 3 firmware
Hydra-MMM
Klimentkip
Makerbot
SkyNet3D
Sprinter
Tonokip
Yarf

6-1. Sprinter

3Dプリンタの初期に登場し．Marlin やRepeter-Firmware のベースになっています．

Ultimaker's Electronics version 1.0-1.5
Tonokip_Firmware　2011年（非推奨）
ライセンス：GNU GPL v3
● GitHub：https://github.com/bkubicek/Sprinter

6-2. Grbl

GrblはCNC用に開発されたファームウェアでパソコン側で使用するGrblコントローラと共に使用します.

Marlin，Repetier-Firmwareのベースとなったファームウェアです.

Arduino Uno（Duemilanoveなど），Arduino Mega 2560，LPC1769と複数のプラットフォームをサポートしています.

CNC向けとして大きな更新は無くなったようです.

開発：2009～

直近更新：2018年8月

● GitHub：https://github.com/grbl/grbl

6-3. SkyNet3D

Anetプリンタではディスプレイの配線がRepRapとは異なっている事からこのようなファームウェアが開発されたようです.

Marlinを元に2つのフォークがあります.

これらはMarlinにマージされたため，現在は非推奨となっています.

●SkyNet3D版

Anet A8/A6用ファームウェア．MarlinをAnet A8/A6用にコンフィグを編集したバージョン．Anetボード用のファームが公開されています.

● GitHub：https://github.com/SkyNet3D

●thijsk版/Skynet3d

Anet A2/A6/A8用でそれぞれオートレベリング対応と非対応のコンフィギュレーションが用意されています.

● GitHub：https://github.com/thijsk/Skynet3d

6-4. FiveD_GCode

RepRapによるファームウェアの開発プロジェクトで，エクストルーダーとGコードによる割込処理を記述したものです．

開発：2011～
直近更新：2011/9/28
● GitHub：https://github.com/reprap/firmware/tree/master/FiveD_GCode/FiveD_GCode_Interpreter

COLUMN

修理で活躍

初めて本格的に3D CADで作図して作ったのがギタースタンドのギターを下で支えるサポートアーム（部品）です．サポートアームは2個のパーツが組み合わされ，ギターのボディの厚みによってサポート部分のアームの長さを調整できる構造になっており，アルミパイプに固定する側が壊れてしまいました．いや，不注意で壊してしまったという悲しい現実かな（汗

代理店に問い合わせると保守パーツは扱っていないとの事．でも，捨ててしまうのは勿体ないなぁという貧乏性で，接着剤で補修して何とか保たせていたのですが，そろそろ限界かなという時期に3Dプリンタを導入し，こりゃもう作るしかないでしょ状態になったわけです．

3D CADにはFusion 360を使用し始めていましたが，可動するアームとの組み合わせ部分（可変長のストッパーとなる波状部分）をどのようにして作るかとか，なるべく元の形状に近いデザインにする手順とか試行錯誤を繰り返しました．

仕事で使い方を覚えるのは大変かもしれませんが，こうして自分で必要に迫られると妥協せずに何とかやってしまうものですね．

何とか現物と見比べても大差ない形状に仕上げることができました．

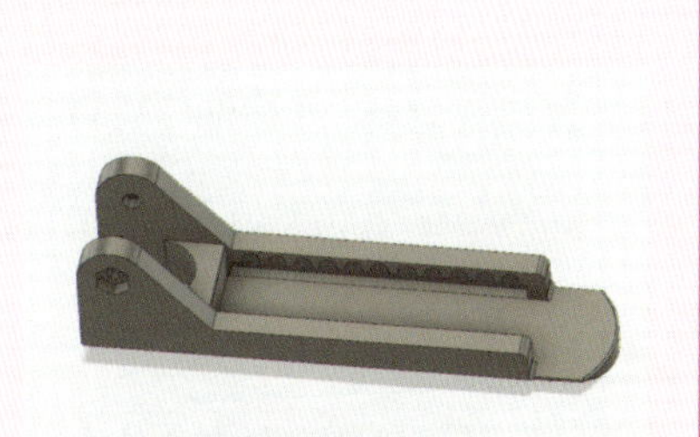

G-Stand

Chapter 7 制御コマンド

3D プリンタを動かすためのコマンドは一般に G コードと言われていますが，実際には G コマンド，M コマンド，その他の補助コマンドが使用されています．

7-1. Gコード

Gコード（G-code）はCNC用（コンピュータ数値制御，NC旋盤など）の命令コードで，先頭のGと数字によるコマンド体系です．

マサチューセッツ工科大学により作成され，NIST RS274NGC（日本ではJIS B 6315-2:2003）で標準化されています．

Gコードは座標指示やX，Y，Z軸の移動とそれに伴う補間の他，エンドミルの刃先の直径分の位置補正（工具径補正 - エンドミルの軸の中心を基準に切削を行うと，半径分，余分に削ってしまう事になるため）などの機能をサポートしています．

3DプリンタではこれらのGコードを読み込みながら，指定された動作を行いますが，Gコードの全てが3Dプリンタに必要ではない事もあり，ファームウェアはGコードの全てをサポートしているわけではありません．また，Gコードへの対応状況は使用するファームウェアにより異なります．

ファームウェアではGコードを読み込んだ後．実際に各部の制御を行うためにマイクロコントローラで変換が行われ，対応していないコードは無視されます．

3DモデルからスライサーによりつくられたGコード（ファイル拡張子".g"，".gco"，".gcode"）の中身はテキストファイルなのでメモ帳やテキストエディタで内容を確認する事や変更ができます．

Gコードに対する各ファームウェアの互換性については以下のアドレスで確認できます．

URL https://reprap.org/wiki/G-code

7-2. Mコマンド

Mコマンドは文字通りMから始まるコマンドで，Gコードではサポートされていない，3Dプリンタ制御のための補助機能を追加したものです．

RepRapにより3Dプリンタ用に定義され，Marlinなどマイクロコントローラのファームウエアに実装されています．

対応するコマンドはファームウェアにより異なるので注意が必要です．

7-3. Gコードの構成

Gコードは空白または改行で区切られたフィールドのリストです．

例　G01 X150.0 Y200.0 F60

G01：直線移動
X150.0：X座標
Y200.0：Y座標
F60：移動速度　60mm/分

●コマンド

Gnnn　Gコード ある点に移動させるなどのスタンダードなコマンドです．
Mnnn　Mコマンド（拡張コマンド）Gコードに追加された制御用コマンド．3Dプリンタの機能が追加されています．
Nnnn　ライン番号です．通信エラーが起きたときに再送信を要求するために使われます．

●パラメータ

Tnnn　指定番号（nnn）のツールを選択します．RepRapでは通常，この"ツール"は1つまたは複数のエクストルーダーに取り付けられたノズルを意味します．
Snnn　秒で指定される時間や，温度，モーターにかける電圧などに使われています．
Pnnn　ミリ秒で指定される時間や，PIDチューニングにおける比例定数（Kp）などに使われています．
Xnnn　X軸座標指定コマンドです．通常は移動先を指定するために使われます．数値は整数でも小数でも構いません．
Ynnn　Y軸座標指定コマンドです．通常は移動先を指定するために使われます．数値は整数でも小数でも構いません．
Znnn　Z軸座標指定コマンドです．通常は移動先を指定するために使われます．数値は整数でも小数でも構いません．

U,V,W　追加する軸に対する座標コマンドです．
Innn　パラメータを指定するコマンドです．円弧移動時のX-オフセットや，PIDチューニングにおける時間積分の誤差の変化率（Ki）などに使われています．
Jnnn　円弧移動時のY-オフセットなどに使われています．
Dnnn　PIDチューニングにおける直径や，導関数（Kd）などに使われています．
Hnnn　PIDチューニングにおいて，ヒーター番号として使われています．
Fnnn　1分間あたりのフィードレートです．mmで指定します．（プリントヘッドの移動速度）
Rnnn　パラメータを指定するコマンドです．温度を指定するために使用されています．
Ennn　押し出されるフィラメントの長さ（mm）です．X，Y，Zと同様に指定しますが，消費されるフィラメントの長さが指定されます．
*nnn　チェックサムです．通信エラーをチェックするために使用されます．

COLUMN

未完の完

CADデータができ上がったらそれを元にCuraで印刷用のSTLデータを作成します．印刷の向きを考え，暑い日や寒くなってくると温度設定も気になってきます．

ギタースタンドのサポートアームの作成ではどちら向きに印刷すれば良いか悩んだ末，まずはひっくり返した状態でサポートを設定し，印刷しました．縦に積層すると折れやすかったりしないかと余計な事を考えた末の事です．（因みに，細めなネジなどを縦に印刷すると折れ易いのです）

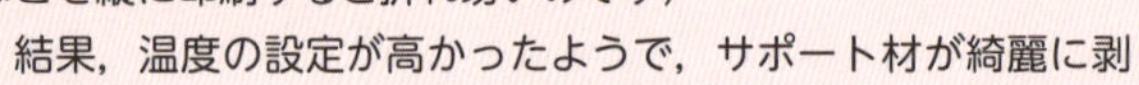

結果，温度の設定が高かったようで，サポート材が綺麗に剥離できなくて…．でも，設計的には問題が無く，人に見せる事も無いだろうし，という事で，印刷し直す事も無くそのまま使用しています．

デザインや寸法的にちょっと問題が残っても，図面は手直ししておいても印刷は最終の一つ前で，ま，「いいか」と使っているケースが多いですね．

Part 7

ソフトウェア編

3Dプリンタで印刷を行う場合には，3Dモデルのデータを作成する3D CAD，3D CADのデータを3Dプリンタで印刷できるように変換を行うスライサー，3Dプリンタの動作確認やリモート操作を行うためのホストソフトウェアなど，複数のソフトが必要になります．代表的なソフトを紹介します．

Chapter

1 3D CAD編

3D プリンタで印刷するモデルを自分で作りたいという場合には 3D CAD ソフトが必要になります.

現在では無償で使用可能な高性能なソフトを手に入れる事ができます.

3D モデルデータを保存し，印刷用にスライスするためにはデーターフォーマットについても知っておく必要があります.

1-1. 3D CADとデータフォーマット

1970，1980年代の3D CADでの表現は境界線のみで立体を表現するワイヤーフレーム，境界線をつなぐ面で構成され内部が空洞のサーフェースが主なものでした.

映画スターウォーズ『エピソード4 / 新たなる希望』でコンピュータの画面上で使われたグラフィックスもワイヤーフレームによるものでした.

1990年代に入ると立体の内部が詰まったソリッドモデルの表現が可能となり，同時に作成したモデルで強度など様々なシミュレーションができるようになりました.

年配の方は3D CADと言った場合には，平面への投影図から立体を数値入力により構築してゆくパラメトリック・モデリング（Parametric Modeling）と呼ばれるものを連想されるかもしれません．きっちりとサイズの決まった立体物を作成する場合には，このパラメトリック・モデリングのCADが利用されています.

3D CADの中にはこの様な数値入力によるものの他に，初めから用意された立方体を組み合わせて変形したり，球体を粘土細工の様に凹ませたり，つまみ出す様にして複雑な曲面を持った物体を作成するダイレクト・モデリング（ダイナミック・モデリング）と呼ばれるソフトウェアも存在します．これはパソコンの高性能化により実現できるようになりました.

1-1-1. 3D印刷に必要なファイルフォーマット

3D CADのデータで3D印刷を行うためには，作成したデータを印刷可能なGコードデータに変換ができるか，ホストソフトウェアが扱えるデータに変換できる事が必要です．

3D印刷に対応した3Dモデルのフォーマットは以下の通りです．（CADソフトにより出力フォーマットの対応は異なります）

●STL（stereolithography, standard tessellation language, Standard Triangulated Language）

3D印刷関連の多くのツールがサポートしているスタンダードなフォーマットです．

現在，このフォーマットで保存しておけば，多くの印刷用ユーティリティーで使用可能です．

STLは3Dのモデルデータを三角形の集合体として表現する手法で，モデルの強度や変形をシミュレーションするCADでも，同様のポリゴモデルを使用しています．データの保存方法にはASCII形式とバイナリ形式（STLB）があります．

ASCII形式は一点からの三角形を構成する法線ベクトルと長さを表現した集合体のテキストファイルのため冗長性が大きく，ファイルサイズが大きくなる欠点がありますが，直接データの状態を確認できます．

一方のバイナリ形式では直接データを読む（見る）事を意識していないため，コンパクトなファイルになります．

STLではカラー表現などを保持する事はできません．

●Wavefront OBJ（OBJ-オブジェクトファイル形式）

Wavefront Technologies社のAdvanced Visualizer（1980～1990年代）のために作られたポリゴンデータフォーマットで，その後各社が対応した旧世代の3Dモデルフォーマットです．

●X3D

X3Dは，XMLベースの3次元コンピュータグラフィックスを表現するためのファイルフォーマットで，VRML（Virtual Reality Modeling Language）の後継規格として作られ，2004年にISOに承認されました．

●AMF（Additive Manufacturing File Format）

2013年にISO（国際標準化機構）と，ASTM（アメリカ工業規格会）により策定されXMLで記述された3Dデータフォーマットです．

AMFはSTLフォーマットを含む事ができます．

●3D Manufacturing Format（3MF）

2015年，MicrosoftをはじめCADソフトウェア関連企業主体の3MFコンソーシアムがSTLに代わる次世代フォーマットとして策定したXMLベースのフォーマットで，3Dモデルデータの他，カラー情報や材料，プロパティ情報などを記述できます．

多色印刷の3Dプリンタが普及してくれば利用機会も増えるかもしれません．

●**3MFコンソーシアム**　URL：https://3mf.io/

1-2.初心者向け3D CAD

簡単な操作で3Dプリンタ向きの3Dモデルを作る事ができる初心者向きの3D-CADソフトを紹介します.

1-2-1. 3D Builder (16.0.2611.0)

Microsoft Windows 10に搭載された3Dモデリングソフトです.「Windows アクセサリ」フォルダに「3D Builder」のショートカットが作成されています.導入されていない場合はMicrosoft Storeから無料で入手できます.

用意されているオブジェクトを組み合わせてモデルを作成しますが,用意されているオブジェクトが少ないため複雑な構造のモデルを作るのには向いていません.

でき上がっているデータを呼び出すか,作成した3Dオブジェクトのデータを送信して3D印刷を行うサービスに対応しています.

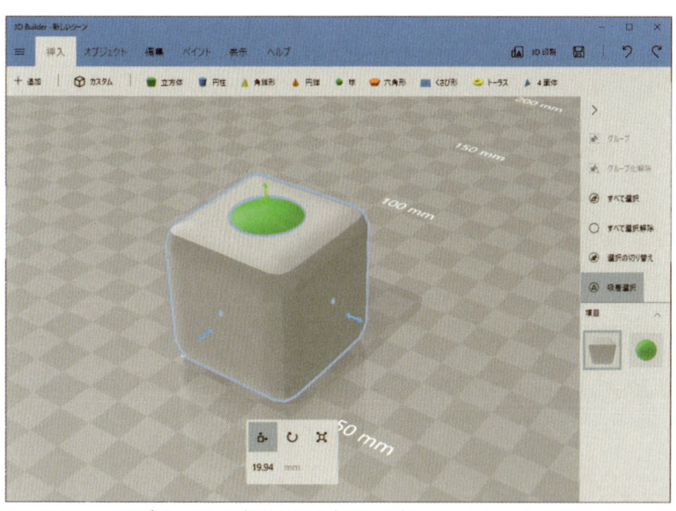

3D Builder でオブジェクトの変形と組み合わせを行っているところ

●3D Builderユーザーガイド

開発元	Microsoft
URL	https://developer.microsoft.com/ja-jp/windows/hardware/3d-print/3d-builder-users-guide
対応OS	Windows

1-2-2. Autodesk Thinkercad

Thinkercad（ティンカーキャド）はAutodesk社が提供している，ブラウザベースの入門者向け3D CADです．

Autodesk社はCADツールの老舗で，2D汎用CADの"AutoCAD"で知名度が高く，M&Aにより現在では数多くのCAD製品を販売しており，Thinkercadもそのひとつです．

ユーザー登録するだけで無料で利用できる，初心者にお勧めの3D CADです．

豊富な基本シェイプ（オブジェクト）が用意されており，これを呼び出し，組み合わせや変形など簡単な操作で3Dモデルを作成できます．また，シェイプジェネレータによりISOねじやスプリングといったものを希望の寸法で生成できます．

でき上がったモデルはギャラリーへ公開したり，公開されている作品をダウンロードする事も可能です．

Thinkercadにはこの「3Dデザイン」のほか，プログラム言語スクラッチ[*1]でモデルを作成する「コードブロック」や，電子回路を実体配線図で作成し，Arduinoコードのシミュレーションを行う「回路」といった多彩なファミリーアプリケーションが用意されています．

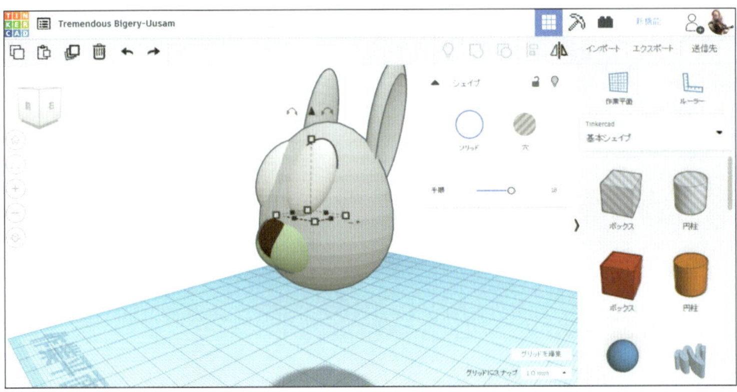

Thinkercad でオブジェクトを変形組み合わせ ...

Autodesk Thinkercad公式サイト

開発元	Autodesk
URL	URL：https://www.tinkercad.com/

*1 スクラッチ：MITメディアラボにより開発された教育向けのプログラム言語で，無料で利用できます．動作などの書かれたブロックの組み合わせで，アニメーションを動かしたり音を鳴らす事などができます．また，BBC micro:bitを接続してLEDを点灯するなど，フィジカルな体験もできます．
https://scratch.mit.edu/

1-3. 高機能3D CAD

精緻な3D作図可能な高機能3D CADを紹介します．

1-3-1. Autodesk Fusion 360

Thinkercadと同じAutodesk社の製品です．

企業での使用は有料（サブスクリプション）ですが，教育機関，学生，教員，趣味，愛好家（個人的な学習目的で非商用）はアカウントの登録を行い無償で使用可能です．また，スタートアップ企業（規模等条件あり）では１年間無償で利用できます．

無償版はクラウドストレージの容量が5GBと少なく，プロジェクトが１つまでである事．さらには他社業務向けツールとのデータ変換機能が無いという制限以外はCADの機能に有料版との違いはありません．

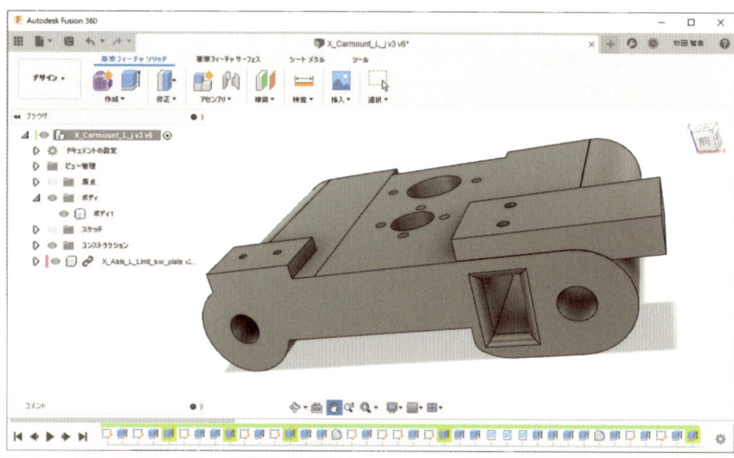

Fusion 360 で 3D プリンタ用部品を編集中

"Autodesk Fusion 360"はその名前が示すようにCAD，CAM，CAE全方位型の統合型CADシステムです．

3Dモデルを作成するモデル作成機能，モデルの表面を変形するパッチ機能，金属板によるシャーシ設計などを行うシートメタル機能，3Dモデルにリアルな質感を与えるレンダリング機能，レンダリングデーターを元にカメラ移動による動画作成のアニメーション機能，素材情報を加味し，熱伝搬や強度などの数値解析を行うシミュレーション機能，CNC加工のデータを作成し，事前に加工動作をシミュレーションできるCAM機能，図面作成機能といった多機能振りですが，3Dプリンタ用のモデル作成で使用するのは主にモデル作成機能，そしてパッチ機能でしょう．

このアプリケーションはログイン時のネット接続が必須となっており，作成したデータはクラウド上に保存されますが，ダウンロードする事もできます．

Fusion 360は盛んに更新が行われており，機能の追加や変更が予告なく行われます．突然メニューの一部が変更されて驚かされる事もありますがデータの互換性は維持され，バグの修正も速やかに行われています．

導入後のデフォルトではY軸が上方向となっているので，Z軸に変更したい場合には画面右上のユーザー名をクリックして基本設定を開き，[一般] → [規定モデリング方向] を [Z（上方向）] に変更して [適用] をクリックしてください．これでZ軸が上方向となります．

モデル作成は豊富な描画機能（スケッチ）により，様々な形状の作成を可能にします．作業平面の選択に慣れ，オフセット平面などを自由に扱えるようになれば，より高度なモデリングが可能になります．

サーフェースモデルを作成するバッチを組み合わせれば複雑な平面を持ったモデル作りも可能です．

使用方法は多くの動画が登録されているのでこれらを参考に学習すると良いでしょう．

3Dプリンタ関連アプリへのデータ書き出しでは"MeshMixer"，"Print Studio"，"PreForm"，"Cura"，"RepeterHost"に対応し，これらに対応したアプリが自動的に起動されます．STL形式で保存してデータを利用する事もできます．

Thinkercadでは物足りない，もっと緻密なモデルを作成したい，といったユーザーにお勧めします．

これ程の高機能な3D CADが無償で使えるなんて，本当に驚きです．

販売形態：ダウンロード，サブスクリプション

学生，ボビーユース，スタートアップなど特定条件で無料で使用が可能ですが，それらの利用条件についてはAutodesk Fusion 360 Webサイトで確認してください．

Autodesk Fusion 360サイト

開発元	Autodesk
URL	https://www.autodesk.co.jp/products/fusion-360/overview
対応OS	Windows 7SP1 ～ Windows 10（64bit），macOS（v10.12 ～）

1-3-2. FreeCAD

FreeCADはその名の通り2002年から有志による開発が続けられているオープンソースの汎用3D CADで，マルチプラットフォーム対応のスタンドアロンアプリです．

FreeCADの公式サイトからアプリをダウンロードできますが，ダウンロードスピードは遅く時間が掛かります．ダウンロードしたら起動してインストールを行います．

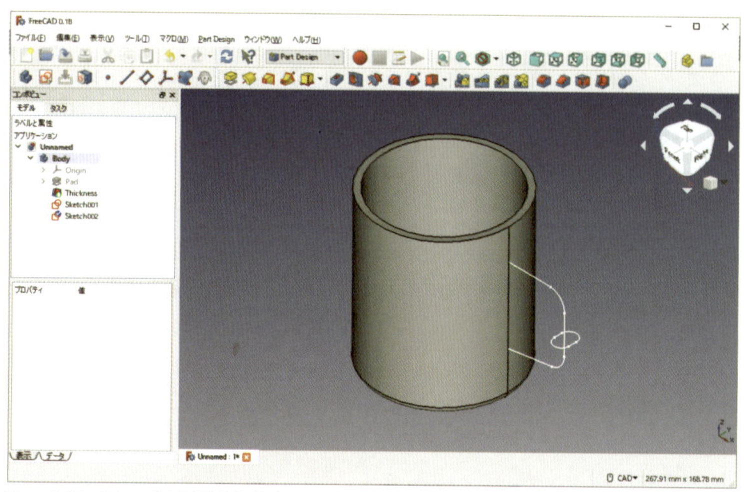

FreeCAD でカップの把手を作成中

FreeCADは各種ツールと特定の機能に向いた複数のワークベンチが用意されています．

２次元のスケッチの立体化や複数の素材の組み合わせ，OpenSCAD互換のコードの記述による3Dモデリング，建築構造物のモデリングに特化した機能や有限要素法による応力解析など多様な機能のワークベンチが用意された多機能性と高機能性を持ち合わせています．

作成したモデルを選択し，エクスポートで［STL Mesh］を選択する事で，データを出力できます．

●公式サイト

URL	https://www.freecadweb.org/?lang=ja
対応OS	Windows，Mac OS X，Linux
ライセンス	GNU LGPL v2+

1-3-3. OpenSCAD

OpenSCADはオープンソースで無償のソリッド3DモデリングCADです.

Windwos版，Mac OS X版，Linux版が配布されており，Windwos版では32bit版，64bit版のインストーラー版，zip圧縮版が用意されています．zip圧縮版では解凍したフォルダ内から直接起動できるため，気軽に機能を試してみる事ができます.

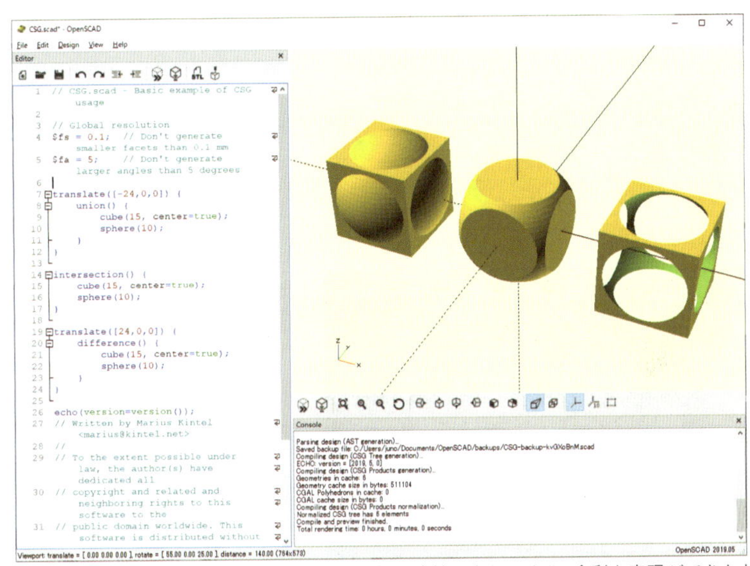

OpenSCAD．球体と直方体の組み合わせの処理方法を変えるだけで多彩な表現ができます

モデルの作成方法は，基本的な図形とその複製（順次・分岐・反復といった動き）その他の組み合わせをスクリプトの記述によってモデリングを行う，一般的な3D CADの操作方法とはちょっと毛色の異なったソリッド3D CADモデラーです.

図形のパターンの繰り返しによって作成するモデルを少ないコードで表現できるため，コピー，ペーストを繰り返しながら細かく配置や角度調整するといった方法での作成が，OpenSCADでは容易になります.

プログラミングが得意ならOpenCADという選択肢もあるかもしれません.

作成したモデルはSTLで出力できます.

公式サイト

開発元	OpenSCAD
URL	http://www.openscad.org/
対応OS	Windwos, Mac OS X, Linux
ライセンス	オープンソース

1-4. ポリゴンモデリングツール

3つ以上の点を繋いで面を作り，3Dモデリングを行うツールを紹介します．

1-4-1. Blender

モデリングからレンダリング，3Dアニメーション作成まで可能な多機能かつ高機能な3Dアニメーション作成ソフトです．

オープンソースで開発されており無償でダウンロードができ，ほとんどのOSで動作します．

メニューは［Edit］→［Preferences］→［Translation］で日本語表示に設定を切り替える事ができます．

Blender 2.80で操作メニューが大きく変更されました．それにしても高機能でフリーソフトとは思えません

2019年7月末には2.80に更新され，大幅なユーザーインターフェースの変更が行われました．余分なメニューの表示をやめ，アイコンの追加採用やタブメニューでの画面モード切り替えなどでワークスペースはかなりスッキリしました．

また旧バージョンでもCUDAに対応しており，NVIDIAのGPUを搭載していればレンダリングの高速化が可能でしたが，新バージョンでは更なる高速処理を実現しています．

モデルは立方体や球体などのオブジェクトの組み合わせや，移動，回転などの他，ポリゴン，ベジェ曲線，スカルプチャーなどを使用してモデルの作成を行えます．

モデルは3Dプリンタ用データとしてSTLで保存できます．

●公式サイト

開発元	Blender Institute
URL	https://www.blender.org/
対応OS	Windows（32bit版，64bit版，ストアアプリ版），macOS，Linux，Solaris，FreeBSD，Irix
ライセンス	GNU General Public License（GPL）

1-4-2. Wings 3D

Wings 3Dはフリーでオープンソースのサブディビジョンモデラー（粗い各多角面から滑らかな表面を作成できる）で，マルチプラットフォームに対応しています．

日本語表示にも対応しており，起動後に環境設定の［User Interface］タブで言語に"Jamanese"を選択し，再起動すれば日本語表示になります．

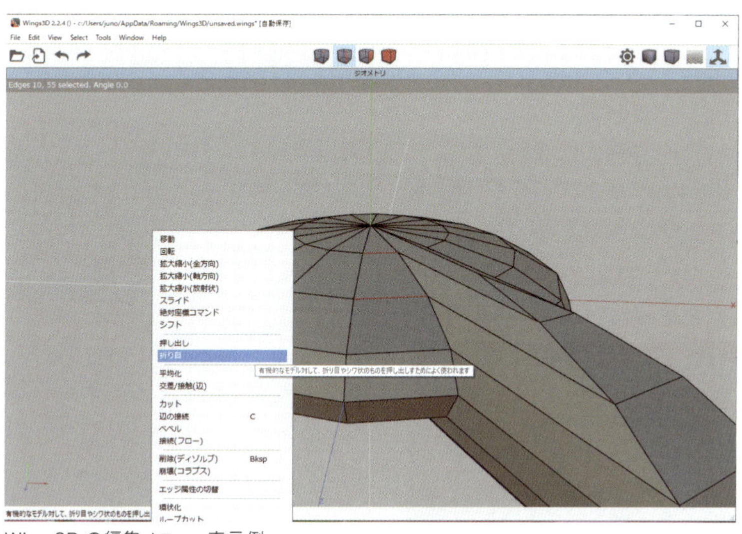

Wing 3D の編集メニュー表示例

モデル化はマウスとキーボードを使用して行われますが，マウスでの操作では状況依存のメニューが表示され，使いやすくなっています．基本的に画面上に邪魔なメニュー表示は無くスッキリしており，Tweakモードを無効にして大まかな作成を行った後，Tweakモードを有効にして詳細を調整して行く事で作業効率をアップできます．

スカルプトモードに切り替えて作業を行う事もできます．

アニメーションはサポートされていませんが，作成したモデルをアニメーション用にエクスポートできます．

モデルデータはSTL，OBJ，3dsなどで出力できます．

Blenderでは機能が多すぎて何でもできてしまう代わりに操作をマスターするのにちょっと大変，という方にはこちらの方が操作がシンプルで扱い易いと思います．

最新リリース2019/04/12
Stable Release 2.2.4
日本語対応

URL	http://www.wings3d.com/
対応OS	Windwos，Mac OS X，Linux（Ubuntu）
ライセンス	オープンソース

1-4-3. Sculptris

素材（基本シェイプ）をまるで粘土細工をして行くかのように加工する手法によるモデリングをスカルプチャーモデリング（Sculptr，彫刻家）と呼んでいます．

SculptrisはPixologic社が公開しているフリーのスカルプチャーモデリングツールで，名前とメールアドレスを登録すれば無料でダウンロードできます．

プログラムを起動するとワークエリア中央に球が表示され，その表面を押し込んだり摘み出したりしながらモデルを作成できるシンプルなツールで，フィギュア等の制作に向いています．

プログラム名Sculptrisの「Sculptr」は「彫刻家」と訳されますが，この場合には「彫塑家」といったところでしょう．

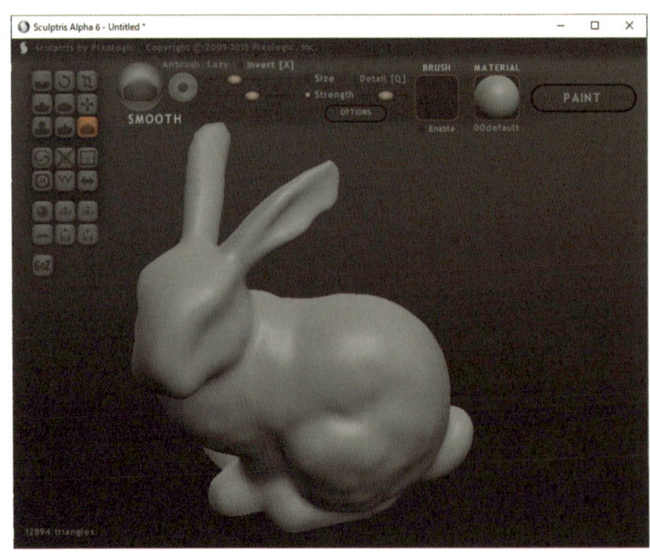

Sculptris の画面．球体を引き伸ばしたり平にしたりしながら造形を行います

汎用的なファイルの書き出しはオブジェクト（.obj）形式のみですが，Cura（フリーのスライサーア

プリ）で読み込み，そのままGコードを作成したり，他の3Dツールで読み込んでサイズなどを調整してからSTL形式で出力するといった使い方も可能です．

Sculptrisは Pixologic社が販売しているZBrush（ZBrushCore）の一部の機能を取り出したツールといった位置付けのようです．

Sculptrisの使い勝手がしっくり来るようなら，より高機能なZBrushCoreの購入を検討するのも良いでしょう．

開発元	Pixologic, Inc.
対応OS	Windows，Mac OS X
公式サイト	https://pixologic.com/sculptris/
ダウンロード先	http://pixologic.com/zbrush/downloadcenter/

1-4-4. Autodesk Meshmixer

Autodesk社製の無償で公開されているスカルプチャーアプリです．ダウンロードページから希望するバージョンをクリックするだけで簡単にダウンロードできます．

Sculptrisと同様に基本シェイプからのモデルの作成ができる他，読み込んだモデルのサイズ変更，メッシュの均一化やメッシュ数の削減を行い，データを軽くする事もできます．

また，STLデータの結合や分割を行う事ができます．

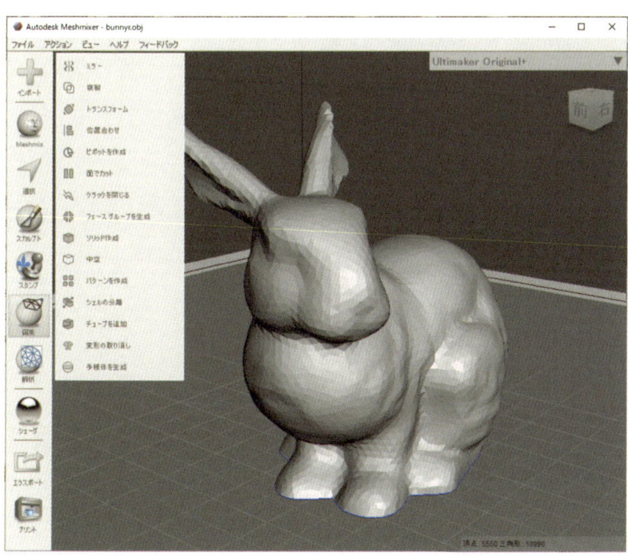

Meshmixer の画面．モデルに様々な加工を行う事ができます

開発元	Autodesk
対応OS	Windows, macOS
配布	フリーソフトウェア
Autodesk Meshmixer公式サイト	http://www.meshmixer.com/

1-5. その他

その他のモデルデータ作成ツールとして，複数の写真データを元にモデルデータを生成するツールを紹介します．

1-5-1. AliceVision Meshroom

AliceVision Meshroomはフォトグラメトリ（photogrammetry）と呼ばれる複数の角度から撮影した写真から3Dモデルを作成するオープンソースの無償のツールです．2019.1 リリースのソースコードを見た所，すべてPythonで記述されていました．どうやら，従来のソースコードを全面的に書き直したようです．

GPUが使用できるハードウェア環境であれば，画面下のワークフローのDepthMapモジュールの中にGPU使用数（0～5）の設定が用意されているので，GPU使用数の設定により処理速度がアップします．

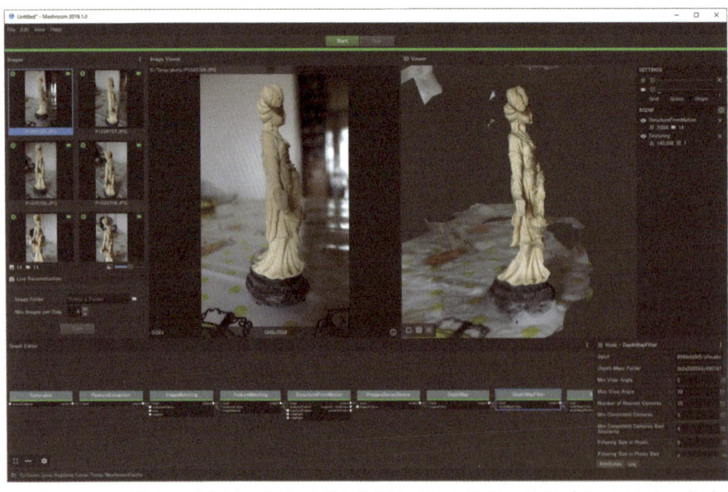

Meshroom　複数の写真(左）を元にモデル化(右）された状態．処理プロセスの変更(下)を行う事ができます

写真を読み込ませて処理をスタートさせて暫く待ち，3D Viewer画面下に表示される［Load Model］をクリックすると，3Dモデルが表示されます．

エラーが発生した場合には，ワークフローにオレンジ色の表示が行われ，どこで処理が止まったのか確認できます．

このモデルはOBJ形式でしか保存できないのでBlenderなどで読み込み，余分なデータの削除などを行なった後STLで出力すると良いでしょう．

保存先は右端のTexturingモジュールのOutputの各設定を変更するか，Publishモジュールを追加してTexturingの３つの出力をPublishのInputFilesと接続し，outputの保存先を指定しても良いでしょう．

対応OS	Windows 64bit，Linux 64bit
公式サイト	https://alicevision.github.io/
GitHub	https://github.com/alicevision/meshroom
ライセンス	オープンソース，Mozilla Public License 2.0（MPLv2）

COLUMN

同居人

以前，猫と暮らしていた事があります．いつもは他の部屋に居るのに，時折仕事場に来るとなぜかこれ見よがしにキーボードの上に乗っかって来ます．そう，ツンデレなのかもです．

今は部屋で動物が飼えないということもあって仕方がないのですが，3Dプリンタって絶対に好奇心を誘って，動くエクストルーダーやビルドプレートに手を出しそうです．

本体がケースで囲まれているタイプでも，上部は露出しているので注意が必要でしょう．

猫を飼っている皆さんは十分に気をつけてくださいね．勿論，お子さんにも注意が必要です．

Chapter 2

3Dプリントユーティリティ編

3DのCADデータを作っただけでは3Dプリンタで印刷する事はできません．3D CADデータを3Dプリンタで印刷するデータに変換するスライサーアプリケーションが必要になります．この他，リモート操作を支援するユーティリティソフトもあります．

2-1. スライサー（Gコードジェネレーター）

スライサーは3D CADで作成されたSTLフォーマット，その他のフォーマットデータから，印刷のために一層ずつスライスしたGコード（G-code，ファイル拡張子".g"，".gco"，".gcode"）を作成するアプリケーションです．（読み込み可能な形式はスライサーにより異なります）

Gコードを作成するためには以下のような情報を設定します．

（1）3Dプリンタ設定

プリンタ機種名の選択設定が無い場合には3Dプリンタの基本情報であるビルドサイズ，印刷ノズルの穴径，ホットベッドの有無など3Dプリンタの仕様を登録します．

（2）印刷設定

印刷設定は各スライサーにより設定可能な項目が異なります．以下に設定項目について解説します．

・**フィラメント径**：フィラメント径は規格サイズとの誤差があります．デジタルノギスを持っているなら，直径を複数箇所計測し，平均値を設定します．

・**印刷品質設定**：積層ピッチを設定します．積層厚を薄く設定したほうが印刷を緻密に行う事ができますが，印刷時間が掛かります．

・**印刷速度**：印刷速度を早くすると品質が落ち，遅くすると品質が良くなる傾向にあります．この印刷速度にはノズルの温度設定も関係してきます．

・**ノズル温度**：同じマテリアルでも製造しているメーカーにより最適な温度が異なります．製造メーカーを変えた場合には，試し印刷をして温度調整する事をお勧めします．

・**ホットベッド温度**：ホットベッドの温度は外気温とも関係してきます．外気温が低い時には平均より高めに設定する事が必要です．

・**プリントクーラー速度**：プリントクーラーの回転速度を設定します．

・**ビルド配置**：ビルドプレート上での印刷物の向きや印刷位置を設定します．複製を複数個プレート上に配置するといった事ができます．

・**マテリアルの選択**：マテリアルの種類により最適な速度や温度が選択されます．

・**インフィル（充填率）**：外郭の厚みを除いた内部に空間を作り，マテリアルの使用量を削減します．試作段階では充填率を下げて印刷した方が印刷時間を短縮できますが，外郭が接する上側の構造によっては表面の仕上がりが異なってくる場合があります．

・**サポート**：横に張り出した部分がある場合，空中に印刷する事はできないため，サポートを使用する必要があります．

・**スカート**：印刷する周囲に何周かラインを描きます．本体には影響しません．

・**ブリム（Brim）**：1層目に接したブリム（鍔：つば）を作る事でワーピング（warping：反り）を防ぎます．

・**ラフト（Raft）**：プレート面にグリッド状で厚めのレイヤーを作成します．このラフトを作る事でプレート平面の多少の傾きなどを吸収する事ができます．印刷後，ラフト部分を取り除きます．

スライサーとの相性

3Dプリンタに搭載されているファームウェアによっては，使用するスライサーとの相性が合わず，データ通りの印刷ができないというケースもあるでしょう．

スライサーの設定が正しく行われているにも関わらずうまく印刷できない原因としては，スライサーが対応するGコード（Mコマンド）がファームウェア側で対応していないために印刷時にデータが無視される，または誤動作するといった事が考えられます．

このようなケースの対応策としては，スライサーを変更する，ファームウェアのアップデートを確認する，または他のファームウェアに載せ替えるといった方法が考えられます．

2-1-1. Ultimaker Cura

Cura（キューラ）は日本語表示に対応した，代表的なスライサーです．David Bramによってオープンソースとして開発されましたが，後に彼はUltimakerに雇われた事から，アプリ名にはUltimakerが冠されるようになりました．

ライセンスはLGPLv3で公開されており，現在も無料で使用できます．

2019年10月末時点での最新版は4.3.0（64bit版）で，近年更新は頻繁に行われ，機能がアップしています．32bit版は2.3.1（2016/11/8）以降更新されていません．これはアプリケーションの機能アップによりCPUへの負荷が大きくなっているため，PCの旧モデルを除外するための判断と思われます．バージョン番号は15.04.6から若返っているので注意してください．

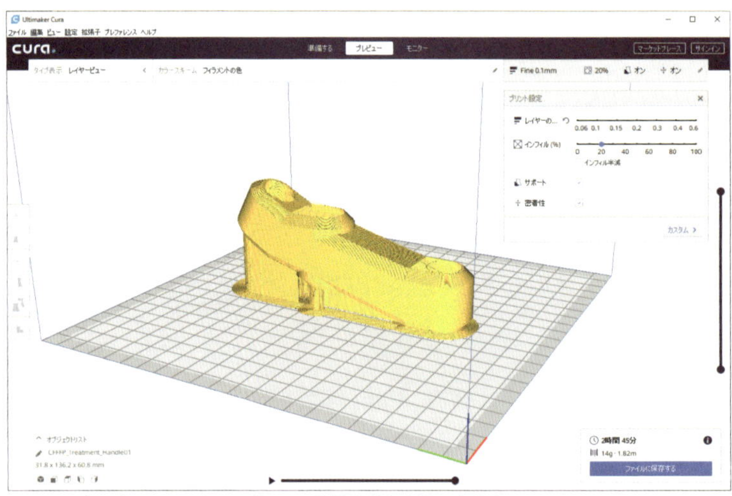

Curaのプレビューモード．サポートの状態などを確認できます

標準的なSTL形式のファイルの他，オブジェクトファイル（.obj），X3D，変わったところではJPEG画像を読み込みレリーフのように変換する事もできます．

モデルを画面上のビルドプレート上で回転，移動や複製，拡大，縮小などの他，異なる複数のデータを読み込み配置できます．

読み込んだモデルデータはすぐにGコード化され，それを元に印刷手順通りにシミュレーションしたり，任意のレイヤー（層）を表示するトレース機能もあり，インフィルの形状や充填状況を印刷前に確認できます．また，サポートの形状なども事前に確認できます．

メニューなどの日本語化はCuraをダウンロードして起動し，［Preference］の［Language］設定変更で日本語を選択し，再起動する事で可能になります．（少し変な翻訳もありますが...）

最初に機種の登録（またはプリンタの基本設定）を行います．（設定は上書き更新しても保存されています）

マテリアルの種類と印刷精度を選択すれば，温度や速度などの設定が自動的に行われますが，詳細の基本設定値を変更する事も可能です．

筆者はWindwos 10 64bit版を使用し，Fusion360でモデルを作成してSTL出力し，Curaでスライス，Anet A6で印刷をしていますが安定した動作をしています．

オフィシャルサイト	Ultimaker　https://ultimaker.com/
対応OS	Windwos 64bit，macOS 64bit，Ubuntu 64bit
ライセンス	LGPLv3
ダウンロード先	https://ultimaker.com/en/products/ultimaker-cura-software
GitHub	https://github.com/Ultimaker/Cura

2-1-2. Slic3r

2011年にRipRapコミュニティから生まれた，非営利コミュニティプロジェクトによるスライサーアプリケーションです．新たな機能を取り込み進化しつつあり，ホストソフトウェアにも組み込まれています．（最新リリーズは1.3.0，2018年5月10日）

残念な事にメニューは日本語には対応していません．

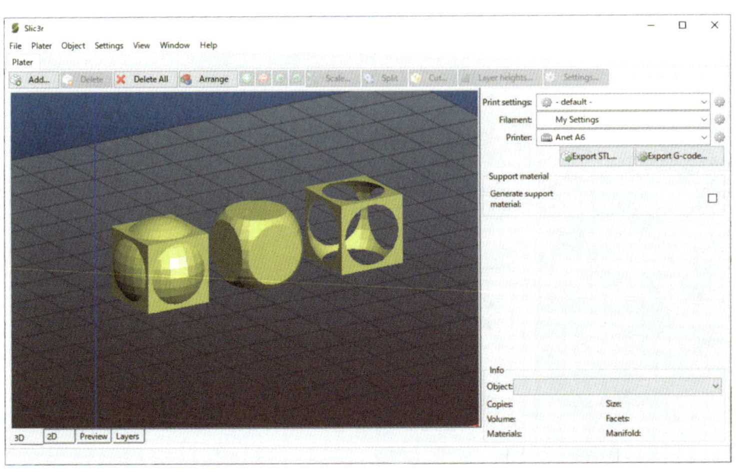

Slic3r

モデル操作のユーザーインターフェースに関しては，ビルドプレート上の視点移動と拡大縮小表示以外のほとんどはメニュー選択，数値入力による操作になります．

モデル配置時の平面上の回転は45度毎，他の軸での回転はメニューの階層が深くなり，角度の数値入力のみとなってしまい操作に多少の窮屈さを感じます．モデルの形状により傾きを持たせて印刷したいといったケースでの操作は煩雑に感じられます．

コマンドラインツールを持ち，バッチコマンドでのＧコード生成やOctoPrintへの送信といった使い方ができます．

ホストソフトウェアのPrintrun（Pronterface），Repetier-HOSTにはSlic3rが同梱されており，PrintrunでSTLファイルを読み込みスライスする機能が組み込まれています．Printrunも便利なツールなのでこちらをインストールして利用する方法もあります．

オフィシャルサイト	http://slic3r.org/
対応OS	Windows，macOS，Linux
ライセンス	GNU Affero General Public License v3（GNU AGPLv3）
マニュアル	https://manual.slic3r.org

2-1-3. KISSlicer

フリー（無償），プロ（有料），プレミアム（有料）の３つのバージョンが用意され，フリー版はプロ版の機能限定版となっています．

Windwos版はダウンロードし，解凍したファイルをクリックして起動でき，インストールの必要はありません．

日本語のランゲージファイルは用意されていません．

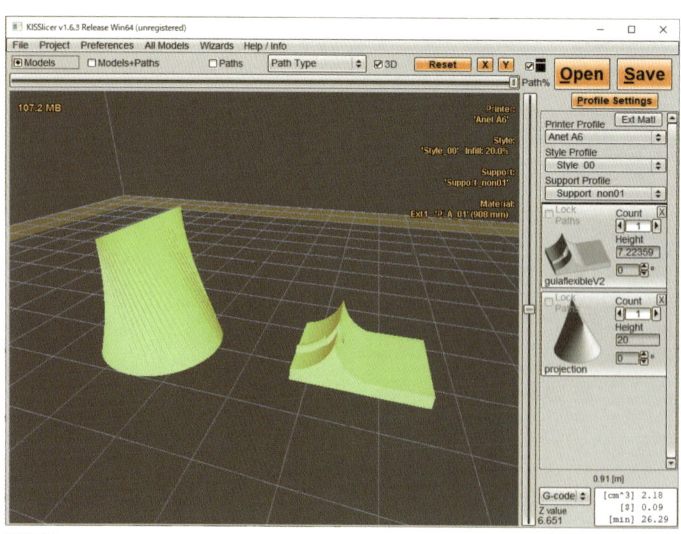

KISSlicer

起動時にノズル径，ビルドサイズの設定，使用するマテリアルの種類，径，温度の設定，インフィルの割合，サポート，ブリム等の有無などの設定画面が次々に表示され，これらに名前を付けて保存しなければなりません．

これらの設定が終了すると，スライサーの操作画面が表示されます．

モデルを配置し，スライスを実行した後に保存が可能になります．

設定ファイルが起動ファイルのある場所に作られるので，フォルダに入れてショートカットを作り起動するようにすると良いでしょう．

2019年7月現在，安定版は1.6.3（2018/05/08），アルファー版がv2.0となっています．

オフィシャルサイト	http://kisslicer.com/
対応OS	Windwos，Mac OS X，Linux

2.1.4. Simplify3D

スライサー機能とホスト機能両方を持った有料アプリ（US$149）です．

企業などで「ちょっと無償アプリは…」という場合には選択肢となるでしょう．

発売元	Simplify3D
オフィシャルサイト	https://www.simplify3d.com/
対応OS	Windows，macOS，Linux

2-1-5. Ultimaker Curaの初期設定

スライサーとして優れた機能を持ったUltimaker Curaの初期設定の詳細を解説します．

（1）プリンタの設定

インストールが終了すると自動的にCuraが起動し，セットアップ開始のメッセージダイアログが表示されます．

画面下の［Get started］ボタンをクリックして次に進みます．

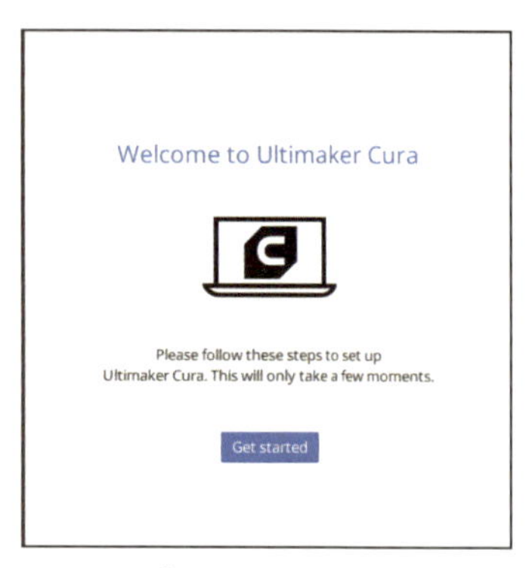

セットアップのスタートメニューが表示されます

[User Agreement]（ユーザー規約）画面が表示されるので，右下の［Agree］ボタンをクリックします．

[What's new in Ultimaker Cura]，[Help us to improve Ultimaker Cura]，で［Next］ボタンをクリックして次に進みます．

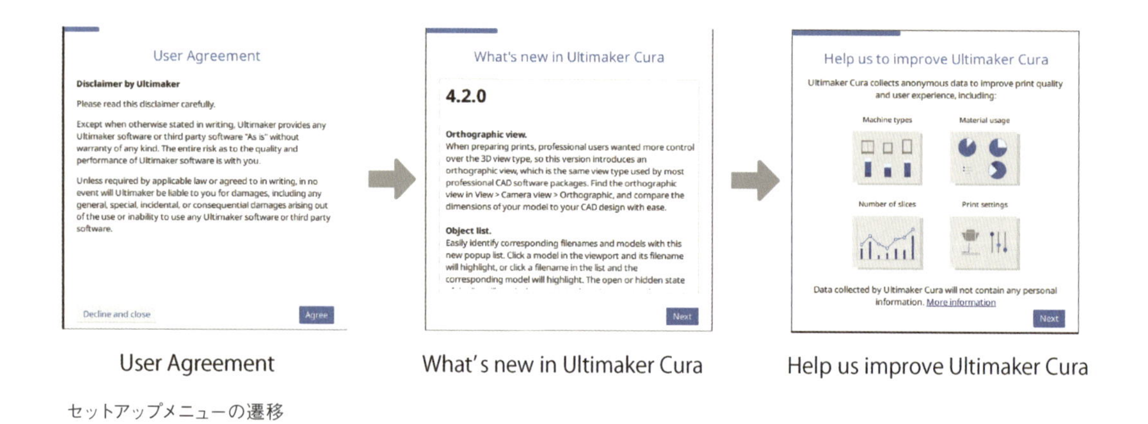

セットアップメニューの遷移

[Add a printer] ダイアログが表示されたら，[Add a non-networked printer] をクリックします．

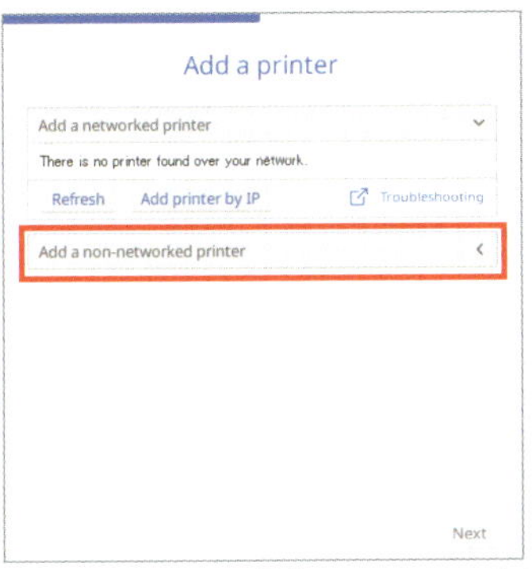

パソコンに USB で接続している 3D プリンタを選択

3Dプリンタのリストが表示されるので，使用する3Dプリンタが登録されているか探し，登録されてる場合にはその機種を選択し［Next］ボタンをクリックしてメニューを進め設定画面を終了します．

プリンタの選択．Anet を開いたところ

リストに3Dプリンタが登録されていない場合には，リストの中の［Custom］を選択し，［Custom FFF printer］を選択し，［Printer name］のテキストボックスにプリンタ名を入力し，［Add］ボタンをクリックします．

［Machine Settings］が開くのでプリンタの設定を行います．

［Machine Settings］は日本語表示に切り替えてから「プレファレンス」メニューの［プリンター］でも設定が可能なので，途中で終了しても後から設定可能です．

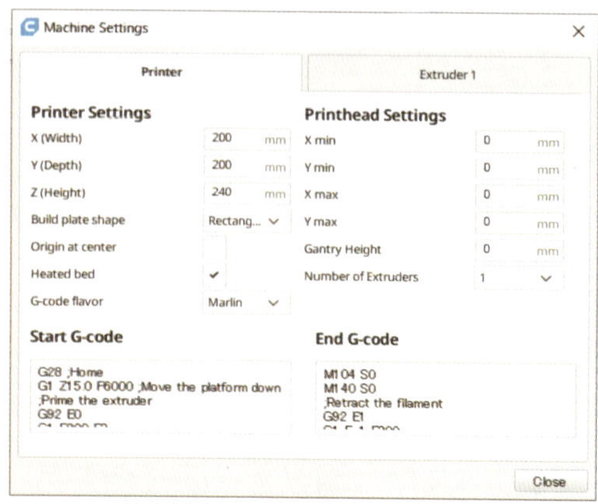

Anet A8 の設定例（Printer タブ）

Anet A8 Printerタブの設定例

- Printer Settings　　プリンタ設定
  - X（Width）印刷範囲（幅）　　200（ホットベッド有効範囲内の場合．最大220でも良い）
  - Y（Depth）印刷範囲（奥行き）　　200（ホットベッド有効範囲内の場合．最大220でも良い）
  - Z（Hight）印刷範囲（高さ）　　240
  - Build plate shape　印刷形状　　Rectangle（正方形）
  - Origin at center　センター出し　　-
  - Heated bed　ホットベッド　　チェック入
  - G-code flavor　Gコード　　Marlin

- Printhead Settings　　プリンタヘッド設定
  - X min　　X最小　　0 mm　　設定不要
  - Y min　　Y最小　　0 mm　　設定不要
  - X max　　X最大　　0 mm　　設定不要
  - Y max　　Y最大　　0 mm　　設定不要
  - Gantry Height　　0 mm　　設定不要
  - Number of Extruders　　エクストルーダー数　1

Start G-code　　（Gコード開始）

```
G21 ;metric values
G90 ;absolute positioning
M82 ;set extruder to absolute mode
M107 ;start with the fan off
G28 X0 Y0 ;move X/Y to min endstops
G28 Z0 ;move Z to min endstops
```

```
G1 Z15.0 F9000 ;move the platform down 15mm
G92 E0 ;zero the extruded length
G1 F200 E3 ;extrude 3mm of feed stock
G92 E0 ;zero the extruded length again
G1 F9000
M117 Printing...
```

End G-code　（Gコード終了）

```
M104 S0 ;extruder heater off
M140 S0 ;heated bed heater off (if you have it)
G91 ;relative positioning
G1 E-1 F300  ;retract the filament a bit before lifting the nozzle, to release some of the pressure
G1 Z+0.5 E-5 X-20 Y-20 F9000 ;move Z up a bit and retract filament even more
G28 X0 Y0 ;move X/Y to min endstops, so the head is out of the way
M84 ;steppers off
G90 ;absolute positioning
```

G-Code参照先

URL https://gist.github.com/ianchen06/af8cf8f4f06f3bf6edc7ba1dd08df627

URL https://gist.github.com/mfrederickson/e0f18f8ce6495bb9f08030f05ec1a32b

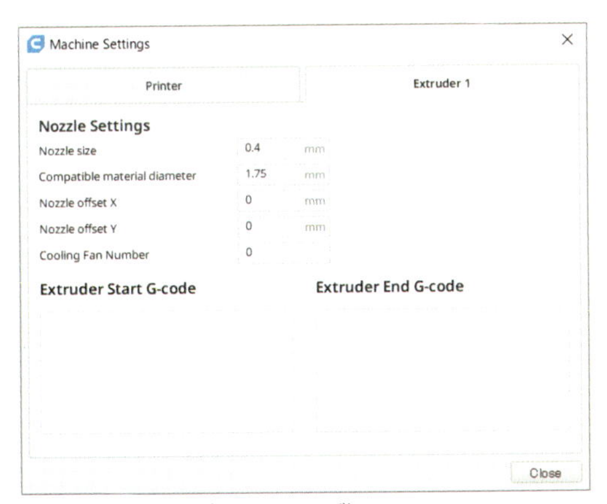

Anet A8 の設定例（Extruder タブ）

Anet A8 Extruderタブの設定例

・Nozzle Settings　ノズル設定

Nozzle size　ノズルサイズ	0.4mm	
Compatible material diameter　フィラメント径	1.75mm	
Nozzle offset X　ノズルオフセット X	0 mm	設定不要
Nozzle offset Y　ノズルオフセット Y	0 mm	設定不要
Cooling Fan Number　冷却ファン番号	0	

Extruder Start G-code:	Gコード開始	設定不要
Extruder End G-code:	Gコード終了	設定不要

［Close］をクリックして設定画面を終了します．
Curaのメイン画面が開きます．

（2）日本語化

メニューバーの「Prefarences」メニューをクリックして表示された［Configure Cura...］をクリックして［Prefarences］ダイアログボックスを表示します．

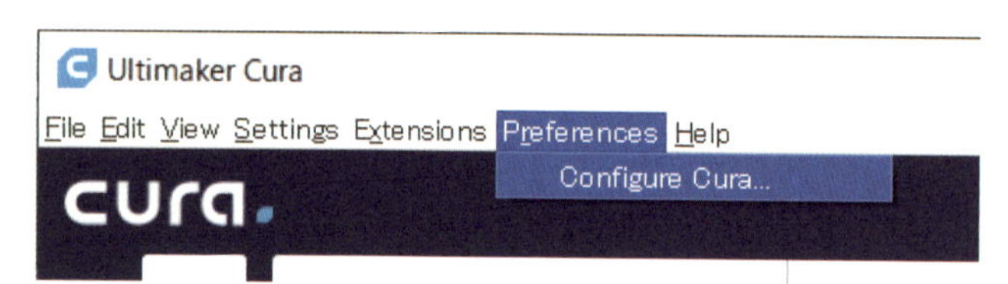

メニューバーの「Prefarences」メニュー→［Configure Cura...］をクリック

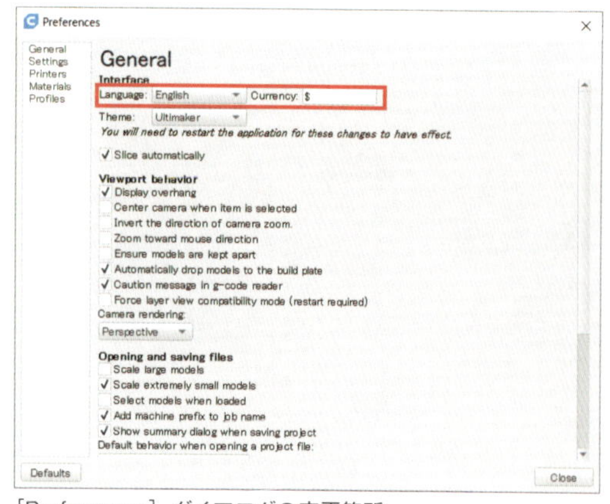

［Prefarences］ダイアログの変更箇所

［Prefarences］ダイアログの［General］が開くので［Language:］のプルダウンリストを開いて"日本語"を選択します．

ついでに右隣の［Currency:］のテキストボックスを"￥"に変更します．

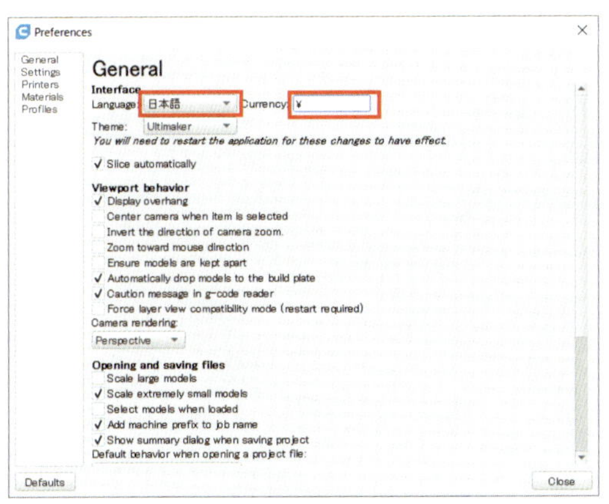

［Language:］の設定を"日本語"に，［Currency:］を"¥"に変更し，［Close］ボタンで閉じます

以上の設定が済んだら［Close］ボタンをクリックしてダイアログを閉じ，Curaを一旦終了した後，再び起動し直し，日本語化されている事を確認します．

2-2. ホストソフトウェア

ホストソフトウェアはUSBで接続したパソコンから，3Dプリンタを制御するソフトウェアです．

スライサーで作成したGコードをホストソフトウェアから3Dプリンタに送りながら印刷する機能の他，印刷の停止時に3DプリンタのリミットスイッチのON/OFFの状態や温度センサの値を確認したり，制御コードを送信してモーターを制御し，印刷ノズルを任意の位置に移動するといった操作が可能です．3Dプリンタが正しく制御されているかどうかを確認できるので，是非インストールしておきたいアプリケーションです．

ホストソフトウェアから直接印刷データを3Dプリンタに渡す事ができますが，その場合PCは印刷が終了するまで3Dプリンタに接続し，また，スリープしないように設定しておく必要があります．

2-2-1. Repetier-Host

Repetier-Hostはオブジェクトの配置，スライス，プレビュー，印刷までのホスト機能を持ったオールインワンソフトです．

残念ながら日本語には対応していません．

スライサーにはSlic3r，Curaエンジンなどが組み込まれており，Windwos環境の場合には動作に必要なMicrosoft .NET Framework 4，Pythonといった環境がインストールされます．

インストール時に追加のファイルをダウンロードする場合があるので，インストールは時間に余裕がある時に行いましょう．ダウンロードパッケージにまとめておいて欲しいところです．

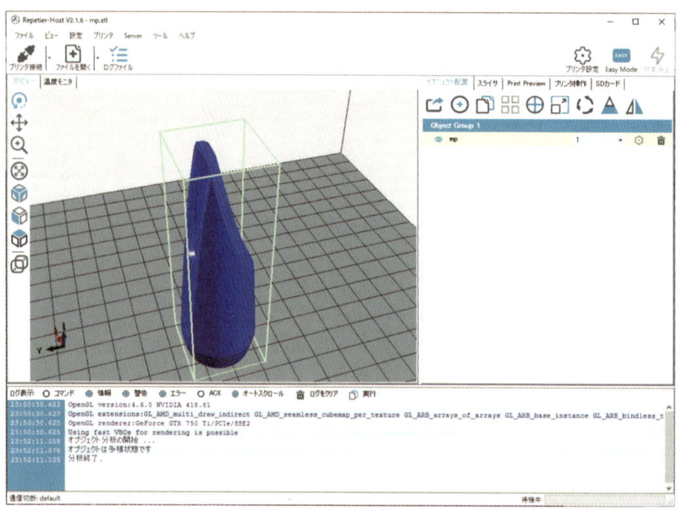

3D ビュー左側は表示切り替え操作．右側のタブで主な機能を切り替えます

開発元	Hot-World GmbH & Co. KG（ドイツ）
オフィシャルサイト	https://www.repetier.com/
対応OS	Windows，Mac OS X，Linux

2-2-2. Repetier-Server

Repetier-Serverをインストールすれば，どこからでもネットワークを介してWebブラウザで3Dプリンタにアクセスできます．

機能制限のFREE版と有料のPro版，OEM版があり，同ウェブサイトから購入できます．（購入時にはDonateと間違わないでください）

Webカメラを接続（Pro版）すれば，ネットワーク越しに印刷の進行状況を確認できます．また，複数のプリンタを接続して同時に印刷を行う事もできます．

障害が発生した場合にはその位置を記憶しており，接続が切断された後や停電の後でも最後の位置から印刷を続ける事ができます．

Repetier-Server導入後，ブラウザが開きプライバシーポリシーの確認画面が表示されるのでチェックを入れて確認を終了してください．Repetier-Serverのダッシュボードが表示されるので，そのページをブックマークに保存してください．

LANやWi-Fiを介しリモート接続する場合にはここに表示されたアドレスが使用されます．

無料DDNSを利用して自宅外から接続したい場合には，VPNの利用などセキュリティに対する十分な配慮を行ってください．

Raspberry-Pi用の類似のアプリケーションにOctoPi（オープンソース）があります．

開発元	Hot-World GmbH & Co. KG（ドイツ）
オフィシャルサイト	https://www.repetier-server.com/
対応OS	Windows（intel32，amd64），Mac OS X
対応機種	Raspberry-Pi

2-2-3. Printrun (Pronterface)

Printrunは3DプリンタとCNCのためのGUIホストインターフェイスでPronterface，Pronsole，Printcoreで構成されたスイーツアプリです．

ダウンロードはhttp://www.pronterface.com/の"Latest release"をクリックし，リンク先からダウンロードします．

安定版はPrintrun 1.6.0（2017/11/18）で，2.0rc版は以下アドレスからダウンロードできます．

ダウンロードしたら任意の場所に解凍し，proneterface.exeのショートカットを作成します．

なぜか公式サイトはPrintrunでアプリ名はProneterfaceと紛らわしい事になっています．

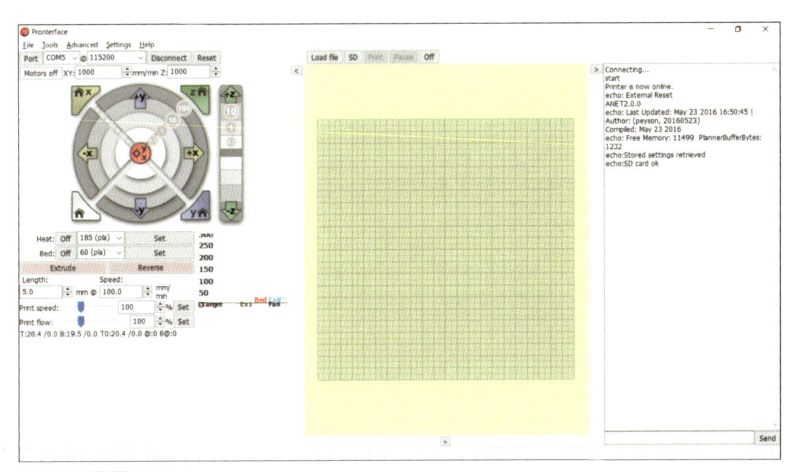

Printrun 画面

画面左，GUI画面のPronterfaceではモーター，ヒーターの制御，印刷速度，温度設定，温度変化のグラフィックによるモニターなどができ，組み立て時やメンテナンスなどに便利に使用できます．

中央のGコードホストPrintcoreにはSlic3rのスライス機能が組み込まれおり，STLデータを読み込んで直接印刷を行ったり，Gコードをファイルや SDカードから読み込み印刷を行う事ができます．また，スライスデータをSDカードにアップロードする事なども可能です．
モデルの表示，印刷の進行状態を表示します．

画面右側のPronsoleは対話型のコマンドラインコンソールで，3Dプリンタに送信されるコマンドラインがリアルタイムに表示される他，下部にあるテキストボックスに入力して，コマンドを3Dプリンタに送信できます．
これによりモニター機能でプリンタの状態をチェックするといった事ができます．

オフィシャルサイト	http://www.pronterface.com/
対応OS	Windows，Mac OS X
ライセンス	オープンソース，GNU General Public License, version 3（GNU GPLv3）
GitHub	https://github.com/kliment/Printrun.git

● **安定版はPrintrun 1.6.0（2017/11/18）**
ダウンロード先：https://github.com/kliment/Printrun/releases/tag/printrun-1.6.0

● **Printrun 2.0.0rc5　（2018/03/03）※rc版はSlic3とのパッケージは設定されていません．**
ダウンロード先：https://github.com/kliment/Printrun/releases

2.2.4. OctoPrint (OctoPi)

Raspberry Pi を3Dプリンタのリモートコントローラーに変身させるアプリがOctoPrintのOctoPiです．
以前はBeagleBone Black用のOctoPrint on BeagleBone Black Debianなどの開発も行われていましたが，現在は売れ筋のRaspberry Pi用１本に注力しています．
Raspberry Piに3Dプリンタを接続し，ホストPCからWebブラウザで3Dプリンタを操作，モニタリングができます．また，STLファイルをOctoPrint内で直接スライスできます．

Raspberry PiにWebカメラを接続し，Wi-FiでホストPCに接続．ホストPCからはWebブラウザでWebカメラによる動画モニター，温度センサーのモニターから印刷のトレース（Gコードのモニター）そして，WebブラウザからGコードによるリモート操作と多彩な機能を持っています．
Webカメラによる動画はタイムラプス録画する機能も持っているので，印刷の様子の動画をYouTubeにアップするのにも便利です．更にプラグインにより機能をアップする事が可能です．

Raspberry Pi Aから最新の3+，Zero，Zero W共に共通のイメージとなっているので，どのモデルでも利用可能となっています．勿論，最新の3，3＋であればより快適なリモート環境を構築できます．

Raspberry-Pi用の同様のアプリにRepetier-Server（FREE版は機能制限あり）があります．

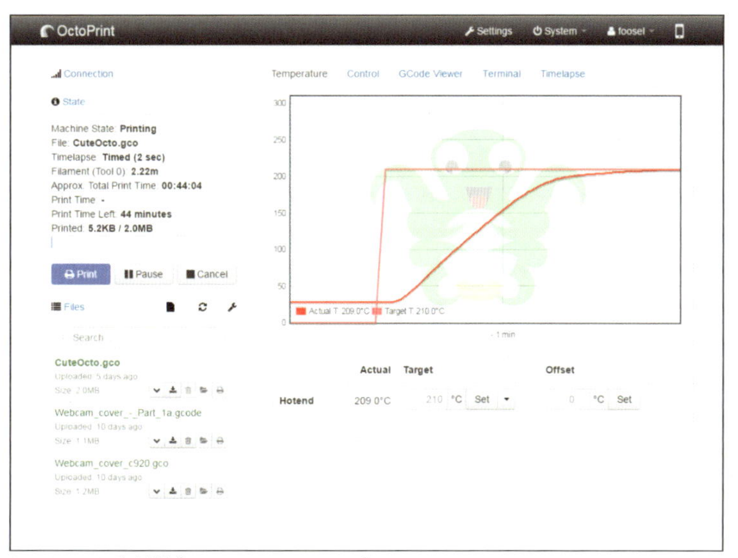

OctoPrint の表示例（https://octoprint.org/）

開発元	OctoPrint.org
オフィシャルサイト	https://octoprint.org/
対応OS	Linux，Windows，Mac OS X
ライセンス	オープンソース GNU Affero General Public License（AGPL）

●Octo Pi（Raspberry Pi用）

ダウンロード：https://octoprint.org/download/

ソースコード：https://github.com/foosel/OctoPrint

●OctoPrint on BeagleBone Black Debian ダウンロード方法

ドキュメント：https://github.com/foosel/OctoPrint/wiki/Setup-BeagleBone-Black-Rev-C-（Jessie）

NEMAステッピングモーター規格

ステッピングモーターの名前は次のように表記されます．
"NEMA"DDMMLLLCCCIVVVSSSW
"NEMA"以降の文字列については，以下の表を参照してください．

DD	直径 / 取付け面サイズ	インチ・17
MM	取付け方式	C：溝付きフランジ； D：前面タップ穴付き； CD：前面穴付きフランジ；
LLL	長さ	インチ・10
CCC	相電流：Phase current	アンペア (A)・10
I	絶縁クラス：Insulation class	最大動作温度： A: 221 ° F (105 ° C); B: 266 ° F (130 ° C); F: 311 ° F (155 ° C); H: 356 ° F (180 ° C) クラス B は、国際的な 60 サイクルモーターの最も一般的なタイプです．クラス F は、50 サイクルモーターの最も一般的なタイプです．一般的に、最高温度より 10° F 高くすると、モーターの寿命が半分になります．
VVV	相電圧定格：Phase voltage rating	電圧・10
SSS	ステップ数：Steps	回転あたりのステップ数
W	巻線コード：Winding code	外部ワイヤが接続されている内部ワイヤの数： A: 2 線： B: 3 線： C: 4 線： D: 5 線： E: 6 線： F: 8 線：

Part 8
印刷編

印刷の準備からマテリアル，後処理，トラブルシューティングまで，印刷関連の情報を紹介します．

Chapter 1

印刷準備

より良い状態の印刷を行うためには試行錯誤が必要かもしれません．ここでは印刷を行うための準備について解説します．

1-1. ビルドプレートの調整

ビルドプレート（ホットベッド）は印刷ノズルの高さをホーミング（原点の位置まで移動させる事）した時に，ノズルとビルドプレートとの隙間がコピー用紙を動かせる程度になるように四隅の蝶ネジを使用して調整します．

蝶ネジを下から右回しでネジが締まり，プレートは下がります．プレート上の前後左右中心と複数の位置で調整するのは慣れないうちは大変だと思います．

印刷した後にはノズルの先にフィラメントが滴り落ちて先端が膨らんでいる場合があるので，調整をしたい時にはフィラメントのヒーターを切った直後，ワイヤーブラシなどでノズルの先端を綺麗にした方が良いでしょう．

ビルドプレートには歪みは付き物で，ビルドプレートの上に耐熱ガラスを載せて使用するユーザーもいます．その固定にはターンクリップ（ダブルクリップ）が使用されています．

オートレベリングが行われていれば，ベッドの高さ調整は不要と思われるかもしれませんが，元の調整が粗いとオートレベリングによってZ軸が上下に多く動く事になります．（オートレベリングされていなければZ軸は1層分の印刷が完了する度に1ステップ動くだけです）これは印刷の仕上がりに新たな問題を生じさせる可能性があります．

オートレベリングであっても，ある程度の高さ調整を行っておいた方が印刷の仕上がりにとっては良くなります．

スライスデータ作成時に「ラフト（Raft）」[*1]を設定してあれば，土台部分を作成してからモデルを印刷し始めるので，ラフト部分でビルドプレートの傾きや歪みを吸収してくれます．

ただし，モデルに接着しすぎると，ラフトを剥がす作業が大変です．ミニルーター（P-041）があれば剥離に便利かもしれません．

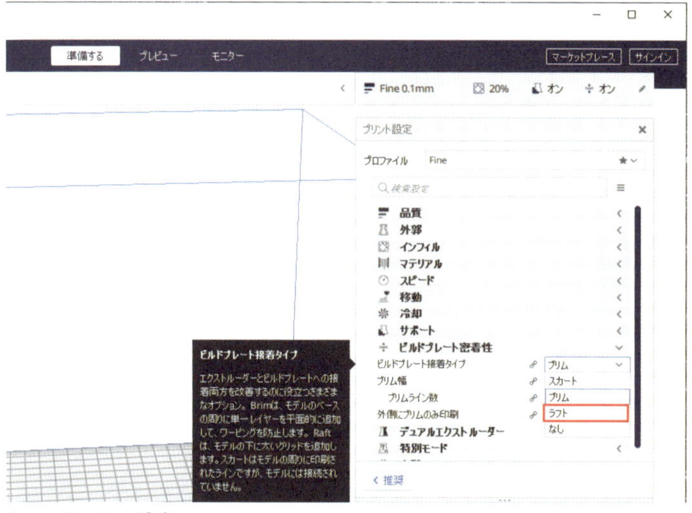

Cura でのラフト設定

ラフトを設定してフロント強化用のブレースを作成．最初に 4 層程の厚みのベースが作られます

*1 ラフト（Raft）：Cura（P-321）ではプリント設定の「ビルドプレート密着性」で選択が可能です．

1-2. ビルドプレートの定着性

印刷の成否を決める第一要因は１層目の印刷がビルドプレートに定着できるかどうかです．
印刷面に細かな凹凸があれば１層目がうまく定着してくれます．

3D プリンタ用定着テープ例（ScotchBlue Original Painter's Tape）

そこで一般的に行われているのが，ビルドプレートに耐熱性の3Dプリンタ用定着テープ（ブルーテープ，プラットフォームテープ）を貼り付ける事です．
テープ幅はビルドプレート程広くないので，隙間や重なって段差ができないように貼る必要があり，少々面倒です．

私はプラットフォームシートを貼って結構快適に印刷しています．さらに，割と長持ちもしています．

ガラス板を使用しているユーザーはスティック糊を塗ったり，ヘアスプレーを塗ったりと工夫しているようです．
可燃性ガスのスプレーを使用する時は注意が必要です．

スライスデータ作成時に「ブリム（Brim）」を設定すれば，モデルの接地面の周りに単一レイヤーを作成して接地面を広げ，剥離やワーピング（反り）を減らす事ができます．

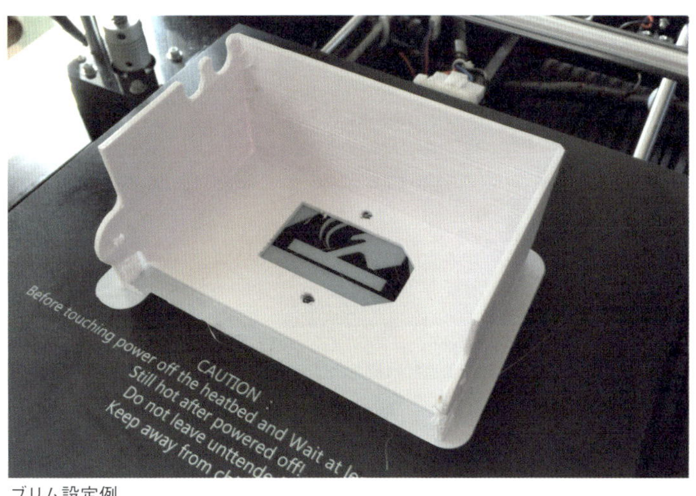

ブリム設定例

1-3. 印刷データ作成

モデルデータを最初から作る場合には，「Part 7 ソフトウェア編」（P-302）で紹介した3D CADでモデルデータを作成する必要があります．

多くの場合，3D CADデータの保存形式は使用するCADアプリ独自のフォーマットが用意されています．使用する3D CADの標準形式で保存し，印刷用にはマルチフィラメントでなければSTL形式で書き出して保存する方法になるでしょう．

クラウドストレージ対応のThinkercadやFusion 360では保存フォーマットを意識する事は無いかもしれません．

既成のデータを使用したい場合には，次に紹介する3Dモデルデータ共有サイトを利用するのも良いでしょう．

STLで出力されたデータはUltimaker Curaなどのスライサーアプリで3Dプリンタが実行できるデータに変換します．

プリンタの基本設定に間違いがなければ，印刷に使用するフィラメントの太さ，印刷精度などを設定して，まずは標準設定でテスト印刷をしてみます．

フィラメントの材質，室温などの条件により仕上がりが変わりますので，最適な印刷が行えるように印刷ノズル温度，印刷速度などを微調整しましょう．

Chapter

2 3Dモデルデータ共有サイト

取り敢えず何かを印刷してみたい，といった場合にはモデルデータの共有サイトで好みの 3D モデルデータを探してみるのも良いでしょう．
以下にデータ共有，コミュニティサイトを紹介します．

2-1. Thingiverse

3Dプリンタメーカーの MakerBot 社が運営する3Dモデルデータの共有サイトで，146万件以上の3Dモデルが登録され，現在も増え続けています．また，アカウントを作らなくても，コレクションの閲覧や無償でダウンロードができる手軽さからダウンロードは3.4億回を超え登録ユーザーも200万人を超えている人気共有サイトです．

3Dプリンタの改造用データも数多く登録されているので，モデル名をキーに検索してみるとプリンタ改造のヒントになるでしょう．またデータをダウンロードしてそのまま印刷して使用してみるというのもありでしょう．

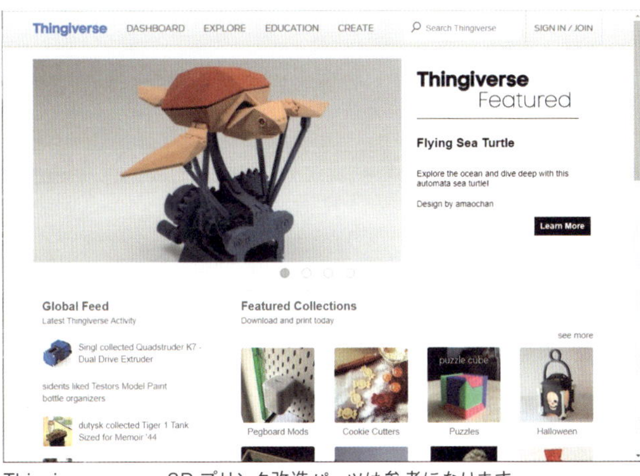

Thingiverse.com　3D プリンタ改造パーツは参考になります

● **運営会社**：MakerBot Industries, LLC
● **公式サイトURL**：https://www.thingiverse.com

2-2. MyMiniFactory

2013年から始まった3D印刷可能オブジェクトのソーシャルプラットフォームです．

6万件以上の無料，および有料の3D印刷可能なファイルが登録され，登録ユーザーは1.3万人を超える規模です．

デザインはカテゴリー別にまとめられています．

また，MyMiniFactoryではさまざまなデザインコンペティションが開催されています．

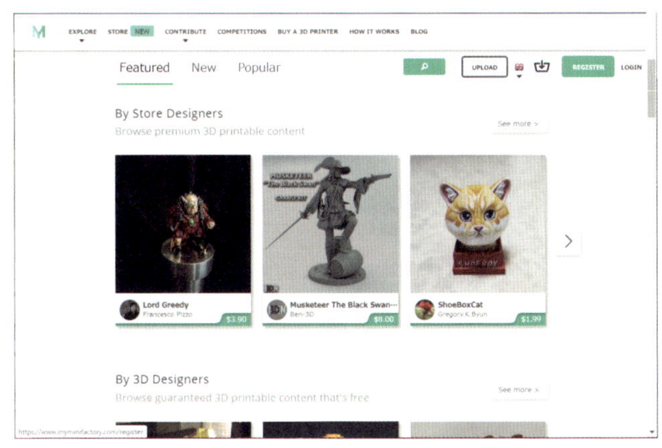

MyMiniFactory.com

●運営会社：MyMiniFactory
●公式サイトURL：https://www.myminifactory.com/

2-3. pinshape

3D印刷のコミュニティサイトです．

自分のデザインを販売できるマーケットプレイスを持っているのはMyMiniFactoryと同様です．

デザインをダウンロードするためにはユーザー登録をしなければなりません．

このようにユーザー登録が必須の場合には，セキュリティの観点から，いつ捨てても良いメールアドレスを取得し，パスワードの登録では他のサイトで使っているパスワードを使い回さないようにしてください．

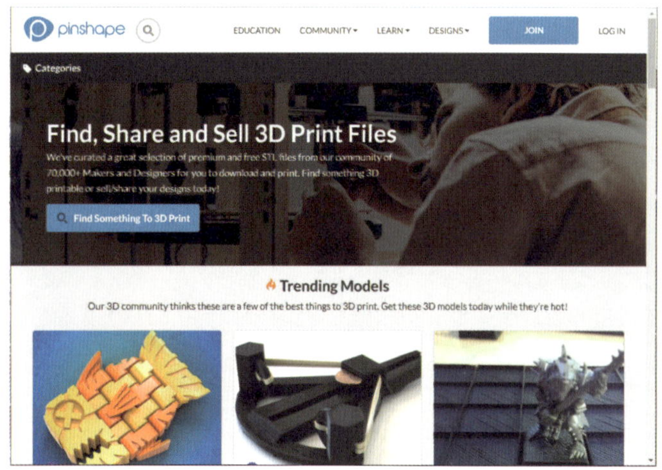

pinshape.com

●運営会社：Pinshape
●公式サイトURL：https://pinshape.com/

Chapter 3 印刷マテリアル

目的により印刷マテリアルの選択が必要になります．一般的に使用されているPLA樹脂やABS樹脂以外のマテリアルも製品化されているので，それぞれの特徴を知っておくと良いでしょう．

3-1. フィラメント

紐状に加工した3Dプリンタの印刷用樹脂をフィラメントと呼びます．

フィラメントにはそのマテリアル（素材）ごとに性質が異なるので，目的に応じて選択すると良いでしょう．

マテリアルにより印刷のための条件（ノズル温度や印刷速度，ホットベットの温度など[*1]）が異なるため，スライサーでは使用するマテリアルに応じて選択，設定する必要があります．

また，同じマテリアルでもメーカーにより特性が異なるため，設定を調整する事も必要になります．

フィラメント

*1 ノズル温度，ホットベッドの温度は目安です．ノズル径，印刷層の厚さ，印刷速度，外気温などの条件により適切に調整する必要があります．また，メーカーの素材により表記の値と異なる場合があります．各メーカーのWebサイトを確認してください．

一般的なフィラメントとしてPLA樹脂（ポリ乳酸）とABS樹脂が挙げられます．
太さは1.75mmのものが一般的に使用されています．

フィラメントは湿気により仕上がりの状態が変わるものもあるので，除湿対策をして保存する事が望まれます．

3-1-1. PLA樹脂（polylactic acid，polylactide：ポリ乳酸）

トウモロコシやサトウキビ，ジャガイモなどのデンプンを素材に作られた植物由来の生分解性プラスチック．いわゆるバイオプラスチックです．加水分解し，更に微生物によって二酸化炭素と水に分解されます．食品安全性があり食品容器などにも使用可能です．
温度変化による収縮が少ないため印刷しやすく，価格も安い事から初心者にも扱いやすい素材と言えます．
自然融解温度は約80℃で，これを長時間維持すると変形するので高温にさらされる部品には不向きです．耐熱性の高い樹脂も製造可能な事から，今後，改良された製品の登場が期待されます．

特徴：
印刷時に甘い匂いがする．
非常に硬くヤスリなどでの加工がしにくい．
長時間直射日光を当て続けると劣化する．

設定：
ノズル温度：205 ± 15℃
ホットベッド：55 ± 10℃

3-1-2. ABS樹脂（Acrylonitrile Butadiene Styrene）

融点がPAL樹脂に比べて高く，高温での耐久性が必要な物の印刷に向いています．
ただし，温度が下がると反りが生じやすく，ベッドからの剥がれを防止するためにもホットベットでの保温は必須です．室内の温度が低い場合には周囲を囲んで温度を管理する事が必要になります．
弾性があり，光沢のある仕上がりになります．
素材の混合比率によって特性が変わる事から，メーカーにより特性に違いが見られます．

特徴：
プラスチックの焼けた匂いがする．
弾性がありヤスリでの研磨加工が可能．
100℃くらいまでは変形しない．常用耐熱温度は70 ～ 100℃

アセトンで溶ける.

設定：
ノズル温度：230±10℃
ホットベッド：90±10℃

3-1-3. ナイロン（ポリアミド樹脂）

強く耐久性に優れています．薄くても柔軟性があり層間接着力が高い素材です．
湿気に敏感で，強度と光沢のある仕上がりのためにはフィラメントの保管中，及び印直前の防湿対策が必要です．

特徴：
強く柔軟性に優れ，耐破損性があります．

設定：
ノズル温度：255±15℃
ホットベッド：70±10℃

3-1-4. カーボンファイバーナイロン（Carbon Fiber Nylon）

商品名：NylonX
ナイロンにマイクロカーボン繊維を加えることにより，剛性，耐衝撃性，および高い引張強さで部品を印刷する事ができる丈夫なフィラメントが得られます．NylonXはエンジニアリンググレードのフィラメントで，家庭用3D印刷に対応しています．これは，ナイロンの耐久性と炭素繊維の剛性を組み合わせたものです．

特徴：
炭素繊維のように強く，ナイロンのように耐久性があります．
タフな機能部品，摩耗部品，および生産準備が整ったプリントに最適です．
1.75mm 0.5kg $58.00

設定：
ノズル温度：260±10℃
ホットベッド：60±10℃

3-1-5. ASA：Acrylonitrile Styrene Acrylate（アクリロニトリルスチレンアクリレート）

アクリロニトリルスチレンアクリレート（ASA）はABS樹脂の代替品として開発されました.
耐候性や紫外線からの黄変に対する耐性が高く，屋外での使用に適した部品のプリントに最適です.

ASA樹脂の印刷設定はABS樹脂と非常に似ており印刷温度のみが異なります.

特徴：
紫外線，天候および耐熱材料です.
屋外のクリップ，プランター，備品，その他の屋外部品に最適です.

設定：
ノズル温度：250±10℃
ホットベッド：90±10℃

3-1-6. ポリカーボネート（Polycarbonate：PC）

ポリカーボネートはCDやDVDの素材として知られています.
ABSフィラメントよりも反りや割れが生じやすく，適切な層の接着性を得るために高温を必要とします.
吸湿性があるため涼しく乾燥した場所に保管する必要があります．湿気に長時間晒された場合には，十分乾燥させる必要があります.
難易度の高い素材と言えます.

設定：
ノズル温度：145～150℃
ホットベッド：110℃以上

3-1-7. ポリプロピレン（Polypropylene：PP）

食品用密閉容器やシリンジポンプ（注射器），不織布等に使用されているお馴染みの素材です.
軽量で弾力性があり，引っ張りに強く600％まで伸ばす事ができ，耐疲労性も高くなっています．また，耐摩耗性，耐薬品性などに優れ，PPで作成したコップに水を入れ，電子レンジに使用することもできます.
グラスウールやカーボンファイバーを樹脂強化フィラーとして使用した製品もあります.

設定：
メーカー：Verbatim

ノズル温度：220° C
ホットベッド：110° C

3-1-8. PETG (Polyethylene Terephthalate G)

PETGはPET（ポリエチレンテレフタレート）の強化版ですが，ペットボトルのような柔らかさはありません．それはPLA樹脂フィラメントの扱い易さとABS樹脂フィラメントの強度と耐久性を組み合わせたものです．

強度はPLA樹脂よりもはるかに高く，臭いや煙は発生しません．

PETGは金型による製造では透明な素材ですが，3Dプリンタでは残念ながら透明性は失われてしまいます．

食品容器などにも安心して使用できます．

特性：

光沢のある仕上げの耐久性のある柔軟な印刷材料で，耐衝撃性と耐熱性があります．
スナップフィットモデルに適しています．
3Dプリンタ用定着テープへの定着性が良い．
メーカー：Taulman3D

設定：

ノズル温度：245±10℃
ホットベッド：60±10℃

3-1-9. 強化PLA樹脂

扱いやすいPLA樹脂の耐熱性，柔軟性，耐衝撃性をより強化しようとする動きが見られます．PLAフィラメントの手軽さでABS樹脂の性能に近づき，価格も程々であれば，ABS樹脂の代わりに使いたい人も多いでしょう．

PLA樹脂の出荷量が増加し販売競争により価格が低下する事もあり，PLA樹脂の高付加価値化はメーカーにとっても選択肢となる事でしょう．

3-1-10. 弾性フィラメント

弾性フィラメントにはMatterHackers PRO Series Flex, NinjaTek, Soft PLAなどの製品があります．

素材はゴムと同様な曲げ，弾性，適度な強度がある特性の熱可塑性エラストマーでガスケット，ストッパー，スマホケースなどの印刷に適しています．

通常のPLAより低速で印刷する必要があります．

特徴：
高弾性と優れた耐摩耗性．

設定：
印刷温度：210 ～ 235℃
ホットベッド：20 ～ 50℃
印刷速度：30mm/s

3-2. サポート材

マルチフィラメント印刷が可能な3Dプリンタでは印刷素材としてのフィラメントの他，サポート素材として印刷後に水で溶かす事のできる水溶性サポート材が実用化されています．

3-2-1. ポリビニルアルコール（Polyvinyl Alcohol：PVA）

ポリビニルアルコールを株式会社クラレが世界で初めて事業化した機能性樹脂で，クラレポバール（KURARAY POVAL），エルバノール（ELVANOL）などの商品名[*1]があります．
接着性，親水性が高く，水温が高いほど溶融速度が早くなります．有機溶媒には溶けません．
一方で吸湿性は低く湿度に伴う変化が少ないため保存はしやすくなっています．

*1 商品名は素材の名前でフィラメントの名前ではありません．
https://www.kuraray.co.jp/products/pva

Chapter 4 トラブルシューティング

3D 印刷に失敗は付き物．その原因を知れば自ずと対応や対策も見えてくるでしょう．一般的な失敗例と原因，対策などを紹介します．．

4-1. 動作編

印刷動作に関連するハードウェアの問題を取り上げます．

4-1-1. ホストアプリが 3D プリンタを認識できない

パソコンを先に起動しておき，3Dプリンタと USB 接続を行ってから，3Dプリンタの電源を入れてください．

それでも認識できない場合にはデバイスマネージャを開き［ポート(COMとLTP)］に「USB-SERIAL CH340(COM*)」と表示される事を確認してください．（COM* は任意のポート番号）

ホストアプリでポート番号の設定がここで設定された値と同じか確認してください．

通信速度が同じか，3Dプリンタの設定を確認してください．異なる場合には 3Dプリンタと同じ通信速度に変更してください．

デバイスマネージャに表示されない場合にはドライバがインストールされていないか，USB ケーブルの接続を確認してください．

キットや既成品の多くは制御基板のUSBポートにCH340Gという中国製のチップが使用されています．一部古いOSではこのドライバが用意されていないため，プリンタ付属のドライバソフトをインストールする必要があります．

4-2. 印刷編

印刷時のトラブルと対策を解説します．

4-2-1. ビルドプレートに接着できない

印刷の成否を決めるファーストステップです．
複数の要素があるのでひとつずつ問題点を潰していきましょう．

●高さ調整

印刷ノズルとビルドプレートの隙間が広すぎる場合にはビルドプレートに接着できないといった症状が発生します．
ビルドプレートの高さを確認してください．

●印刷面のコンディション

ホットベッドを使用している場合には温度を少し上げてみてください．
定着テープ（ブルーテープ）を貼ったまま長らく使っている場合には交換してください．
プラットフォームシートを貼っている場合には，エタノールが含まれているウェットティッシュなどを使用して，プラットフォームシート面を綺麗に拭き取ってください．

●スライサーの設定

スライサーでブリム（Brim）を設定すれば，モデルの接地面周りに単一レイヤーを作成し，接地面を広げる事で，剥離を減らす事ができます．

4-2-2. 1層の印刷でかすれる

1層目の印刷で印刷できない部分や薄くかすれた印刷と共に，表面に波を打ったように余り出たフィラメントが残る症状が発生する場合には，印刷ヘッドとビルドプレートの隙間が狭い事が原因となります．
ビルドプレートはビルドプレート固定板にネジとスプリングで固定されていますが，スプリングの力もあり，徐々に緩んでプレートが持ち上がる傾向があります．
ビルドプレート四隅の蝶ネジを締め付けて高さを下げる方向に調整します．

4-2-3. 反り（warping）が生じる

印刷物の隅が持ち上がりビルドプレートに隙間ができる事があります．
加熱され膨張したフィラメントが印刷された後に収縮する事でビルドプレートから剥がれ，反りが生じます．
収縮率の大きな素材ほど注意が必要になります．

反りの例．この日は室温が下がっていたためブリムを設定していても反りが発生しました

●スライサーの設定

スライサーでブリム（Brim）を設定する事で，モデルの接地面周りに単一レイヤーを作成して接地面を広げ，剥離や反り（warping：ワーピング）を減らす事ができます．

●ホットベッドの使用

反りを防止するためには1層目の印刷でしっかりビルドプレートに接着させる必要があります．
ビルドプレートと印刷ノズルの距離を適切に保つ事は基本中の基本となります．また，印刷前にビルドプレート表面の皮脂などの汚れを綺麗に拭き取る事も必要です．

反りを避ける最善の方法は，ホットベッドを使用する事です．
PLAではホットベッド無しでも印刷が可能ですが，50～60℃程度に保つ事で反りの発生を減らす事ができます．
これにより，材料が凝固点（ガラス転移温度）の直ぐ下の温度に保たれ，平らなままでビルドプレートに接着されます．
ホットベッドを使用するときは，マテリアルに合った適切な温度に設定する事が重要です．マテリアルの適切な温度は製品の箱に印刷されていると思いますが，多少の幅があり，室温も影響するので適温を得るためには何度か試してみる必要があります．
寒い部屋では室温を高める事も反り対策となります．

（参考出典：https://ultimaker.com/en/resources/19537-how-to-fix-warping）

4-2-4. フィラメントの送り出し不良

フィラメントのリールからの引き出しが重い場合，押出機で空回りしてしまう場合があります．
フィラメントのリールが引っかからないようにしてください．

フィラメントの送り出し量が安定しない場合には，フィラメント押出機のテンションスプリングが弱くなっている事が考えられます．

また，モーターが回転しているのにフィラメントが送り出されない場合には，ドライブギアの固定用ネジが緩んでいる事が考えられます．

●フィラメント送り出しの確認

Pronterface（Simply3Dなどでも可能）を使用し設定温度を確認し，［Set］ボタンを押しノズルが温まるのを待ちます．

設定した温度に加熱されたら，［Extrude］ボタンを押し，手動でフィラメントを押し込みます．もしこれでフィラメントがノズルから押し出される場合は，フィラメント押出機のテンションスプリングが弱くなっているか，モーターの軸に取り付けられたギアの軸固定用ネジが緩んでいる事が考えられます．スプリング圧の調整や交換，ギアのネジの増し締めを行ってください．

エクストルーダーのモーターは印刷中はほぼ常時回転しているため，モータードライバもそれなりに加熱します．モータードライバが加熱し過ぎると保護回路が働き，一時的にデータを受け付けなくなる事があります．

このような場合には，エクストルーダー用のモータードライバのヒートシンクを大きめな物に交換する．ファンを取り付け制御基板を冷却するといった対策が考えられます．ファンを固定する構造物は勿論，3Dプリンタで作成しましょう．

・フィラメント－フィラメントリールの回転がスムーズか．
・テンションスプリング－テンションスプリングが弱くなっていないか．
・ドライブギア－ドライブギアに樹脂のクズなどが付着していないか．
　　　　　　　　ドライブギアの固定用ネジが緩んでいないか．

以上の問題が無い場合には「ノズル詰まり」を疑ってください．

4-2-5. ノズル詰まり

●設定の確認

使用するフィラメントとスライサーの設定でフィラメントの選択を間違えていないか確認します.
PLA樹脂の設定でABS樹脂を使用した場合には，うまくフィラメントが出ない事が考えられます.

フィラメントを初めて買った物に交換したら上手く印刷できなくなったというケースでは，印刷のノズルの温度を上げてみてください．メーカーにより同じマテリアルでも最適温度には差があります.

●ノズルの押出し確認

設定に間違いが無くノズル詰まりが疑われる場合には，フィラメントを手動で押し込み確認します.
Pronterfaceで印刷ノズルの位置を適度な高さ（ビルドプレートに接触しない位置）に移動し，ヒーター温度をフィラメントに適した温度に設定してONにして温度が上がるのを待ちます.
印刷ノズルが規定の温度まで上昇したらフィラメントを押し込みます.
押出機を通したフィラメントが確実にノズルスロートに入っている事は勿論，必須条件です.

これでノズルに問題が無い場合には，「フィラメントの送り出し不良」をチェックしてください.

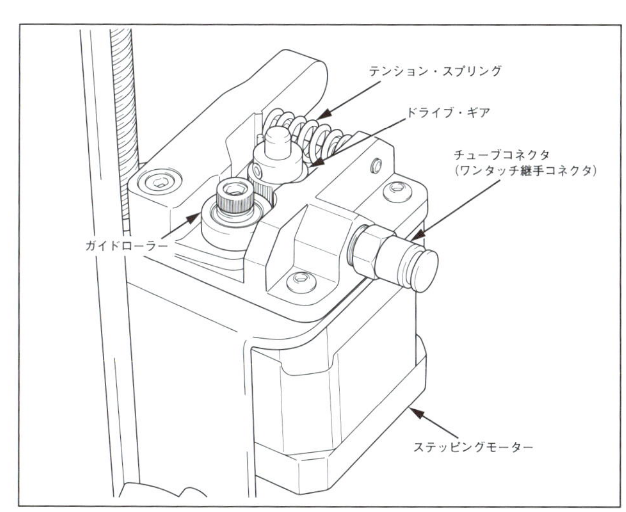

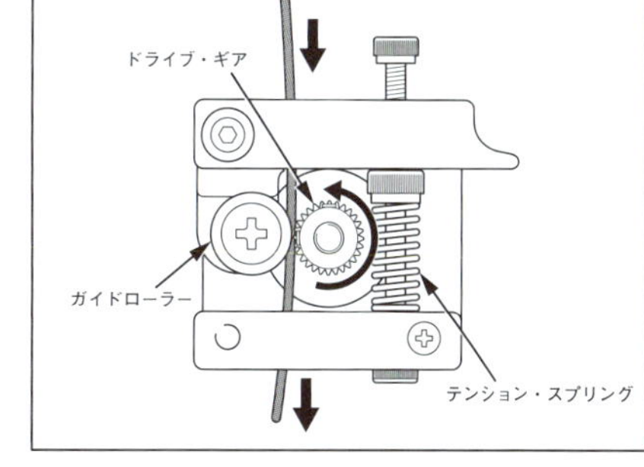

押出機とフィラメント

●ノズルスロートの確認

押出機に異常が無い場合には［Reverse］ボタンでフィラメントを引き出します.
ヒーターを切って十分冷えた後，ヒートブロックからノズルを取り外し，ヒートブロックの下側からノズルスロートパイプ側にゼムクリップを伸ばした先端を差し込んで，パイプ内で詰まりが無い事を確認してください．
　ノズルスロートで詰まっている場合には，ゼムクリップの先端を加熱してノズルスロートの上部から差し込み，フィラメントの除去を行います．（火傷をしないよう軍手をしてラジオペンチなどを使用して作業しましょう）

　ノズルスロートがヒートブロックの奥まで入っていない場合，ノズルスロートの先端と印刷ノズルの間に空間が広めにできてしまい，フィラメント溜まりになり，詰まりの原因となる事も考えられます．

　ノズルスロートでの詰まりの原因としては，十分ヒーターが冷却しないうちに電源を切ってしまう事による場合があります．また，冷却ファンの風量不足，ヒーターの温度が高めといった事も考えられます．

●加熱法
　PLAで詰まったのであれば印刷ノズルを取り外し，アルミ箔に包んでオーブントースターなどで加熱します．
　十分加熱したら取り出し，ノズルに入る太さの針金などを用意してノズルに差し込み，樹脂を押し出します．
　加熱に電子レンジは使用できません．

火傷をしないように十分注意して作業してください．

●有機溶媒法
　ABS樹脂など溶媒で溶ける素材の場合には，印刷ノズルを外し，ノズルが入り密閉できる小さめなガラス瓶にノズルが浸る程度のアセトン（除光液など）を入れ，1日程度放置します．
　瓶から取り出し，弾力性がありノズルに入る太さの針金などを用意してノズルに差し込み，樹脂を押し出します．
(PLAはアセトンでは溶解しません)

アセトンは引火性が強いので火の近くでは取り扱わないでください，また揮発性が高いので吸い込まないように注意してください．

●ノズル清掃
　ノズル詰まりの清掃に専用のツールも販売されていますが，ギターのスチール弦の1弦（E）が使用できます（メーカーによって太さは異なるようですが）．

4-2-6. 糸引き

モデル上に蜘蛛の巣のような糸引きが目立つ場合には，スライサーの「引き戻し」設定がされているか確認し，設定されていない場合にはONにしましょう．

また，ノズル温度が高い事も考えられます．スライサーでの温度設定を5℃程度下げて印刷状態を確認してみましょう．

・フィラメントの「引き戻し」設定 -「引き戻し」が有効になっているかどうか．
・ブロアの風量 - 回転速度が低い場合は速い設定にしてください．
・温度設定が適正か - 温度設定を5℃程度下げて確認してください．

4-2-7. 印刷物上端部の溶融

円錐や四角錐など印刷物の先が細くなって行くものの先端が溶けている，という場合には印刷ノズルの温度が上がりすぎている事が考えられます．

広い面積を移動している間はブロアによる冷却が効きますが，印刷面積が狭くなって来ると温度を下げきれなくなり，積層面が溶けてしまう事が起こります．

スライサーの設定で以下を確認してください．

・ブロアの有効無効 - 有効（使用する）になっているか．
・ブロアの風量 - 回転速度が低くなっていないか．（75 ～ 100％の回転速度を設定してください）
・マテリアルの選択 - マテリアルの選択が適正か確認してください．
・温度設定 - マテリアルに対して適正な温度設定か確認してください．

Chapter 5 印刷後の処理

印刷が終了したら直ぐに電源は切らず，手順を追って対応しましょう．

5-1. 冷却

印刷が終了した後，自動的にホットベッドや印刷ノズルの加熱用ヒーターの電源は切られますが，加熱用ヒーターが十分に冷めるまで3Dプリンタの電源を切らずにおいてください．

ノズル部が加熱した状態で3Dプリンタの電源を切り，冷却ファンを停止した場合，フィラメントがノズルに接続されるヒーターブロック上部のベンチュリ―パイプ内で溶けてしまい，ベンチュリ―パイプ詰まりの原因となる場合があります．

5-2. フィラメントの取り外し

長い期間使用しない場合やフィラメントを交換する時，エクストルーダーをマテリアルの溶融温度（PLAなら190～200℃）に設定して，ヒーターが目的の温度に達した後，エクストルーダーのスプリング側を押さえてフィラメントをゆっくり引き抜きます．
設定の温度に達する前に引き抜かないでください．また，無理に引き抜こうとすると，フィラメントが千切れる事があります．

5-3. フィラメントの保存

フィラメントの保存には直射日光を避け，涼しく乾燥した場所に保管してください．
湿度が高い場所に保存された場合，印刷時の仕上がりに影響が出る場合があります．

Chapter 6 仕上処理

3D プリンタの印刷では積層した段差がラインとなってしまいます．
フィギュアなどで，このラインを少しでも目立たなくしたい場合があるでしょう．
より綺麗に仕上げる方法を提案します．

6-1. パテ+塗装仕上げ

3Dプリンタで印刷した表面にパテを塗る事で積層の段差を埋めて目立たなくします．
パテの表面は塗装する事がで，フィギュアなどの仕上げに向きます．

●作業前に

作業前に表面の油分をエタノールなどで拭いて取り除いてください．
つるつるな面は紙やすりやカッターナイフなどで細かな傷を入れて，パテが付きやすくなるようにします．
パテはやや多めに塗って目の細かな紙やすりなどで仕上げます．

PLA や ABS 樹脂にはポリエステルパテやエポキシパテが利用できます．

乾燥後，紙やすりを使用して仕上げ，ラッカー塗装などを行います．

6-2. ゴムコーティング

電子機器用のケースなどの表面仕上げに向いています．

パテで表面の細かな段差を埋め，乾燥後に紙やすりで仕上げます．

ラッカー塗装で表面の色を整えた後，ラバースプレー（ゴムコーティング剤，ゴムスプレー）で表面を仕上げます．

6-3. アセトンベーパー処理

ABS樹脂の表面をアセトンの蒸気で表面を溶かして艶やかにします．

●用意するもの

モデルが入る大きさのポリプロピレン（PP）のケース
ケースに入る小さめなPPケース（アセトン用）
太めな針金

① 大きいケースの底にモデルを配置します．
② その上に小さなケースを乗せられるように針金で金具を作ります．
③ 小さい方のケースにアセトンを入れ（量はケースの半分以下），アセトンがこぼれないようにモデルの上側に金具で固定します．
④ 蓋をして30分程度経ったら，ケースからモデルを取り出し，柔らかくなったモデルの表面が固まるまで暫く放置します．

完成したら必要に応じて塗装を行うと良いでしょう．
換気に気を付けて作業を行ってください．
蓋の開け締め時にアセトンをこぼさないように気を付けてください．

Part 9
機能アップ編

今回，3Dプリンタで筐体の強度をアップするパーツや，あると便利なパーツなどをいくつか印刷，用意して組み立て時に取り付けました．

強度をアップし振動を防ぐ事や，テンショナー（タイミングベルトの張りを調整）の取り付けは印刷品質の向上に繋がります．是非，印刷の練習を兼ねて作ってみてはいかがでしょうか．

Chapter

1 構造強化

エクストルーダーやホットベッドが動くたびに本体が揺れるような事があっては，印刷の仕上がりにも影響を与えます．そのために各部の構造を補強するパーツを印刷して本体に組み込むという対策方法があります．

Thingiverse[*1]で3Dプリンタの機種をキーワードに検索すれば，関連のパーツデータが公開されているので，それを参考に新たに設計するか，完成データをダウンロードする事ができます．

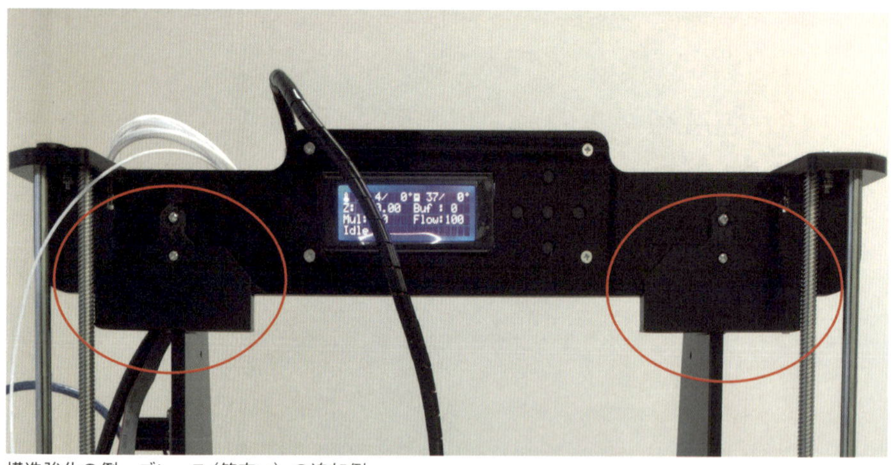

構造強化の例．ブレース（筋交い）の追加例

Reprapメンデル，Prusa i3互換の金属フレームキットが販売されています．
アクリル樹脂のフレームを金属フレームに交換する事で強度を強化できます．
金属フレームフルキットは1.8万程度で入手できます．
AliExpressで「3d printer frame parts」をキーワードで検索すると見つける事ができると思います．
本体価格と送料は良く確認してください．

*1 Thingiverse：「Part8 印刷編 Chapter2 3Dモデルデータ共有サイト」（P-338）を参照してください．

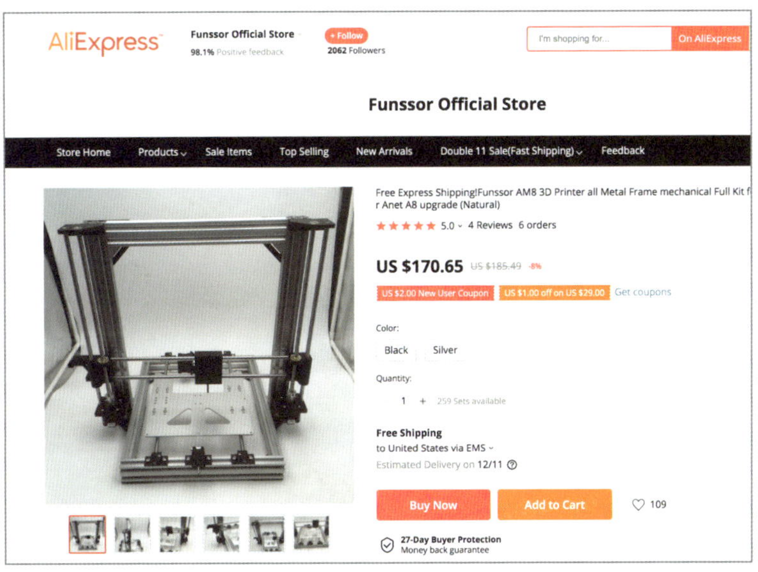

金属フレームフルキットを入手して交換する事もできます

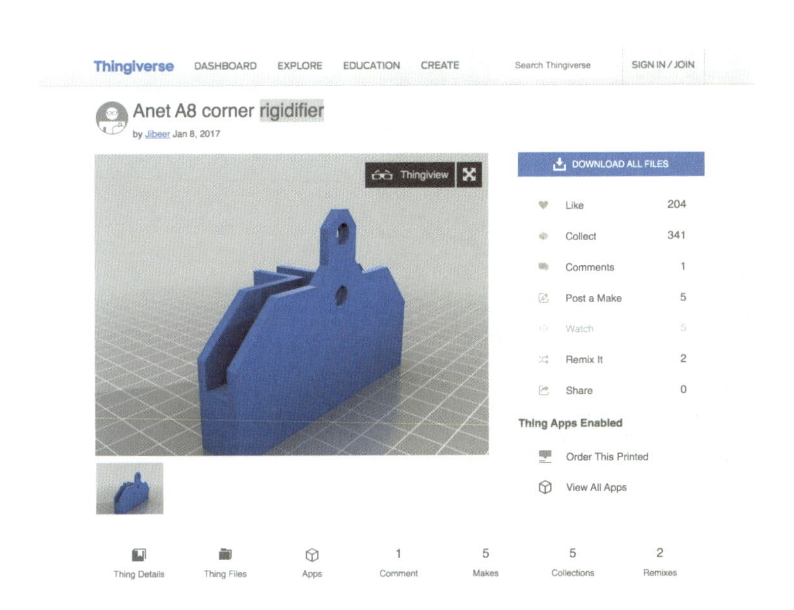

Chapter 2

タイミングベルトテンショナー機構

タイミングベルトの緩みはバックラッシュ[*1]の原因となり，印刷精度を低下させます．

タイミングベルトの緩みを防ぐ機構がテンショナーです．本来ならバネなどを利用して柔軟に緩みを吸収する機構が理想的ですが，タイミングベルトの固定方法によってどうしても緩みが生じてしまう場合，事前に手動によって調整できるようにする事でも改善効果は得られます．

タイミングベルトの使い方に応じて様々な方法があるので，対応しやすい方法を選択してください．

テンショナーの例．ベルトに取り付けられたテンションスプリングも見えます

*1 バックラッシュ：ギアの接触面の片側に隙間が生じたり，ベルトに緩みがある場合，回転方向の変更時の動作にタイムラグが生じる現象．

Chapter 3 コントローラー基板冷却

コントローラー基板にはステッピングモーターコントローラICが搭載され，これが発熱の大きな原因になります．

これらのICにはサーマルプロテクション機能が搭載され，温度が上がり過ぎるとICを強制停止します．印刷中に一時的な停止が発生すれば，印刷に影響を与える事は必至です．

これを防止するために，配線材などがコントローラ基板周辺の空気の流れを妨げないようにする必要があります．

印刷中のステッピングモーターコントローラICの放熱器（ヒートシンク）の温度上昇が大きな場合には，より大きなヒートシンクに交換したり，空冷用のファンを取り付けましょう．

配線はコントローラ基板の12V入力端子にファンの極性を間違えないように接続してください．ファンの回転方向，風向きの確認はファンの横に矢印のマークが付いています．

手持ちのファンを取り付けた例

Chapter

4 プラットフォームステッカー

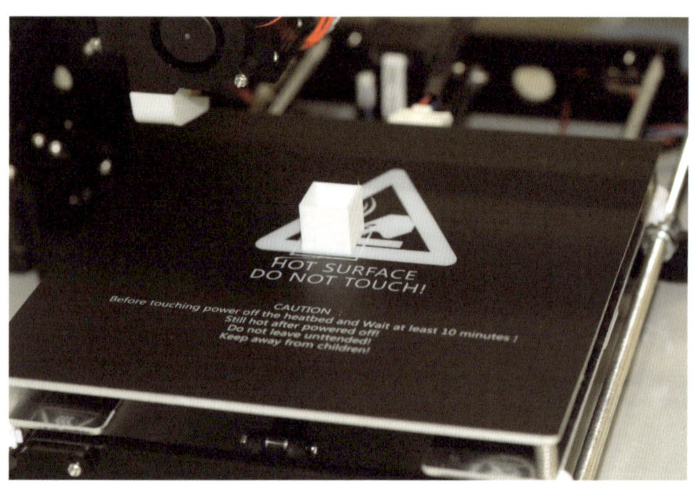

印刷時の定着性を高めるプラットフォームステッカーの使用例

ホットベッド（ヒートベッド）ステッカー，ビルドプレートシート，ビルドタックなどとも呼ばれる樹脂製のシートで，裏紙を剥がせばビルドプレートに貼る事ができます．

長期の継続利用が可能なので，3Dプリンター用定着テープ（ブルーテープ）を張り替えるような手間が掛かりません．

また，定着性もあり，ガラス板のように表面にスティック糊を塗ったりといった手間もいりません．

製品は「Hot Bed Platform Sticker」で検索できます．

●手入れ

印刷が終わって表面が冷めたらスクレイパーなどを使って，表面の樹脂のクズを取り除きます．（比較的表面は硬めですが，傷を付けないように取り扱ってください．）

エタノールの含まれたウエットティッシュなどで脂分を取り除いておけばOKです．

Chapter 5 グラスプレートプラットフォーム

耐熱性強化ガラスの表面を耐熱性の微孔性コーティングで印刷時の定着性を高めた製品が登場しています.

400℃での使用が可能で十分な硬度があり, モデルを剥がすのにスクレイパーを使用する事ができます.

印刷面の平滑性とモデルの定着性を両立した製品と言えます.

ビルドプレートにガラスを使いたいというユーザーの選択肢となります.

製品は「Glass Plate Platform」で検索できます.

●手入れ

無水アルコールや水で簡単に掃除ができます.

スクレーパー（P-043）参照

Chapter

6 ホットベッド背面断熱処理

耐熱セラミック繊維で作られた断熱コットン材が入手できます．燃える心配はありません．
ホットベッドの背面に取り付ける事で保温効果を高め，安定した温度制御を得られます．
海外から入手の場合は「Heated Bed Insulation Cotton」で検索してみてください．

ホットベッド用断熱シート

Chapter 7 ホットベットパワー拡張

ホットベッドの駆動を制御基板外で行う事で制御基板に与えるストレスを減らす事ができます.
ここでは 3D プリンタ用に販売されているパワー MOS FET 拡張モジュールと汎用の SSR（ソリッド・ステート・リレー）について解説します.

7-1. ホットベットパワー拡張モジュール (Hot Bed Power Module Extention MOS Tube)

パワー MOS FET を使用した拡張モジュール

一般的に3Dプリンタでは必要とするすべての電源を一旦制御基板に供給し，制御基板上のパワー MOS FETを通してホットベッド, ヒートブロックのヒーター, モーター ドライバに供給します. そのため, 電源（Power Supply）から制御基板には多くの電流が流れる事になります.
この電源配線の接続が緩んだり，接触不良が生じた場合，発熱の原因となり，場合によっては制御基板の焼損につながる危険があります.

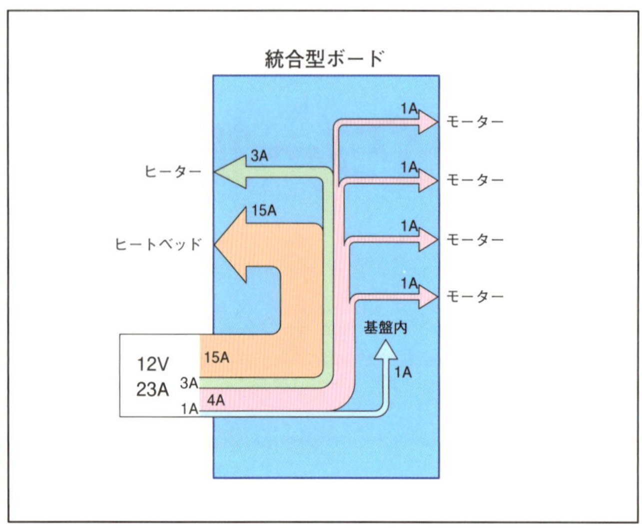

制御基板の電流の流れの模式図（1）．消費される電流は全て基板に入ってから振り分けられる

これを防止する手段としては大きな電流が必要なホットベッドへの電源供給を制御基板を通さずに外部から供給ができれば，トラブルの発生を減らす事ができます．

つまりヒートベッドへの電源制御部分を外部の基板に持たせれば良いわけです．

一般的にはリレーやSSRが使用できますが，3Dプリンタ用にホットベッド拡張モジュール（以下，拡張モジュール）が販売されています．ホットベッドに限らず，印刷ノズルのヒーターにも使用できます．

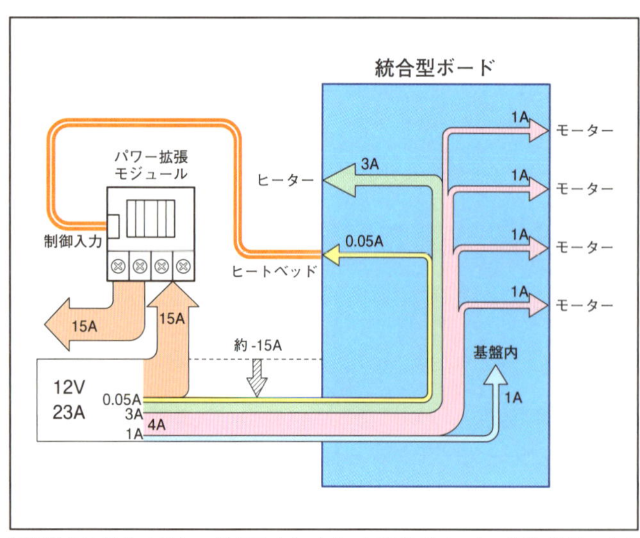

制御基板の電流の流れの模式図（2）事前に電源を分ける事で制御基板の負荷は少なくなります

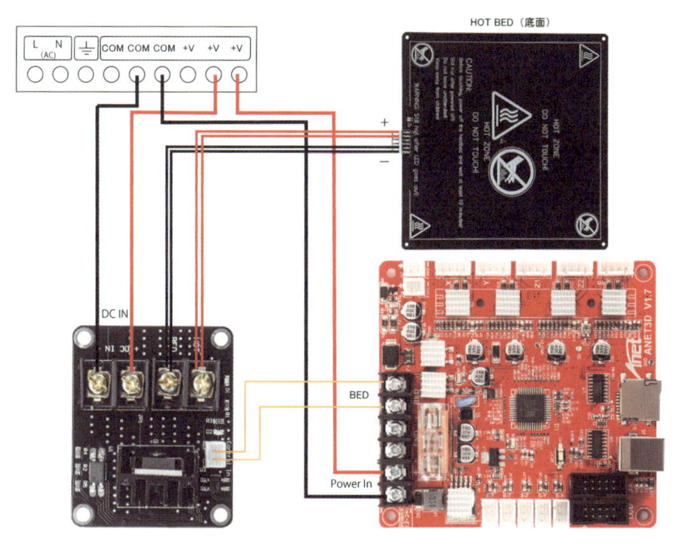

拡張モジュールの実体配線図．電源に余裕がある場合にはその電源を使用します

電源を直接，拡張モジュールに供給すれば良い事から，新たにホットベッドを取り付けたい場合や，高電力のホットベッドに交換して付属の電源容量では足りない，といった場合にはホットベッド専用にスイッチング電源を追加して，これを拡張モジュールと接続して利用する事ができます．

別電源ですので12V仕様から24V仕様のホットベッドに交換したいといった場合にも，基板側とは隔離されているので問題なく使用できます．

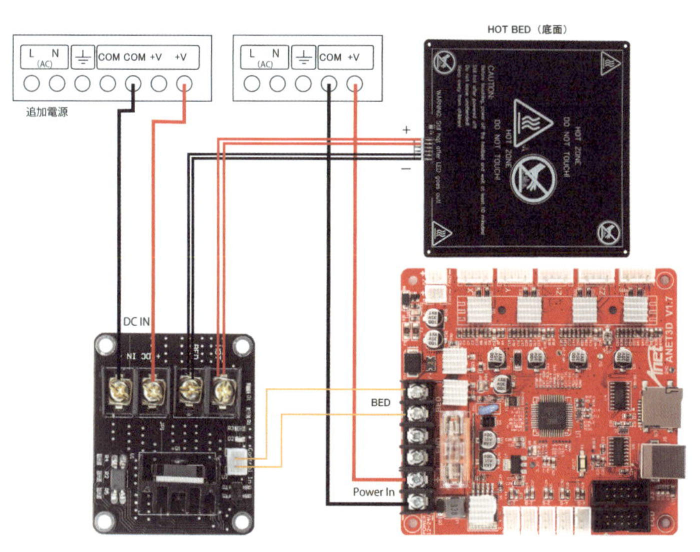

H-BED 専用電源を追加する場合，H-BED の電源電圧を変更する場合の拡張モジュールの実体配線図

このパワーモジュール拡張ユニットは「Hot Bed Power Module Extention MOS Tube」「Heated Bed Power Extention Power Module」といった名前で販売されていたものです．

直流のみで24V程度までのON/OFFを制御するのであれば凝ったモジュールにする必要も無く，安価なパワーMOS FETでスイッチすれば良い事から作られたのがホットベットパワー拡張モジュールです．

スイッチの代わりをするパワーMOS FETと放熱器，これをON/OFFするためのインターフェイスが載ったボードで，販売するメーカーにより使用するデバイスの違いから流せる電流は異なるため，単に価格で製品を比較する事はできません．

この拡張基板に十分な太さの線材（1.25sq程度または0.5sqを2本使用など）でスイッチング電源から電源を供給し，拡張基板からホットベッドに電源を供給します．小さなコネクタの付いたケーブルをハンダ付けで長さを延長し，プリンタ側の制御基板のホットベッドの端子に接続します．この本来ヒーターに直結していた端子への電源ON/OFFを拡張基板の整流回路，フォトカプラを通し，パワーMOS FETをON/OFFします．

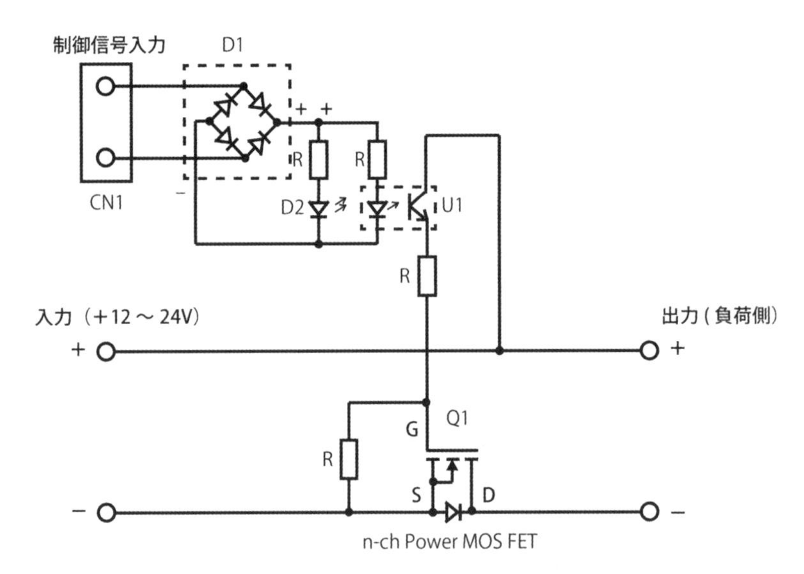

パワー拡張モジュールの回路は筆者の購入した製品の回路です．他の製品では異なる場合があります

ホットベッドを使用していなかった機種やホットベッドを交換して熱量を増やしたいといった場合にはスイッチング電源の容量が足りないというケースが考えられ，この場合にはホットベッド専用の電源を追加して使用する方法もあります．これは，制御基板には12Vを供給し，ホットベッドには24Vを供給したいといった場合にも有効です．

ホットベッドには電源モニター用のLEDが取り付けられ極性がある場合があるので，配線の極性に注意してください．

ホットベッドを交換して温度センサ（サーミスタ）の規格が異なる場合にはファームウェアの変更が必

要となります.

ホットベッドの無い製品にホットベッドを追加する場合には「ホットベットパワー拡張モジュール」の追加，ホットベッドに十分な電流を供給できる「スイッチング電源」の追加，「ファームウェアの変更」が必要になります.

これらの拡張基板を使用しても，電流が多く流れるコネクタ部のネジが緩んだ場合にはその部分が発熱し，拡張基板の損傷の原因となります.
運用時間に応じてネジ締めの定期的な確認，増し締めを行うようにしましょう.

実体配線図の極性等については使用している製品をよく確認してください.

7-2. ソリッド・ステート・リレー（SSR：Solid State Relay）

SSR の例．ヒートベッドに使用するならこの形状の物でしょう.
小電流用には小さな形状の製品も販売されています

メカニカル電磁リレー（電磁継電器）を電子化したものがSSRです.
旧来の電磁リレーは電磁石の応用と機械接点の組み合わせだったため，電磁コイル駆動時の誘導起電力による動作の遅れ，ノイズの発生（サージ電圧対策として保護ダイオードの取り付け）や接点のチャタリング（微細で非常に速い機械的振動を起こすこと），長期使用による接点の接触不良，接点可動部の機械的破損，電磁コイルの断線，振動での誤動作などトラブルの要因を多々抱えており，これらの問題を減らすべく改良が続けられてきました.

そこで半導体の進歩と共に生み出されたのがSSRです.
SSRは制御側は直流の低電圧，低電流で動作するフォトカプラが使用され，スイッチされる側とは電気的に絶縁する事により，スイッチ側は高い電圧で大きな電流を扱う事ができます.

スイッチ側には交流での利用を考慮しトライアック（TRIAC：双方向トランジスタ）やフォトトライアック（フォトカプラが不要になります）などを使用しています．

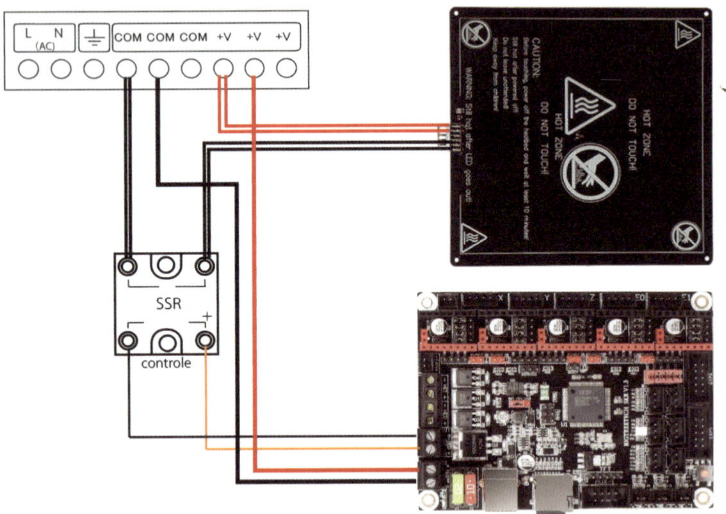

※H-BEDの極性が不明の場合にはDMMなどで確認して下さい．

SSRの構造

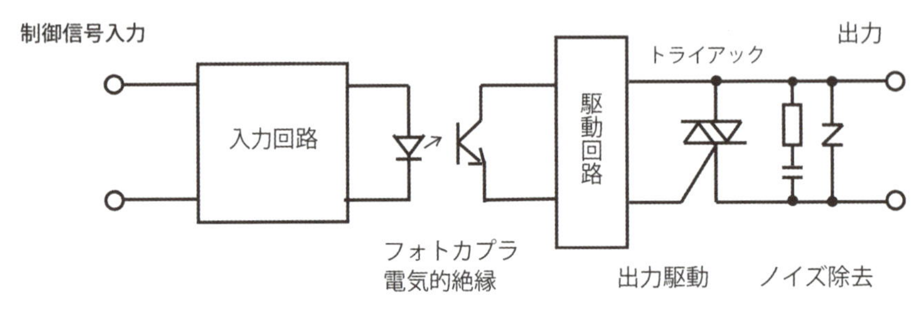

SSRの配線例

制御基板のホットベッド出力の極性，ホットベッドの極性（LEDが搭載されている場合），SSRの接続，仕様等については，ご自身の使用しているものをよく確認してください．
SSRの電流容量は余裕のあるものを選択してください．

Chapter 8 ダイオード・スムーザー（TL Smoother）

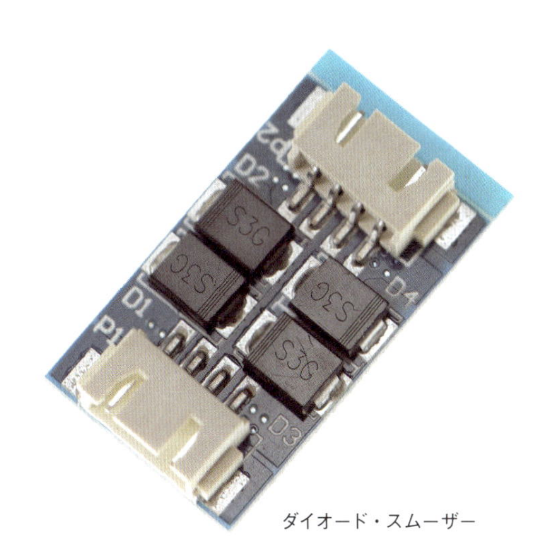

ダイオード・スムーザー

プリンタの電源を切っているときにホットベッドを手動で移動した際，LCDに電気が入り驚いた事がありました．原理的にモーターを手動で回せば発電機になってしまうわけで，中でもZ軸モーターは動作頻度が他のモーターと比較して少なくドライバICへの負荷も少ないという判断からか2個並列で配線されています．しかし，回転の負荷に差があった場合には互いに影響し合ってしまうのではないかという懸念がありました．

長期間使用していると，Z軸左右の位置に差ができているのではないかと思われる事もあり，この現象は常々気になっていました．

ダイオード・スムーザーはステッピングモーターの配線にショットキーバリアダイオードによるフライホイールダイオード（環流ダイオード，フリーホイールとも）基板を挿入して，モーターの回転により発生する起電力をダイオードによって環流させ，モーター自身の余分な負荷を減らして，モーターの回転をスムーズにしようというものです．

Z軸に2個のモータを使用し，ホーミング（homeing）などの際に動きに差が生じるといった場合には効果が得られるかもしれません．

機能と効果：

モーターに関連する部分を手で動かしたときの基板保護．
ドライバの無給電状態での誘導電圧に対しての保護．
印刷時の仕上がりに関しては環境によって効果が見られる場合があるようです．

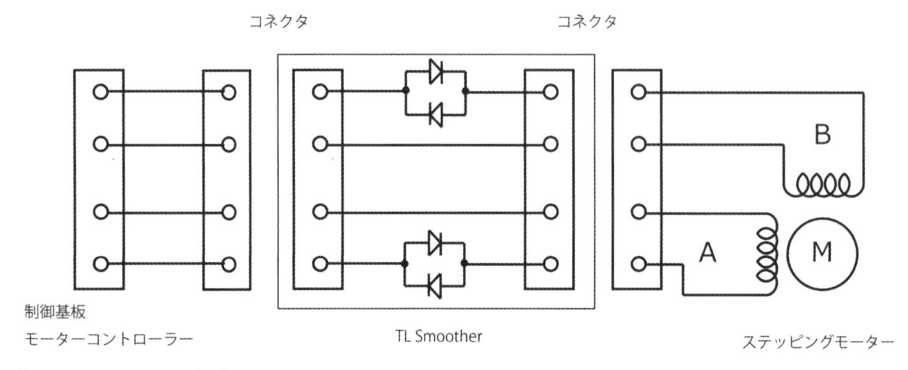

ダイオードスムーサーの回路例

Chapter 9 オートベッドレベリング

印刷ノズルの先端からビルドプレート表面までの距離が一定に保たれるように高さを調整するのは，けっこう面倒な作業です．しかも，ここで調整されるのは平面の傾きの調整のみでビルドプレートの歪みには対応できません．

オートベッドレベリング（ABL：Automatic Bed Leveling）はエクストルーダーにプローブ（ベッドプローブ，Z プローブとも呼ばれる）を取り付け，オートベッドレベリングを設定すれば，印刷前に複数箇所の高さを測定し，印刷時に高さの差分が自動的に調整され，手動設定の面倒さから解放されます．

プローブには BLTUCH や近接センサが用いられていますが，ヒンジローラー付きのマイクロスイッチを利用する事もできます．（ヒンジローラーならビルドプレートを傷つける心配がありません）

自動レベリング方式の選択によってはビルドプレートの歪みに対しても対応する事が可能になります．

通常の印刷時の動作では，Z 軸モーターはレイヤーを上に移動するときにのみ動く程度で負荷が少ないため，一般的な熱溶融積層法のプリンタでは Z 軸は 1 個のモータードライバに 2 個のモーターを並列に接続して使用している方式が多くを占めています．

しかし，オートベッドレベリングでは Z 軸も常に上下に動く事になり Z 軸ドライバの負荷が大きくなってしまいます．オートベッドレベリング運転時の発熱を確認し，発熱が多い場合にはヒートシンクの変更や放熱ファンの取り付けなど放熱方法を検討する必要があります．

9-1. プローブの取り付け

プローブに近接センサを使用する場合には，取り付け前にビルドプレートを使用してセンサの感度（センサを近づけてセンサのLEDが点灯する距離）を確認しておきます．
センサの種類，使い方については「Part 4 電気部品編 Chapter 4 センシング 4-3. 近接センサ」(P-094)を確認してください．

アクリル板やアルミ板，または3Dプリンタの印刷などでセンサを取り付けるアタッチメントを作成します．
アタッチメントをエクストルーダーに取り付け，センサを取り付けます．
取り付けが緩まないようにしっかりと固定します．

印刷ノズルをZ軸ホームに設定し，この高さでセンサがONになるように調整します．
この間隔が大きいと，ノズルがビルドプレートにぶつかるので注意してください．

センサ位置が決まったら，ノズルからの相対座標（オフセット）を測ります．（下図参照）
測定した値はファームウェアに設定します．

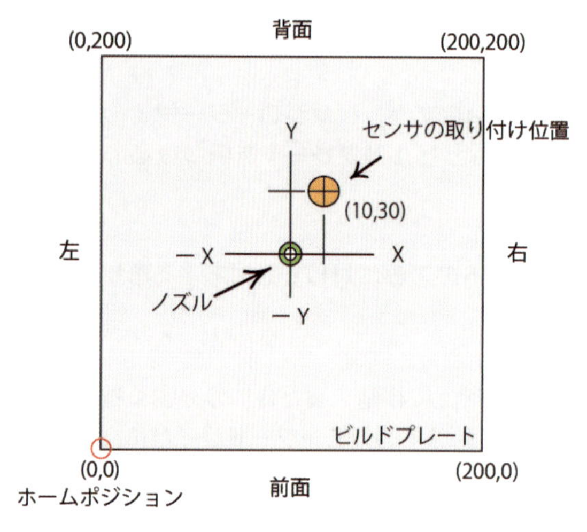

ノズルからの相対位置関係（3D プリンタを正面上から見た位置関係）

9-2. ファームウェアの設定

ここではファームウェアMarlin（1.1.9）の設定方法を紹介します．
ファームウェアの基礎知識については「Part 6 ファームウェア編 Chapter 3 Marlinファームウェア

のカスタマイズ」（P-281），「Chapter 4 Configファイルの読み方」（P-284）を熟読してください．

●ファームウェアの条件

ユーザーが使用するメーカー，機種向けのコンフィグレーション・ヘッダ・ファイルがMarlinに設定され，この環境で通常の動作を確認している事が必要です．

Marlinを初めてユーザー環境に移植する場合には基本的な動作確認を先に行ってください．

オートベッドレベリング関連の設定は"Configration.h"が対象です．

ファームウエアの更新によって，オートベッドレベリング関連の設定内容が変更される場合があります．

9-2-1. Zプローブピン設定

Zプローブ信号の入力先を設定します．

接続したプローブの信号をZ-minに接続します．（以下が有効になっています．）

```
#define Z_MIN_PROBE_USES_Z_MIN_ENDSTOP_PIN
```

Z軸エンドストップ（マイクロスイッチ）の接続をプローブに交換した場合には以下の設定を有効にします．

これにより，ホーミング時のプローブの位置が設定されます．

```
//#define Z_SAFE_HOMING
```

エンドストップにZ-minを使用しているマシンではZ-maxが推奨されています．

プローブをZ-maxに接続する場合には，上のZ-min設定を無効にし，以下を有効にしてください．

```
//#define Z_MIN_PROBE_ENDSTOP
```

他のI/Oを使用する場合には上の設定を無効にし，以下を設定してデジタルI/Oピン番号を指定してください．

ピン番号を間違えると大きな問題を起こします．設定には細心の注意が必要です．

```
#define Z_MIN_PROBE_PIN <Pin Number>
```

9-2-2. プローブ信号

プローブ信号の出力の極性により論理値（false ↔ true）を変更します.

正論理の入力信号（Low → High）で動作の場合は反転（INVERTING）しないので「false」に設定します.

近接センサのPNPタイプでは検知時にHighになります.

負論理の入力信号（High → Low）で動作の場合は反転（INVERTING）するので「true」に設定します.

近接センサのNPNタイプでは検知時にHighになります.

プローブをZ-minに接続している場合には，以下の論理値を設定してください.

```
#define Z_MIN_ENDSTOP_INVERTING false
```

プローブをZ-maxに接続している場合には，以下の論理値を設定してください.

```
#define Z_MAX_ENDSTOP_INVERTING false
```

9-2-3. プローブの種類

マイクロスイッチや近接センサを使用する場合は以下を有効にします.

```
//#define FIX_MOUNTED_PROBE
```

BLTouch[1*]プローブを使用する場合には以下を有効にします.

```
//#define BLTOUCH
```

9-2-4. プローブオフセット

印刷ノズルからプローブ取り付け位置（オフセット）を以下のように設定します.

オフセット値を設定してください.

*1 BLTouch：BLTouchは高価でしたが，最近は安価な互換品が登場しています.

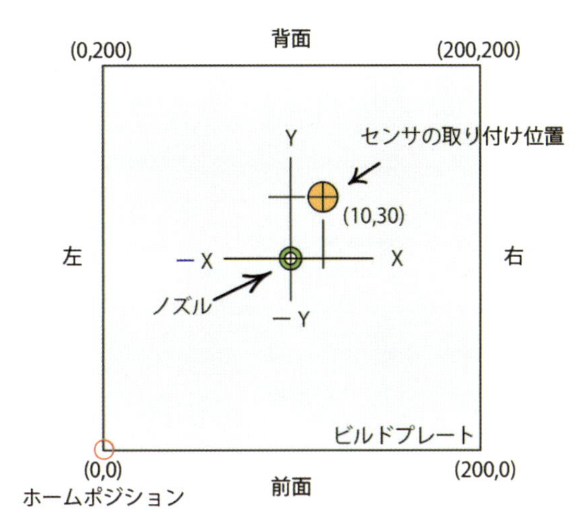

プローブオフセットの測り方です．ノズルを中心としたプローブの取り付け位置の相互関係です．正面，上から見た位置関係でホームポジションは左手前にあった時の関係です

```
#define X_PROBE_OFFSET_FROM_EXTRUDER 10
#define Y_PROBE_OFFSET_FROM_EXTRUDER 30
```

初期状態でのZ軸のオフセットは"0"でオフセット無し（０）です．

```
#define Z_PROBE_OFFSET_FROM_EXTRUDER 0
```

プローブがビルドプレートから外に出ないように．エッジから離す最小距離を設定します（初期値：10）．

この値はプロービング（計測）の範囲設定に利用されます．

```
#define MIN_PROBE_EDGE 10
```

9-2-5. プロービング範囲の設定

プロービングの有効範囲を設定します．

以下を有効に（コメント"//"を外す）します．

```
//#define LEFT_PROBE_BED_POSITION MIN_PROBE_EDGE
//#define RIGHT_PROBE_BED_POSITION (X_BED_SIZE - MIN_PROBE_EDGE)
```

```
//#define FRONT_PROBE_BED_POSITION MIN_PROBE_EDGE
//#define BACK_PROBE_BED_POSITION (Y_BED_SIZE - MIN_PROBE_EDGE)
```

X_BED_SIZE，Y_BED_SIZEの値がベッドサイズになっているか確認します．

9-2-6. オートベッドレベリングの種類と設定

オートベッドレベリングには以下の4つの方式があります．
オートベッド平準化オプションの1つを有効に（コメント"//"を外す）します．
3POINT，LINEARはビルドプレート表面が非常にフラットな時に使用します．
一般にはUBLまたはBILINEARを選択します．

1. AUTO_BED_LEVELING_3POINT（3点）
ベッド上の3つの任意のポイントをプローブ（探査）します（共線的ではありません）．
3点すべてのXY座標を指定し，結果は単一の傾斜面となります．

```
//#define AUTO_BED_LEVELING_3POINT
```

2. AUTO_BED_LEVELING_LINEAR（平面グリッド）
正方形グリッドの複数のポイントをプローブします．
サンプルポイントの四角形と密度を指定します．
得られる結果は単一の傾斜面です．

```
//#define AUTO_BED_LEVELING_LINEAR
```

3. AUTO_BED_LEVELING_BILINEAR（双線形グリッド）
正方形のグリッドの複数のポイントをプローブします．
測定点間の双線形補間に従ってZ軸が調整されます．
サンプルポイントの四角形と密度を指定します．
メッシュベースの補正を適用し，大きなベッドや不均一なベッドに最適です。

```
//#define AUTO_BED_LEVELING_BILINEAR
```

4. AUTO_BED_LEVELING_UBL（UBL：Unified Bed Leveling）
UBLは新たに加えられた方式です．
バイリニアレベリングとプラナーレベリングの要素を組み合わせた包括的なベッドレベリングシステムです．
特にデルタ型の測定精度を向上させるための追加ユーティリティが含まれています．

UBLには統合されたメッシュ生成，メッシュ検証，メッシュ編集システムも含まれています．

```
//#define AUTO_BED_LEVELING_UBL
```

UBLのX軸の計測ポイント数です（初期値：10）．最大15以下で設定してください．
Y軸の計測ポイントはX軸と同じ値が設定されます（X軸とY軸の計測ポイントは同じ値のまま使用してください）．

```
#define GRID_MAX_POINTS_X 10
```

9-2-7. 手動によるレベリング設定

(1) MESH_BED_LEVELING
グリッドを手動でプローブします．プローブのないプリンタでもメッシュベッドレベリングを実行する方法を提供します．
その結果，大きなベッドや不均一なベッドに適したメッシュを作成できます．
各グリッドポイントでZの高さを手動で調整できるように段階的に高さ調整します．
LCDコントローラにメニューを追加し手順は段階的にガイドされます．

MESH_BED_LEVELINGを有効に設定します．

```
//#define MESH_BED_LEVELING
```

(2) PROBE_MANUALLY
プローブ無しでベッドレベリングを行う手段を提供します（プロービングは手動で行い，ベッドレベリングは自動で行われます）．
G29を繰り返し使用し，移動コマンドまたはLCD_BED_LEVELINGを使用して，LCDコントローラーでガイド付き手続きを提供し，各ポイントの高さを調整します。
すべての点が終了したら結果をM500に保存します．

以下を有効に（コメント"//"を外す）します．

```
//#define PROBE_MANUALLY
```

```
//#define LCD_BED_LEVELING
```

```
G29.1:Set Z probe head offset
```

```
G29.2: Set Z probe head offset calculated from toolhead position
```

Zプローブヘッドのオフセットを設定します．すべてのプローブの動きからオフセットが差し引かれます．

```
M500: Store parameters in non-volatile storage
```

9-2-8. パラメータ保存設定

プローブでのプロービング結果を保存するEEPROMを有効にします．
以下を有効に（コメント"//"を外す）します．

```
//#define EEPROM_SETTINGS // Enable for M500 and M501 commands
```

通常，G28は完了時にレベリングを無効のままにします．G28に以前のレベリング状態を復元させるために，このオプションを有効にします．

```
//#define RESTORE_LEVELING_AFTER_G28
```

```
G28: Move to Origin (Home)

G28      ; Home all axes
G28 X Z ; Home the X and Z axes
```

9-2-9. デバッグ設定

テストのためにDEBUG_LEVELING_FEATUREを有効にします．
このオプションを有効にすると，M111 S32を使用して原点復帰とベッド水平調整の詳細なログを有効にします．
これによりG28とG29にはすべての事が段階的に報告され，問題が発生したときのトラブルシューティングには不可欠です．

以下を有効に（コメント"//"を外す）します．

```
//#define DEBUG_LEVELING_FEATURE
```

メッシュ検証パターンツールを使用する場合に以下を有効にします．

```
//#define G26_MESH_VALIDATION
```

```
G26: Mesh Validation Pattern
```

```
G26 C P O2.25 ; Do a typical test sequence
```

M502に続いてM500を実行して，設定された「デフォルト」設定がEEPROMに保存されている事を確認してください。それ以外の場合は，以前に保存した設定をロードして使用する事があります。

9-3. 初回ベッドレベリング

Pronterfaceのコマンドラインツールを使用して，設定を行います．

9-3-1. プロービング（計測）

Pronterfaceを起動して，3Dプリンタと通信を接続します．
接続ができると，右側にファームウェアのバージョンなど情報が表示されます．
右下のコマンドラインコンソールに以下の順にGコードの入力を行います．

M502　　:"configuration.h"のパラメータを読みます．

M500　　：現在のパラメーターをEEPROMに保存します．
EEPROM_SETTINGSが設定されている事．

M501　　：アクティブなパラメーターをEEPROMに保存されているパラメーターに設定します。
EEPROM_SETTINGSが設定されている事．

左コンソールのHeater: をONにします．
左コンソールのBed: をONにします．

G28　　：ホーミングします．

G29 P1　　：UBL オートプロービングを開始します．P1はUBLのパラメータです．
MIN_PROBE_EDGEが初期設定のままなら 10×10ポイントをプロービ

ングします．

プロービングが終了したら次のGコードを入力します．

G29 T　：ベッドプロービング値をマトリクス表示します．

G29 S1　：EEPROMのアクティブ化された領域に現在のメッシュを保存します．また，すべての設定を保存します．

G29 F 10.0　：与えられた高さ（10.0）で停止するまで，レベリング補正を徐々にフェードします

G29 A　：Unified Bed Leveling（UBL）Ststem を有効にします．

M500　：EEPROMにパラメーターを保存します．

9-3-2. 微調整

G1 x110 y110　：指定した座標（中心）に印刷ノズルを移動します．

M211 S0　：ソフトエンドストップをOffにします．

コピー用紙でノズル，ベッド間の隙間を測ります．
左のコンソールでZ軸を0.1ステップで高さの微調整を行います．

M114　：ノズルのポジションが表示されるので，Zの値（E：の左隣り）を確認します．
(例　X:110.00　Y:110.00　Z:-1.4　E:0.00 …)

M851 Z-1.4　：プローブZのオフセット値をセットします．上のZの値（-1.4mm）の設定例.

M503　：印刷設定　EEPROMに保存されている印刷設定を実行します．

M500　：現在のパラメーターをEEPROMに保存します．

G28　：ホーミング

G26 P 10　　：メッシュ検証印刷

G29 S1　　：EEPROMのアクティブ化された領域に現在のメッシュを保存します．
また，すべての設定を保存します．

M500　　：現在のパラメーターをEEPROMに保存します．

G28　　：ホーミングをします．

G29 T　　：修正後のベッドプロービング値をマトリクス表示します．

スライサーアプリのStart G-codeに以下の2行を追加してください．

G29 L1　　：EEPROMの1からメッシュをダウンロードします．

G29 J　　：EEPROMで以前にアクティブにした場所からMeshをロードします．

以上でオートベッドレベリングの設定は終了です．

Chapter

10 マルチフィラメント3D印刷 (Multi-Filament 3D Printing)

2色，3色印刷，水溶性マテリアルをサポートに加えた印刷など，複数のフィラメントに対応した3Dプリンタが今後普及しつつあります．

マルチフィラメント3D印刷用のエクストルーダーのパーツ販売も増えて色々と選べるようになってきたので，改造にも利用できそうです．

10-1. 複数ノズル化 (The Dual Nozzle Solution)

対応するフィラメント分の印刷ノズルを用意するという一番シンプルな手法です．

ただこの方法に従来型のエクストルーダーを並べて使用した場合には，X軸の印刷有効範囲が狭くなってしまうという欠点があります．

このようなケースに対応するためには予めX軸を長めに設計する必要がありますが，マルチフィラメント向けにボーデンエクストルーダー方式にしてモーターを分離し，ホットエンド側の形状に工夫を凝らして省スペース化に対応したエクストルーダー製品が登場しています．

現在販売されている制御基板にはエクストルーダーが2台まで対応できる製品があり，これらを使用すれば1個のエクストルーダーの追加はさほど面倒無く対応が可能です．

MRRF 2019 (Midwest RepRap Festival) には電磁コイルにより複数のエクストルーダーを着脱して多色化に対応する自作機が登場していました．このように2個以上の複数ノズル化では使用するフィラメントフィーダー分のモータードライバを用意するのは製作的にもコスト的にも不経済なので，使用するフィーダーへの切り替え回路を設け，ヒーターや温度センサには追加分の制御回路が必要になります．

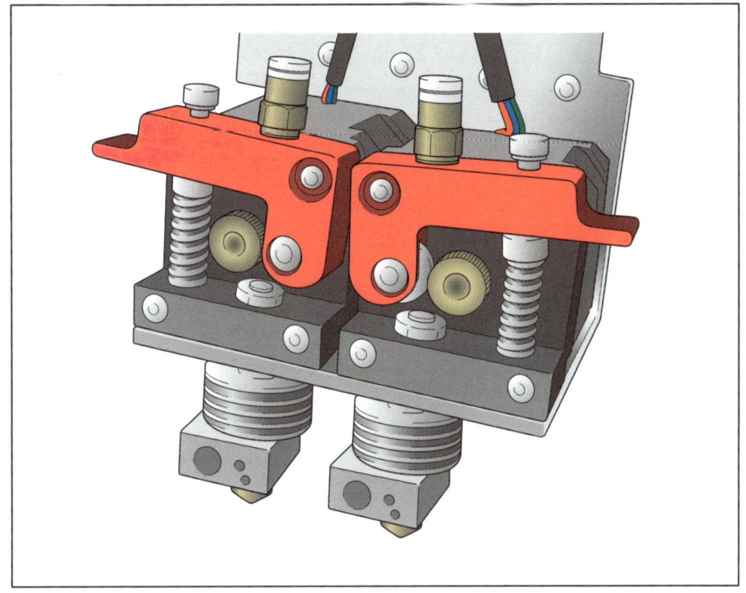

複数ノズル

複数ノズル化に伴い解決しなければならない問題には以下のようなものがあります．

●XY較正

X方向およびY方向のオフセットが完全に較正されていない場合，色はプリントの片面で重なり，もう一方の面に隙間を生じさせます．

●Z軸アライメント

ノズル先端の高さが完全に整列していないと，一方のノズルが印刷されたモデルの上をドラッグし，ノズルが印刷物を損傷する事態が発生します．

●アイドルノズル滴下

1つのノズルで印刷している間に，もう一方の休止ノズルの溶融したプラスチックがゆっくりと滴り落ちてしまう問題．これは電磁着脱以外の複数のノズルが取付けられている場合，プリント全体に余分な模様を作ってしまう事があります．

10-2. 混合ノズル化 (The Mixing Nozzle Solution)

このアプローチでは，複数のフィラメント入力を備えたカスタマイズされたホットエンドを使用し，単一のノズル出力で「溶融ゾーン」に直接フィードする方法があります．

ホットエンドが1個で済むためにフィラメントフィーダー部が追加になるだけで，制御系はシンプルに済みます．

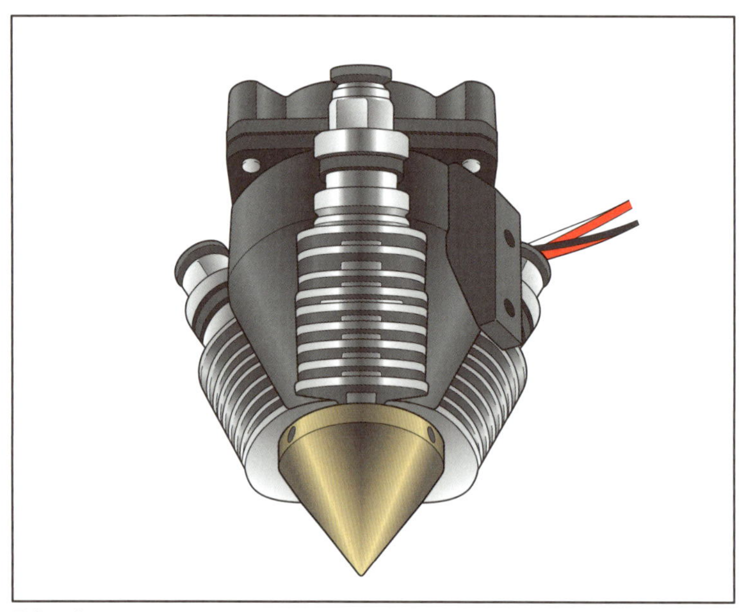

混合ノズル

混合ノズル化に伴い解決しなければならない問題には以下のようなものがあります．

●色汚染

異なる色の溶融プラスチックが同じ高温端部に存在するので，色を切り替えた時に先に使用していた色の溶融プラスチックが残っており，この色が混じってしまう事があります．

●逆流詰まり

ヒートシンクの中のフィラメントが溶けて未使用の放熱ブロック側に逆流して詰まりの原因となるのを防ぐため，未使用の入力端子を塞いでおく必要があります．

10-3. ファームウェア設定

マルチフィラメントのためのMarlinファームウェアの設定です.
設定項目はマルチフィラメントの実現方法により異なります. 必要な

(1) エクストルーダー数設定

この値は, 1～6で, プリンターの押出機の数を定義します.

この値は, ノズルが1つしかない混合ノズルの場合でも, マシン上のステッピングモーターの総数に設定する必要があります.

```
#define EXTRUDERS 1
```

(2) シングルノズル

単一のノズルを共有するマルチ押出機システムの場合, SINGLENOZZLEを有効にします.

シングルノズルのセットアップでは, 一度に1つのフィラメントドライブのみが作動し, 次のフィラメントをロードしてパージと押し出しを開始する前に, それぞれを後退させる必要があります.

```
//#define SINGLENOZZLE
```

(3) Prusa MMU2

Prusa Multi-materialユニット2のサポートを有効にします.

これには制御基板に空きシリアルポートが必要です. MMU2を使用するには次の事も必要です.

NOZZLE_PARK_FEATUREを有効にする
EXTRUDERS = 5を設定
すべての詳細は [Configuration_adv.h] で構成されます.

(4) マルチプレクサー

MK2シングルノズルマルチマテリアルマルチプレクサー, および変形.

この設定により制御ボード上の1つのステッパードライバーが, 2から8つのステッピングモーターを一度に1つずつ駆動できます.

```
//#define MK2_MULTIPLEXER
```

(5) スイッチング押出機

シングルステッピングモーターを使用するデュアル押出機です.

スイッチング押出機は単一のステッピングモーターを使用して2つのフィラメントを駆動するデュアル押出機で, 押し出せるのは一度に1つだけです.

サーボを使用してフィラメントを駆動する押出機の側面を切り替えます．
モーターは２番目のフィラメントの方向を反転します．

```
//#define SWITCHING_EXTRUDER
```

（6）スイッチングデュアルノズル

サーボモーターを使用してノズルの１つを上下させるデュアルノズル．
スイッチングノズルは２つのノズルを持つキャリッジです．
サーボを使用してノズルの１つを上下に動かします．
サーボはアクティブノズルを下げるか，非アクティブノズルを上げます．

```
//#define SWITCHING_NOZZLE
```

（7）ソレノイドドッキングＸキャリッジ

ソレノイドドッキングメカニズムを介して可動部に接続する押出機を備えた２つの独立したＸキャリッジ．
磁気ドッキングメカニズムを介して，SOL1_PINおよびSOL2_PINが必要です．

```
//#define PARKING_EXTRUDER
```

展開され，ソレノイドピンが収納されているプローブ (SOL1_PIN)．

```
//#define SOLENOID_PROBE
```

（8）混合押出機

混合押出機は２つ以上のステッピングモーターを使用して，複数のフィラメントを混合チャンバーに送り込み，混合フィラメントを単一のノズルから押し出します．
このオプションはＴコマンドを使用して混合物を設定し，混合物を保存，呼び出す機能を追加します．
押出機はまだ単一のＥ軸を使用しますが，現在の混合物を使用して使用する各フィラメントの割合を決定します．
「実験的な」G1直接混合オプションが含まれています．

```
//#define MIXING_EXTRUDER
```

(9) ホットエンドオフセット

押出機に複数のノズルがある場合，ホットエンドオフセットが必要です．

これらの値は最初のノズルから各ノズルまでのオフセットを指定します．したがって，最初の要素は常に0.0に設定されます．次の要素は次のノズルに対応します．3つ以上のノズルがある場合はオフセットを追加します．

```
//#define HOTEND_OFFSET_X {0.0,20.00} //（押出機ごとに）X軸上のホットエンドのオフセット
//#define HOTEND_OFFSET_Y {0.0,0 5.00} //各押出機に対して（mm単位），Y軸上のホットエンドのオフセット
```

COLUMN

コネクタの緩みは事故の元

Anet8/6ではホットベッドの電源接続に6Pのコネクタが使用されています．中央寄りの2本がサーミスタ，両端側の2ピンずつはホットベッドのヒーターに接続されていますが，私の使用していたA6では電源の配線は両端の2本しか使用されていませんでした．

このような構造のため，前後にベッドが移動する事でコネクタに緩みが発生し易くなっており，気が付くとコネクタハウジングに加熱による変色が見られ，電線の被覆にも異常が見られました．

このままではまずいのでコネクタハウジングとピンコンタクトを手配して，電源用をそれぞれ2本ずつ接続するように改造したところコネクタもしっかりと固定されるようになり，電流を2本に分散することで接触不良に伴う加熱を抑える事ができるようになりました．

新しい製品ではヒートベッドの電源は同様に改造されており，コネクタハウジングのケーブル側はシリコン系の耐熱接着剤が塗られて万全に備えられています．

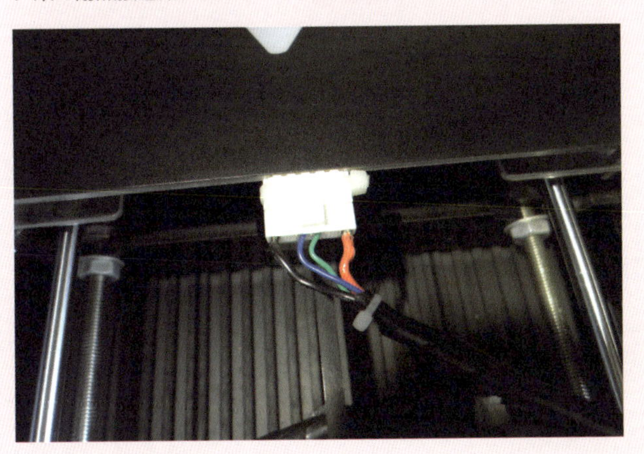

Chapter

11 ボーデン・エクストルーダー

モーター一体型のダイレクト・エクストルーダーならボーデン・エクストルーダーにする事でモーターが分離され，Xキャリッジを軽量化できます．

エクストルーダーが軽量化できれば，X軸移動の慣性による影響を減らし振動が低減できます．

軽量化と振動の低減が実現できるというメリットがある一方，ボーデン・エクストルーダーではホットエンドから離れた場所からフィラメントを送らなければならないので，弾性フィラメントではうまく送れない可能性があります．

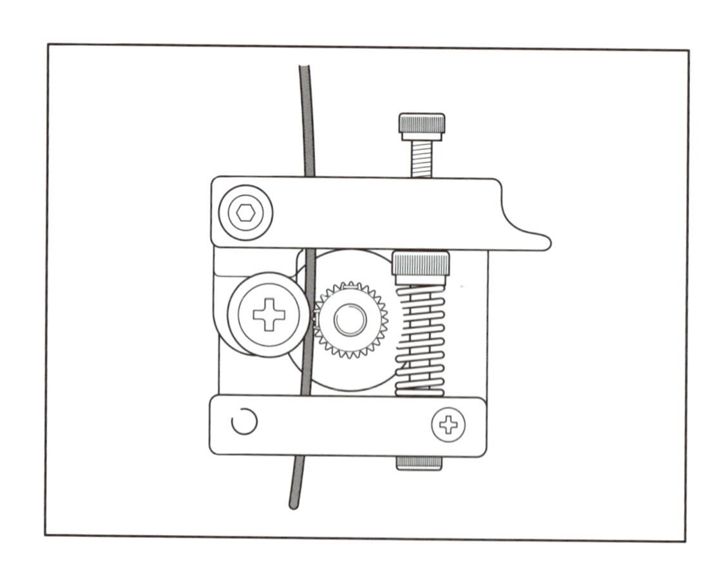

Chapter 12 騒音，防振対策（印刷騒音を減らすために）

3D プリンタが稼働する際に発生する騒音や振動を低減させる方策について考えます．

12-1. 防振マット

写真の防振マットは 200 × 200mm　4 枚で 1 台分になります

手軽な騒音対策として防振マットが有効です．
防振ゴムの表裏にスリットが刻まれた，厚さ 10mm 程度のマットです．
丁度良い大きさの物が見つけられなかったのですが，20cm 四方程の物を 4 枚購入し，3D プリンタの下に敷いています．
机への振動が抑えられ，振動音を低くできます．

12-2. モータードライバの交換

マイクロステップ分解能が高く，モーター回転時の動作音を低減できる制御機能を持ったステッピングモータードライバモジュールが販売されてます．

古いタイプのドライバモジュールを交換する事で，静音，低振動化ができます．

12-3. リニアベアリングの交換

メンデル式のビルドプレート下に取付けられたリニアベアリングをポリマー製に交換する事で，ベアリングのノイズが無くなり，静粛性が向上します．

COLUMN

プラスチック問題

意識高い系企業は真剣に取り組んでいますよね．そんなこんなで3Dプリンタマニアにはちょっと肩身が狭いかな，なんて感じたりする今日この頃です．

私の場合にはメインで使用しているのがPLA樹脂．植物性原料から作られ，土に埋めれば分解されてしまう自然に優しい素材です．印刷に失敗作やクズが出るのは避けられず，外に出てそれらを土に埋めているなんて姿を見られると怪しい行為になってしまいます．広い庭があれば可能なのでしょうけど．埋めるのは現実的ではないので，結局ゴミと一緒に焼却という事になりますが，CO2排出量は石油製品と比較して大幅に削減されると試算されています．

ただ，問題となるのは海に流出した場合です．さすがPLAと言っても，海で分解するバクテリアは多く無いようで，そのままでは分解されるのに時間が掛かってしまい問題となるようです．確実に焼却できるようにゴミ処理をするように心掛ける必要があります．

...ガーデニングで鉢植えの底に入れてしまうという手がありますね！

INDEX

数字

A

B

C

U

V

W

X

Y

Z

あ 行

か 行

さ 行

た 行

な 行

は 行

ま 行

や 行

ら 行

わ 行

本書Part10　資料編はPDFでの提供になります。下記URLよりダウンロードをしてください。
http://www.rutles.net/download/491/index.html

キットではじめる3Dプリンタ自作入門

2019年12月30日　初版第1刷発行

著者　吹田　智章
装丁　株式会社ルナテック
DTP　株式会社ルナテック

テクニカルイラスト　イラスト工房Sen
協力　mako（西東京メイカーラボ）

発行者　黒田庸夫
発行所　株式会社ラトルズ
〒115-0055　東京都北区赤羽西4-52-6
電話 03-5901-0220　FAX 03-5901-0221
http://www.rutles.net

印刷・製本　株式会社ルナテック

ISBN978-4-89977-491-4　